21世纪高等职业教育信息技术类规划教材

21 Shiji Gaodeng Zhiye Jiaoyu Xinxi Jishulei Guihua Jiaocai

SQL Server 2008
数据库管理与应用实例教程

SQL SERVER 2008 SHUJUKU GUANLI YU YINGYONG SHILI JIAOCHENG

胡大威 方鹏 裴浪 主编 胡丹桂 赵德宝 副主编

人民邮电出版社

北 京

图书在版编目（ＣＩＰ）数据

SQL Server 2008数据库管理与应用实例教程 / 胡大威，方鹏，裴浪主编. -- 北京：人民邮电出版社，2014.9（2020.8重印）
21世纪高等职业教育信息技术类规划教材
ISBN 978-7-115-36521-7

Ⅰ. ①S… Ⅱ. ①胡… ②方… ③裴… Ⅲ. ①关系数据库系统－高等职业教育－教材 Ⅳ. ①TP311.138

中国版本图书馆CIP数据核字(2014)第177181号

内 容 提 要

本书通过一个简单学习项目"学生成绩管理系统"贯穿全书课堂教学，以一个企业实训项目"人力资源管理系统"来贯穿全书实践教学。全书以"理论够用、实用，实践第一"为原则，能使读者快速、轻松地掌握 SQL Server 2008 数据库管理与应用技术。

本书内容分为数据库原理基础、SQL Server 2008 系统的安装与配置、SQL Server 2008 数据库管理、SQL Server 2008 数据库编程和数据库开发综合实例 5 大部分，按序讲授 SQL Server 2008 系统的安装与配置、数据库原理基础、数据库的创建与管理、创建与管理表、数据查询、视图、SQL Server 安全管理、数据库的备份与还原、Transact-SQL 语言基础、存储过程与触发器，最后综合各章的实验，详细完成了人力资源管理系统综合开发实例。本书中还配有例题、习题和实验，以便加深理解和强化实际操作。全书内容丰富、编排合理，表述深入浅出，图文并茂。

本书可作为高等职业院校电子信息大类专业学习数据库技术的教材，也可以作为 SQL Server 2008 初学者自学或培训用书。

◆ 主　　编　胡大威　方　鹏　裴　浪
　　副 主 编　胡丹桂　赵德宝
　　责任编辑　梅　莹
　　责任印制　张佳莹　焦志炜

◆ 人民邮电出版社出版发行　　北京市丰台区成寿寺路 11 号
　　邮编　100164　　电子邮件　315@ptpress.com.cn
　　网址　http://www.ptpress.com.cn
　　北京虎彩文化传播有限公司印刷

◆ 开本：787×1092　1/16
　　印张：16.75　　　　　　　　2014 年 9 月第 1 版
　　字数：429 千字　　　　　　2020 年 8 月北京第 6 次印刷

定价：36.00 元

读者服务热线：(010)81055256　印装质量热线：(010)81055316
反盗版热线：(010)81055315
广告经营许可证：京东市监广登字 20170147 号

前　言

　　SQL Server 数据库是目前流行的大型数据库管理系统之一，一般用作大中型信息系统或动态网站的后台数据库，其主要功能是存储和管理数据。

　　《SQL Server 2008 数据库管理与应用实例教程》是高职软件技术、计算机信息管理、计算机应用技术、计算机网络技术等专业的一门核心专业课，其前导课程为计算机程序设计语言、数据结构等。

　　本教材是在湖北高职"十一五"规划教材《SQL Server 2005 基础及应用》基础上，重新组织示范性高职院校长期从事计算机专业教学和研究的老师，吸收数据库最新技术，合作编写而成的。编者在对数据库管理与应用岗位进行整体调研与分析的基础上，以基于工作过程课程开发理论为依据，充分考虑了高职学生的认知特点和学习特点，遵循从数据库初学者到合格的数据库管理员的职业能力发展过程和学生认知规律，按照由浅入深、由易到难的顺序整合、序化、串联过程性知识。

　　本书的主要特点如下。

　　1. 本书便于教师开展"项目导向、任务驱动"的教学模式，实施"在做中学、在学中做、教学练做于一体"的理论实践一体化教学。通过一个贯穿全书各章讲授内容的简单学习项目"学生成绩管理系统"来课堂教学、一个贯穿全书各章实验的企业实训项目"人力资源管理系统"来供学生自学。多年的教学实践证明，学生的数据库管理和应用开发能力均得到了较大的提高。

　　2. 本书教学内容和实训内容设计合理，重点突出，例题、习题丰富。语言通俗易懂，表述清楚，图文并茂，过程详细，主要操作过程均有实际界面的截图，便于学生对照学习，提高了学习效率，保证学生能快速掌握所学知识点，并能应用和举一反三。

　　3. 本书精心设置了以 2 条线（简单学习项目"学生成绩管理系统"和企业实训项目"人力资源管理系统"）贯穿始终的、具有 4 个层次（课堂示范、课堂实践、单元实验、综合实习）的技能训练环节，形成了完整的技能训练体系，有效地提高了学生的动手能力。

　　建议本教材教学参考学时为 90 学时，具体分配如下，使用时可根据实际情况酌情选讲相关章节内容。

第 1 章　SQL Server 2008 系统的安装与配置　　　　　　　4 学时
第 2 章　数据库原理基础　　　　　　　　　　　　　　　16 学时
第 3 章　数据库创建与管理　　　　　　　　　　　　　　4 学时
第 4 章　创建与管理表　　　　　　　　　　　　　　　　10 学时
第 5 章　数据查询　　　　　　　　　　　　　　　　　　10 学时
第 6 章　视图　　　　　　　　　　　　　　　　　　　　4 学时
第 7 章　SQL Server 安全管理　　　　　　　　　　　　　8 学时
第 8 章　数据库的备份与还原　　　　　　　　　　　　　4 学时
第 9 章　Transact-SQL 语言基础　　　　　　　　　　　　12 学时

第 10 章 存储过程与触发器   6 学时

第 11 章 SQL Server 数据库开发综合实例   12 学时

  本书定位准确，可作为高等职业院校电子信息大类专业学习数据库技术的教材和用于提高数据库操作技能的自学参考书。

  本书由武汉职业技术学院胡大威、长江职业学院方鹏、武汉商贸职业技术学院裴浪任主编，武汉职业技术学院胡丹桂、武汉信息传播职业技术学院赵德宝任副主编。其中，胡大威编写了第 2 章的 2.1 节和 2.2、第 4 章、第 5 章、第 6 章并设计了两个项目实例的数据库结构及相关数据，方鹏编写了第 2 章的第 2.3 节和 2.4 节、第 10 章、第 11 章的实训 2，裴浪编写了第 8 章和第 9 章，胡丹桂编写了第 1 章、第 3 章和第 11 章的实训 1，赵德宝编写了第 7 章。全书由胡大威统稿。

  限于编者水平和经验，书中疏漏之处在所难免，望广大读者不吝赐教，联系邮箱：hdw9678@sina.com。

编　者

2014 年 5 月

目 录

1

第1章

SQL Server 2008 系统的安装与配置

1.1　SQL Server 2008 系统简介

　　SQL Server 2008 是 Microsoft 公司于 2008 年向全球发布的一个高性能的关系型数据库管理系统，是一个全面的数据库平台。SQL Server 2008 是一个重大的产品版本，它推出了许多新的特性和关键的改进，为企业提供了一个更安全可靠和更高效的平台，使得公司可以运行最关键任务的应用程序，降低了管理数据基础设施和发送信息给所有用户的成本。

1.2　SQL Server 2008 系统的安装、配置与卸载

1.2.1　安装环境

1. 安装 SQL Server 2008 对软件硬件的要求

安装 SQL Server 2008 对软硬件的要求如表 1-1 所示。

表 1-1　　　　　　　　　　　安装 SQL Server 2008 对软硬件的要求

框架	安装 SQL Server 2008 程序需要以下软件组件： .NET Framework 3.51 SQL Server Native Client SQL Server 安装程序支持文件
软件	SQL Server 安装程序需要使用 Microsoft Windows Installer 4.5 或更高版本以及 Microsoft 数据访问组件（MDAC）2.8 SP1 或更高版本
网络软件	SQL Server 2008 64 位版本的网络软件要求与 32 位版本的要求相同，支持它们的操作系统都具有内置网络软件。SQL Server 2008 独立的命名实例和默认实例支持以下网络协议：Shared memory、Named Pipes、TCP/IP、VIA

续表

Internet 浏览器	所有 SQL Server 2008 安装都需要使用 Microsoft Internet Explorer 6 SP1 或更高版本。Microsoft 管理控制台（MMC）、SQL Server Management Studio、Business Intelligence Development Studio、Reporting Services 的报表设计器组件和 HTML 帮助都需要 Internet Explorer 6 SP1 或更高版本
硬盘	数据库引擎和数据文件、复制以及全文搜索占用 280 MB；Analysis Services 和数据文件占用 90 MB；Reporting Services 和报表管理器占用 120 MB；Integration Services 占用 120 MB；客户端组件占用 850 MB；SQL Server 联机丛书和 SQL Server Compact 联机丛书占用 240 MB
驱动器	该软件从磁盘进行安装时需要相应的 CD 或 DVD 驱动器
显示器	SQL Server 2008 图形工具需要使用 VGA 或更高分辨率：分辨率至少为 1024×768 像素
其他设备	指针设备：需要 Microsoft 鼠标或兼容的指针设备

2．SQL Server 2008 的版本

Microsoft SQL Server 2008 产品有多个不同的版本，不同版本的 SQL Server 能够满足单位和个人独特的性能、运行时间以及价格要求。用户可以根据不同的需求选择合适的版本。下面的部分将帮助你了解如何在 SQL Server 2008 的不同版本中做出最佳选择。

（1）SQL Server 2008 服务器版

① SQL Server Enterprise 是一种综合的数据平台，可以为运行安全的业务关键应用程序提供企业级可扩展性、高可用性和高级商业智能功能。

② SQL Server Standard 是一个提供易用性和可管理性的完整数据平台。它的内置业务智能功能可用于运行部门应用程序。

（2）SQL Server 2008 专业版

① SQL Server 2008 Developer 支持开发人员构建基于 SQL Server 的任意一种类型的应用程序。它包括 SQL Server 2008 Enterprise 的所有功能，但有许可限制，只能用作开发和测试系统，而不能用作生产服务器。SQL Server 2008 Developer 是构建和测试应用程序的人员的理想之选。用户可以升级 SQL Server 2008 Developer 以将其用于生产用途。

② SQL Server Workgroup 是运行分支位置数据库的理想选择，它提供一个可靠的数据管理和报告平台，其中包括安全的远程同步和管理功能。

③ 对于为从小规模升至大规模 Web 资产提供可扩展性和可管理性功能的 Web 宿主和网站来说，SQL Server 2008 Web 是一项耗费总成本较低的选择。

④ SQL Server Express 数据库平台基于 SQL Server 2008。它也可用于替换 Microsoft Desktop Engine（MSDE）。SQL Server Express 与 Visual Studio 集成，从而使开发人员可以轻松地开发出功能丰富、存储安全且部署快速的数据驱动应用程序。

⑤ SQL Server Compact 免费提供使用，是生成用于基于各种 Windows 平台的移动设备、桌面和 Web 客户端的独立和偶尔连接的应用程序的嵌入式数据库的理想选择。

1.2.2　安装过程和配置

安装 SQL Server 2008 之前，必须预先安装.NET Framework 3.5 和 Windows Installer 4.5 Redistributable，如果你已安装了 Microsoft Visual Studio 2008，那么还必须升级到 SP1。

SQL Server 2008 有多种版本，可安装在多种操作系统上。下面以 SQL Server 2008 企业版在

Windows 操作系统上的典型安装为例介绍整个安装过程，其安装过程如下。

（1）启动安装程序。将 SQL Server 2008 的系统安装盘放入光驱，或通过运行光盘中根目录下的 autorun.exe 文件启动 SQL Server 2008 的安装界面，如图 1-1 所示。该对话框涉及计划、安装、设定安装方式（包括全新安装，从以前 SQL Server 版本升级），以及用于维护 SQL Server 安装的许多其他选项。

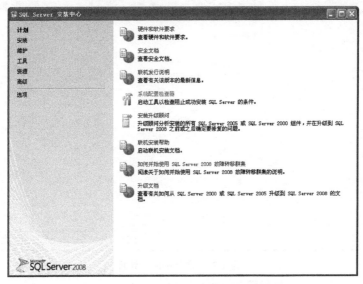

图 1-1　SQL Server 2008 安装界面开始安装

（2）单击安装界面左边的"安装"条目，然后从安装列表中选择第一个选项，即"全新 SQL Server 独立安装或向现有安装添加功能"。这样就开始了 SQL Server 2008 的安装。

在输入产品密钥并接受 SQL Server 许可条款之前，将进行快速的系统检查。在 SQL Server 2008 的安装过程中，要使用大量的支持文件，此外，支持文件也用来确保有效的安装。在如图 1-2 所示的界面中，可以看到快速系统检查过程中有一个警告，但仍可以继续安装。

图 1-2　系统配置检查

（3）单击"下一步"按钮，进入"产品密钥"界面，如图 1-3 所示。

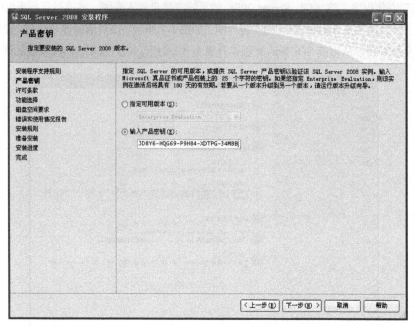

图 1-3 "产品密钥"界面

（4）输入产品密钥后，单击"下一步"按钮，进入"许可条款"界面，如图 1-4 所示，阅读许可条款后，选中"我接受许可条款"复选框，接受条款。

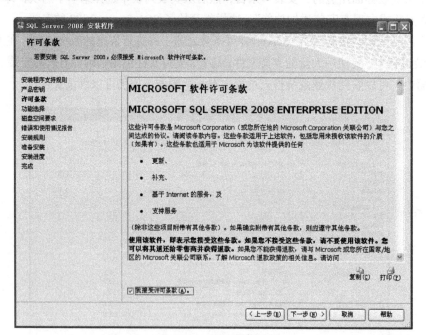

图 1-4 "许可条款"界面

（5）单击"下一步"按钮，进入"功能选择"界面，如图 1-5 所示，此处会安装所有的功能。不过也可以根据需要，有选择性地安装各种组件。

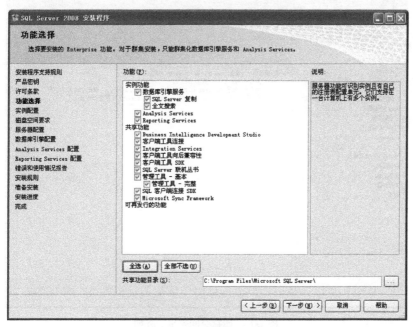

图 1-5　"功能选择"界面

（6）单击"下一步"按钮，进入"实例配置"界面，如图 1-6 所示。在此，可以选择安装默认实例或命名实例。计算机上没有默认实例时，才可以安装新的实例，如果要安装新的命名实例，要选择"命名实例"选项，然后在文本框中输入一个唯一的实例名。

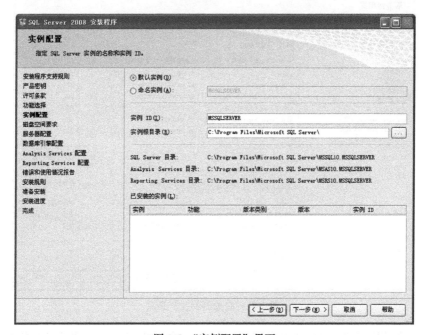

图 1-6　"实例配置"界面

（7）选择"默认实例"选项，单击"下一步"按钮，进入"磁盘空间要求"界面，如图 1-7 所示，查看磁盘空间大小。

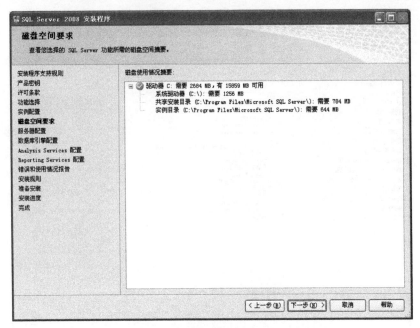

图 1-7 "磁盘空间要求"界面

（8）单击"下一步"按钮，进入"服务器配置"界面，在"服务器配置"→"服务账户"选项卡上指定 SQL Server 服务的登录账户，如图 1-8 所示。

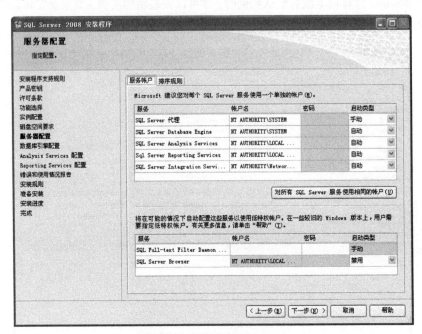

图 1-8 "服务器配置"界面

正如用户在使用系统前必须先登录到 Windows 一样，SQL Server 以及在"功能选择"界面中定义的其他服务在启动前也必须先登录到 Windows。

可以为所有的 SQL Server 服务分配相同的账户，也可以单独配置各个服务账户，还可以指定服务是自动启动、手动启动还是禁用。Microsoft 建议对各服务账户进行单独配置，以便为每项服务提供最低特权，即向 SQL Server 服务授予它们完成各自任务所必须拥有的最低权限。

　　服务账户可以是内置系统账户、本地、本地组、域组或域用户账户。对于普通学习者，本安装单击"对所有 SQL Server 服务使用相同的账户"按钮，并指定内置系统账户"NT AUTHORITY\NETWORK SERVICE"。

　　通过"控制面板"中的"管理工具"里的"服务"图标，也能对服务账户进行更改。然而，使用"配置工具"中的"SQL Server 配置管理器"会更好些，使用它能把账户添加到正确的组中，并给予恰当的权限。

　　（9）单击"下一步"按钮，进入"数据库引擎配置"界面，如图 1-9 所示。系统要使用的身份验证模式分为两种："Windows 身份验证模式"和"混合模式"。如果选择"混合模式"，需要为 sa 输入登录密码。在此，选择"Windows 身份验证模式"，不用设置登录密码。

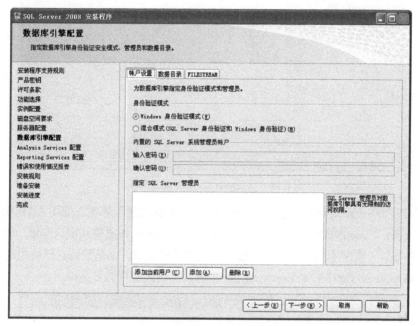

图 1-9　"数据库引擎配置"界面

　　① Windows 身份验证模式。

　　当应用 Windows 身份验证模式时，登录到 Windows 的用户不需要提供 SQL Server 登录账号，就可以直接与 SQL Server 连接。用户对 SQL Server 的访问由操作系统对 Windows 账户或用户组完成验证。

　　② SQL Server 验证模式。

　　SQL Server 管理员必须建立 SQL Server 登录名和口令。当用户要连接到 SQL Server 时，必须同时提供 SQL Server 的登录名和口令。

　　③ SQL Server 和 Windows 混合验证模式。

　　两种模式同时工作，用户既能使用 Windows 验证模式又能使用 SQL Server 验证模式连接到 SQL Server 服务器。

　　另外，还必须指定 SQL Server 管理员账户。这是一个特殊账户，在极其紧急的情况下（例如，SQL Server 拒绝连接时），能够使用这个账户进行登录。这样一来，你可以用这个特殊的账户登录，对当前的情形进行调试，并让 SQL Server 恢复运行。通常，管理员账户是某个服务器账户 ID，但现在，我们使用登录到计算机上的这个当前账户。

对于 Analysis Services 也会有类似的界面，并且，也使用相同的设置。

（10）单击"下一步"按钮，进入"Analysis Services 配置"界面，如图 1-10 所示。添加与"数据库引擎配置"界面中相同的账户。

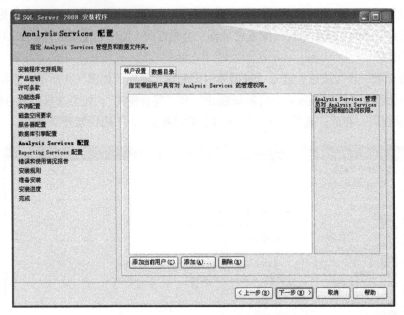

图 1-10 "Analysis Services 配置"界面

（11）单击"下一步"按钮，进入"Reporting Services 配置"界面，如图 1-11 所示。有 3 个不同的安装选项："安装本机模式默认配置"、"安装 SharePoint 集成模式默认配置"和"安装但不配置报表服务器"。"安装本机模式默认配置"是最简单的选项，也是我们这里使用的选项。选择该选项，将在 SQL Server 中安装 Reporting Services，并创建必需的数据库。

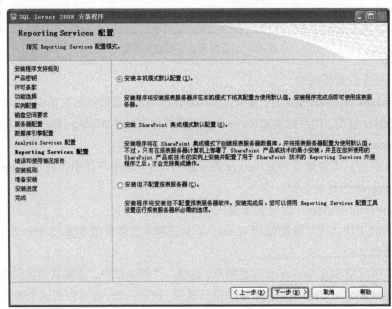

图 1-11 "Reporting Services 配置"界面

（12）单击"下一步"按钮，进入"错误和使用情况报告"界面，如图 1-12 所示。在该界面中，可以选择错误和使用情况报告的发送方式。

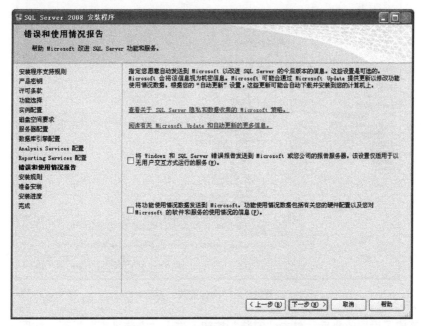

图 1-12　"错误和使用情况报告"界面

（13）单击"下一步"按钮，进入"安装规则"界面，如图 1-13 所示。在该界面中，不用做任何处理。

图 1-13　"安装规则"界面

（14）单击"下一步"按钮，进入"准备安装"界面，如图 1-14 所示。在该界面中，可以查看安装的 SQL Sever 功能和组件的摘要。

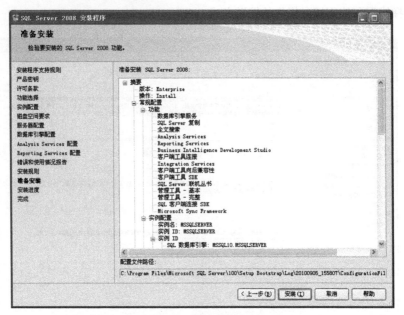

图 1-14 "准备安装"界面

（15）完成了设置收集后，单击"安装"按钮，进入"安装进度"界面，如图 1-15 所示。

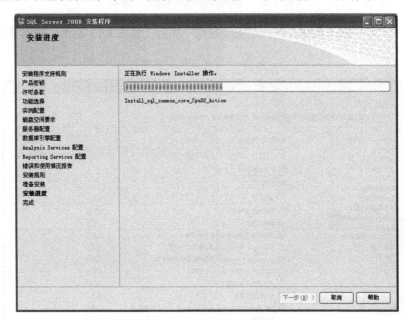

图 1-15 "安装进度"界面

（16）安装完成后，单击"完成"按钮即可。

1.2.3 卸载

（1）单击"开始"→"设置"→"控制面板"，打开控制面板，双击"添加或删除程序"。

（2）在"添加或删除程序"对话框中（如图 1-16 所示）找到与 SQL Server 系列有关的组

件一一进行删除，注意与 SQL 有关的所有程序务必完全删除，尤其是在第一次安装错误要进行重装时。

图 1-16　添加删除程序对话框

（3）在"开始"→"运行"中输入"regedit"命令打开注册表编辑器，如图 1-17 所示。在文件夹上单击鼠标右键，从弹出的快捷菜单中选择"查找"命令。在"查找"对话框中输入"SQL"，如图 1-18 所示，找到与 SQL 有关的项进行删除。

图 1-17　注册表编辑器

图 1-18　查找对话框

1.3　SQL Server 2008 系统的管理工具

安装了 SQL Server 2008 之后，需要做一些必要的配置才能使用。下面首先介绍 SQL Server 提供的管理工具。

安装了 SQL Server 2008 之后，在"开始"菜单的"程序"组中，添加了"Microsoft SQL Server 2008"程序组，该程序组的内容如图 1-19 所示。主要的管理工具简单介绍如下。

图 1-19　"Microsoft SQL Server 2008"程序组的内容

（1）配置工具由一组工具组成，包含"Reporting Services 配置管理器"、"SQL Server 安装中心"、"SQL Server 错误和使用情况报告"和"SQL Server 配置管理器"。其中，Reporting Services 提供企业级的 Web 报表功能，从而使用户可以创建从多个数据源提取数据的表，发布各种格式的表，以及集中管理安全性和订阅。

（2）Analysis Services 可以设计、创建和管理包含从其他数据源（如关系数据库）聚合的数据的多维结构，从而实现对 OLAP 的支持，通过使用多种行业标准数据挖掘算法，可以基于其他数据源构造这些挖掘模型。

（3）Integration Services 是一个生成高性能数据集成解决方案的平台，其中包括对数据仓库提供提取、转换和加载（ETL）处理的包。并且提供了一套用于移动、复制及转换数据的图形化工具和可编程对象。

（4）文档和教程：SQL Server 的教程和在线帮助。

（5）性能工具由一组工具组成，包含"SQL Server Profile"和"数据库引擎优化顾问"。其中，SQL Server Profile 是 SQL 跟踪的图形用户界面，用于监视 SQL Server Database Engine 或 SQL Server Analysis Services 的实例。

（6）SQL Server Business Intelligence Development Studio 是一个集成的环境，用于开发商业智能构造（如多维数据集、数据源、报告和 Integration Services 软件包）。Business Intelligence Development Studio 包含一些项目模板，这些模板可以提供开发特定构造的上下文。例如，如果用户的目的是创建一个包含多维数据集、维数或挖掘模型的 Analysis Services 数据库，则可以选择一个 Analysis Services 项目。

（7）SQL Server Management Studio 是一个集成的环境，用于访问、配置和管理所有 SQL Server 组件。SQL Server Management Studio 组合了大量图形工具和丰富的脚本编辑器，使各种技术水平的开发人员和管理员都能访问 SQL Server。

（8）导入和导出数据：这是 SQL Server 导入和导出向导，它的作用是将数据从源复制到目标。

1.4 SQL Server 2008 服务器管理

1.4.1 注册服务器

服务器注册是指将网络系统中的一个或多个 SQL Server 服务器注册到对象资源管理器中，以便于服务器集中管理数据库。这里的数据库服务器既可以是局域网内的服务器，也可以是基于 Internet 的服务器。当然还包括本地服务器，只是本地服务器在安装完后，已经自动完成了注册。

1. 服务器的注册

（1）在"已注册的服务器"窗口中展开"数据库引擎"，鼠标右键单击"Local Server Groups"节点，如图 1-20 所示。在弹出的快捷菜单中，选中"新建服务器注册"命令，打开"新建服务器注册"对话框，如图 1-21 所示。

图 1-20　"新建服务器注册"对话框　　图 1-21　"新建服务器注册"窗口的"常规"选项卡

（2）在"常规"选项卡中的"服务器名称"文本框中选择或输入要注册的服务器名称；在"身份验证"下拉列表框中选择要使用的身份验证方式。

（3）切换到"连接属性"选项卡，在"连接到数据库"下拉列表中选择注册的服务器默认连接的数据库；在"网络协议"下拉列表框中选择使用的网络协议；在"网络数据包大小"调节框中设置客户机和服务器网络数据包的大小；在"连接超时值"调节框中设置客户机的程序在服务器上的执行超时时间，如果网速慢的话，可以设置大一些；如果需要对连接过程进行加密，可以选中"加密连接"项。

（4）测试连接成功后，单击"保存"按钮，完成服务器注册，如图 1-22 所示。

2.　注册服务器组

为了更好地管理多台服务器，可以将它们进行分组，其操作步骤如下。

（1）鼠标右键单击"Local Server Groups"节点，从弹出的快捷菜单中选择"新建服务器组"命令，如图 1-23 所示。

图 1-22　"连接测试成功"消息框　　　　　　　　图 1-23　新建服务器组

（2）在弹出的"新建服务器组属性"对话框中输入组名"计算机学院"，再输入组说明，如图 1-24 所示，然后选择新服务器组的位置。

图 1-24　新建服务器组属性对话框

（3）设置完成后，单击"确定"按钮，完成新建服务器组的操作。

1.4.2　连接服务器

SQL Server 服务是 SQL Server 2008 的数据库引擎，是 SQL Server 2008 的核心服务。SQL Server 服务提供数据管理、事务处理，维护数据的完整性和安全性等管理工作。通常情况下，SQL Server 是自动启动服务的。

1. 启动 SQL Server 服务

要使用 SQL Server 服务，必须先启动该服务。启动 SQL Server 服务的方法如下。

启动 SQL Server Management Studio，在"已注册的服务器"窗口中，展开"数据库引擎"→"Local Server Groups"，选择要启动的服务器名称（如"WIT-H"）并单击鼠标右键，在弹出的菜单中选择"服务控制"→"启动"命令，如图 1-25 所示。数据库服务器启动完成的标志是数据库引擎的图标由 🔴（红灯）变成了 🟢（绿灯）。

图 1-25　启动 SQL Server 服务

2. 停止或暂停 SQL Server 服务

服务启动后，我们可以在已经启动了的服务器上，单击鼠标右键，在弹出的菜单中选择"服务控制"→"停止"命令，数据库服务器将停止，数据库引擎的图标由 🟢（绿灯）变成了 🔴（红灯）。若选择"暂停"，则数据库服务器将暂停，数据库引擎的图标由 🟢（绿灯）变成了 🔴（红灯）。

3. 使用 SQL Server Management Studio

（1）启动 SQL Server Management Studio

在"开始"菜单中，依次执行"开始"→"程序"→"Microsoft SQL Server 2008"→"SQL Server Management Studio"菜单命令，打开"连接到服务器"对话框，如图 1-26 所示。验证默认设置，单击"连接"按钮，即可登录。

（2）SQL Server Management Studio 操作界面

默认情况下，Microsoft SQL Server Management Studio 中将显示 3 个组件窗口："已注册的服务器"组件窗口、"对象资源管理器"组件窗口、"对象资源管理器详细信息"窗口，如图 1-27 所示。

图 1-26　"连接到服务器"对话框

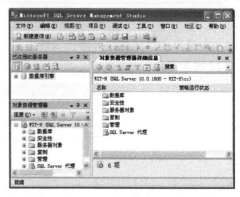

图 1-27　SQL Server Management Studio 操作界面

① "已注册的服务器"窗口。系统通过它来组织经常访问的服务器。在其中，可以创建"服务器组"、"服务器注册"，编辑或删除已注册的服务器的注册信息，查看已注册服务器的详细信息等。

② "对象资源管理器"窗口。对象资源管理器是服务器中所有数据库对象的树视图，并具有可管理这些对象的用户界面。系统使用它连接数据库引擎实例、Analysis Services、Reporting Services、Integration Services 和 SQL Server Mobile，并可以使用该窗口可视化地操作数据库，如创建各种数据库对象、查询数据、设置系统安全、备份与恢复数据等。

③ "对象资源管理器详细信息"窗口。详细信息窗口是 Management Studio 界面中的最大的部分，它可以是"查询编辑器"窗口，也可以是"浏览器"窗口。在默认情况下，该窗口用来显示有关当前选中的对象资源管理器节点的信息。

如果任何组件窗口没有出现，均可通过"视图"菜单添加。

（3）对象资源管理器的连接

对象资源管理器可以连接数据库引擎、Analysis Services、Reporting Services、Integration Services 和 SQL Server Mobile。其连接方法如下：

① 在"对象资源管理器"的工具栏上，单击"连接"按钮，打开连接类型下拉菜单，从中选择"数据库引擎"，系统将打开"连接到服务器"对话框，如图 1-26 所示；

② 在"连接到服务器"对话框中，输入服务器名称，选择验证方式；

③ 单击"连接"按钮，即可连接到所选的服务器。

1.4.3　配置远程服务器

1. SQL Server 服务器的配置

通过查看 SQL Server 属性可以了解 SQL Server 性能或修改 SQL Server 的配置以提高系统的性能。在"对象资源管理器"中，选择要配置的服务器名，单击鼠标右键，在弹出的快捷菜单中选择"属性"命令，弹出如图 1-28 所示的"服务器属性"对话框。用户可以根据需要，选择不同的选项卡标签，查看或修改服务器设置、数据库设置、安全性、连接等。

2. 新建 SQL Server 的登录名及修改 SQL Server 的 sa 密码

当使用 SQL Server 验证模式时，需要设置登录账号和密码。数据库管理员可以直接通过超级管理员账号 sa 登录，sa 的密码非常重要，为了安全起见，可以通过"对象资源管理器"修改 sa 账号的密码，其方法如下。

（1）在"对象资源管理器"中，选择数据库服务器（如"WIT-H"），展开"安全性"→"登录名"节点，如图 1-29 所示。

（2）鼠标右键单击 sa 账号，在弹出的快捷菜单中选择"属性"命令。

（3）打开"登录属性-sa"窗口，在其"常规"选项卡中的"密码"和"确认密码"文本框中输入 sa 的新密码，单击"确定"按钮，完成密码修改。

图 1-28 "服务器属性"窗口

图 1-29 "对象资源管理器"界面

3. 使用"对象资源管理器"附加数据库

如果磁盘上有数据库文件，可以将其附加到数据库服务器中，其步骤如下。

（1）在"对象资源管理器"中，选择数据库服务器，鼠标右键单击"数据库"节点，在弹出的快捷菜单中选择"附加"命令，打开"附加数据库"对话框，如图 1-30 所示。

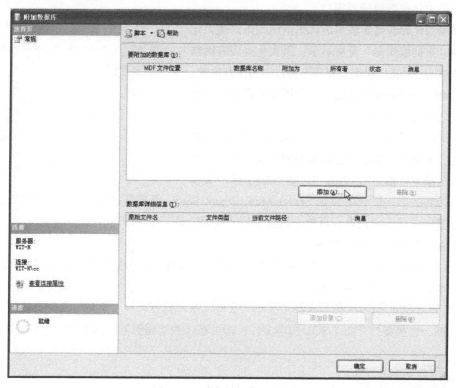

图 1-30　"附加数据库"对话框

（2）在"附加数据库"对话框中，单击"添加"按钮，打开"定位数据库文件"对话框，在该对话框中选择主数据文件所在的路径，选择扩展名为.mdf 的主数据文件（如教材所用的 cjgl 数据库的"选修课成绩数据库.mdf"数据文件），单击"确定"按钮返回"附加数据库"对话框。

（3）在"附加数据库"对话框中，单击"确定"按钮，完成 cjgl 数据库附加。

4．使用查询编辑器

查询编辑器是代码和文本编辑器的一种。代码和文本编辑器是一个文字处理工具，可用于输入、显示和编辑代码或文本，根据其处理的内容分为查询编辑器和文本编辑器。如果只包含文本而不包含有关联的语言，称为文本编辑器；如果包含与语言关联的源代码，称为查询编辑器。

（1）打开查询编辑器

单击 SQL Server Management Studio 中"标准"工具栏上的"新建查询"按钮，打开一个当前连接的服务的查询编辑器，如果连接的是数据库引擎，则打开 SQL 编辑器。也可以单击"标准"工具栏上的"数据库引擎查询"按钮 ，如果是 Analysis Server，则打开 MDX 编辑器；或者在"标准"工具栏上，单击"Analysis Services MDX 查询"按钮 ；用"标准"工具栏上的"打开文件"按钮也可以打开查询编辑器。

（2）分析和执行代码

假设在打开的查询编辑器窗口中编写完成了一定任务的代码，可以按 Ctrl+F5 组合键或单击工具栏上的"分析"按钮 ，对输入的代码进行分析查询，检查通过后，按 F5 键或单击工具栏上的"执行"按钮,执行代码,结果如图 1-31 所示。

(3)最大化查询编辑器窗口

如果编写代码时需要较多的代码空间,可以最大化窗口,使"查询编辑器"全屏显示。最大化查询编辑器窗口的方法为:单击"查询编辑器"窗口中的任意位置,然后按 Shift+Alt+Enter 组合键,在全屏显示模式和常规显示模式之间进行切换。

使查询编辑器窗口变大,也可以用隐藏其他窗口的方法实现,方法为:单击"查询编辑器"窗口中的任意位置,单击菜单"窗口",单击"自动全部隐藏",其他

图 1-31 "查询编辑器"的执行结果

窗口将以标签的形式显示在 SQL Server Management Studio 管理器的左侧;如果要还原窗口,先单击以标签形式显示的窗口,再单击窗口上的"自动隐藏"按钮即可。

(4)保存和打开 T-SQL 脚本

① 保存 T-SQL 脚本文件。选择主菜单"文件"→"保存"或"另存为"命令,可以保存 T-SQL 语句为脚本文件(文件扩展名为.sql)。

② 打开 T-SQL 脚本文件。选择主菜单"文件"→"打开"→"文件"命令,弹出"打开文件"对话框,选择要打开的 T-SQL 脚本文件,即可在"查询编辑器"的编辑区中打开该文件。

本章的知识内容为 SQL Server 2008 的功能与特性,各种版本和相应安装环境及安装步骤;SQL Server2008 系统管理工具和服务器管理,包括注册服务器、启动服务器、配置服务器;使用查询编辑器编写 T-SQL 脚本的基本方法。

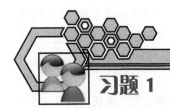

一、选择题

1. _____管理工具是 Microsoft SQL Server 2008 提供的集成环境,这种管理工具用于访问、配置、控制、管理和开发 SQL Server 的所有组件。

A. Microsoft SQL Server Management Studio

B. SQL Server 配置管理器

C. Analysis Services

D. SQL Server Business Intelligence Development Studio

2. 下面的＿＿＿＿不是 Microsoft 公司为用户提供的 SQL Server 2008 版本。

A. 企业版　　　　　B. 数据中心版　　　　C. 应用版　　　　D. 标准版

3. Microsoft SQL Server 2008 是一种基于客户机/服务器的关系型数据库管理系统，它使用＿＿＿＿在服务器和客户机之间传递请求。

A. TCP/IP　　　　　B. T-SQL　　　　　C. C　　　　　D. ASP

4. 在 SQL Server 所提供的服务中，＿＿＿＿是最核心的部分。

A. MSSQL Server　　B. SQL Server Agent　C. MS DTC　　　D. SQL XML

5. 在"连接"组中有两种连接认证方式，其中在＿＿＿＿方式下，需要客户端在应用程序连接时提供登录时需要的用户标识和密码。

A. Windows 身份验证　　　　　　　B. SQL Server 身份验证

C. 以超级用户身份登录时　　　　　D. 其他方式登录时

6. 利用查询分析器，能＿＿＿＿。

A. 直接执行 SQL 语句　　　　　　　B. 提交 SQL 语句给服务器执行

C. 作为企业管理器使用　　　　　　　D. 作为服务管理器使用

7. 不正确的论述是＿＿＿＿。

A. SQL Server 有 Windows 集成认证方式，但如果没有把 Windows 用户添加为 SQL Server 的登录账户，那么该 Windows 用户不能访问 SQL Server 服务器

B. SQL Server 2008 的客户端没有操作系统的限制

C. Windows 是个具有并行处理能力（支持多 CPU）的操作系统，安装在之上的 SQL Server 需要在实例的属性中设定使用当前的 CPU，否则只能使用默认的 CPU

D. 在 Windows 中，SQL Server 是以服务的方式被执行的

8. 关于 SQL Server 安装命名实例时，不正确的描述是＿＿＿＿。

A. 最多只能用 16 个字符

B. 实例的名称是区分大小写的

C. 第 1 个字符只能使用文字、@、_和#符号

D. 实例的名称不能使用 Default 或 MSSQLServer 这两个名字

9. 不是 SQL Server 服务器组件的是＿＿＿＿。

A. 升级工具（update Tools）　　　　B. 复制支持（Replication Support）

C. 全文搜索（Full-Text Search）　　D. Profiler

二、填空题

1. SQL Server 包含＿＿＿＿、＿＿＿＿、＿＿＿＿和＿＿＿＿服务组件，实现对数据库系统的服务。

2. SQL Server 2008 中常用的管理和开发工具有＿＿＿＿、＿＿＿＿、＿＿＿＿和＿＿＿＿、＿＿＿＿等。

3. 管理 SQL Server 2008 服务器需要完成＿＿＿＿、＿＿＿＿、＿＿＿＿和＿＿＿＿ 4 项工作。

4. 在查询窗口中用户可以输入 SQL 语句，并按＿＿＿＿键，或单击工具栏上的"运行"按钮，将其送到服务器执行，执行的结果将显示在输出窗口中。

三、简答题

1. 安装 SQL Server 2008 对软硬件有什么要求？

2. 简述 SQL Server 2008 常用管理工具的作用。

3. 如何启动和停止 SQL Server 2008 服务？

4. 如何修改 SQL Server 的 sa 的密码？

5. 如何注册 SQL Server 2008 服务器？

6. 如何连接 SQL Server 2008 服务器？

7. Windows 系统的每种服务都有启动账户。在域中的 SQL Server 服务有两类启动账户（登录账户）。请问是哪两类，它们各有什么特点？

8. 如果你是公司的数据库管理员，数据库服务器为 DBSRV，是 Windows 2003 域 benet.com 的成员服务器，公司的数据库为 benet。请你规划用户访问 benet 数据库中的表。

（1）首先要创建登录账户，登录账户有哪两种方法？

（2）登录账户如何才能进入数据库 benet？

（3）如何才能访问数据库 benet 中的各个数据表？

实验 1　SQL Server 2008 系统的安装、配置和卸载

一、实验目的

（1）掌握 SQL Server 2008 数据库的安装步骤，了解 SQL Server 各种版本安装对软、硬件的要求。

（2）掌握 SQL Server Management Studio 的基本使用方法。

（3）掌握 SQL Server 2008 数据库的卸载方法。

二、实验内容

（1）安装 SQL Server 2008。

（2）在"已注册的服务器"窗口中新建注册服务器。

（3）在"对象资源管理器"窗口中连接服务器。

（4）在"查询编辑器"中编辑、分析和执行 T-SQL 语句。

（5）卸载 SQL Server 2008 数据库。

三、实验步骤

1. 安装 SQL Server 2008

选择一个合适的 SQL Server 2008 版本安装。

2. 新建注册服务器

（1）启动对象资源管理器，在"已注册的服务器"窗口中注册所在网络的多台数据库引擎服务器。

单击"已注册的服务器"窗口工具栏上的"数据库引擎"按钮，展开"数据库引擎"节点，再用鼠标右键单击"本地服务器组"，从弹出的快捷菜单中选择"新建服务器注册"命令。

（2）在弹出的"新建服务器注册"对话框中输入服务器名称，再选择"身份验证"类型，如果选择"Windows 身份验证"，就应该是注册服务器的合法域用户；如果选择"SQL Server 身份验证"，则要输入 SQL Server 用户登录名和密码。输入服务器名称时可以通过选择下拉列表中的命令，在弹出的对话框中进行选择。

（3）选择"连接属性"选项卡，选择 TCP/IP 网络协议。

（4）设置完成后，单击"确定"按钮，完成新建服务器注册操作。

3. 连接服务器

启动对象资源管理器，在对象资源管理器窗口中连接本地服务器。

（1）单击对象资源管理器窗口工具栏上的"连接"按钮，并从下拉列表框中选择连接服务器类型，如"数据库引擎"。

（2）弹出"连接到服务器"对话框，输入服务器名称为"本地计算机"，选择"Windows 身份验证"，单击"连接"按钮，连接本地服务器。

4. 编辑、分析和执行 T-SQL 语句

启动对象资源管理器，在"查询编辑器"中编辑、分析和执行 T-SQL 语句。

（1）打开"查询编辑器"。单击系统工具栏上的"新建查询"按钮。

（2）编辑和分析 T-SQL。在"查询编辑器"的编辑区中，试着使用 T-SQL 创建自己的第 1 个数据库。单击"SQL 编辑器"工具栏上的"分析"按钮，检查所选语句的语法。

（3）执行 T-SQL 语句。单击"SQL 编辑器"工具栏上的"执行"按钮，查看执行结果。

（4）保存 T-SQL 脚本文件。

5. 卸载 SQL Server 2008 数据库

四、实验报告要求

1. 实验报告分为实验目的、实验内容、实验步骤、实验心得 4 个部分。
2. 把相关的语句和结果写在实验报告上。
3. 写出详细的实验心得。

第2章

数据库原理基础

随着计算机技术与网络通信技术的发展，全社会信息化日益加深，数据库技术得到了快速的发展和广泛的应用。数据库技术就是研究如何对数据进行科学的组织、管理和处理，以便提供可共享的、安全的、可靠的数据信息，它有着较完备的理论基础。

本章对数据库原理做了简要的介绍，主要讲授数据库系统的基本概念、体系结构和组成，概念模型和数据模型，关系数据模型的设计及范式规范化。要求能基本理解与掌握数据库原理的有关知识。

2.1 数据库系统概述

2.1.1 数据、信息和数据处理

数据（Data）是数据库中存储的基本对象，它是反映客观事物属性的记录，通常指描述事物的符号，这些符号具有不同的数据类型，如数字、文本、图形、图像、声音等。

信息（Information）是经过加工处理并对人类客观行为产生影响的数据表现形式，它具有超出事实数据本身之外的价值。

数据与信息既有联系又有区别。

数据是信息的载体、信息的具体表现形式。数据代表真实世界的客观事实，但并非任何数据都表示信息，数据如不具有知识性和有用性则不能称其为信息。信息是加工处理后的数据，是数据所表达的内容，是有用的数据。信息是通过数据符号来传播的，信息不随表示它的数据形式而改变，用不同的数据形式可以表示相同的信息。例如，描述学生王林的一条记录（'061101','王林','计算机','男','19860210',50,'null'）是一组数据，这些相对独立的数据组合在一起形成一条表示学生王林基本情况的信息。

将数据转换成信息的过程称为数据处理，它包括对各种类型的数据进行收集、整理、储存、分类、排序、检索、维护、加工、统计和传输等一系列操作，以便我们从大量的、原始的数据中获得我们所需要的资料并提取有用的数据成分，作为行为和决策的依据。

数据、信息和数据处理之间的关系可以表示成：信息= 数据+数据处理。

2.1.2　数据管理技术的发展

仅就数据本身而言，数据管理是指对数据进行分类、组织、编码、存储、检索和维护，它是数据处理的中心问题。随着计算机硬件和软件技术的发展，计算机数据管理技术也在不断改进，大致经历了以下几个阶段。

1．人工管理阶段

20 世纪 50 年代中期以前，计算机主要用于科学计算，数据量较少，一般不需要长期保存。在这一处理方式下，应用程序与数据之间的关系是一一对应的关系，如图 2-1 所示。

这种管理方式的特点如下：

（1）数据面向程序，即应用程序与数据不可分割，数据的逻辑结构改变时必须修改应用程序，数据不具有独立性；

（2）数据不单独保存，没有专用的软件对数据进行管理；

（3）数据无共享，存在大量的重复数据（称为数据冗余）。

2．文件系统阶段

20 世纪 50 年代后期至 60 年代中后期，计算机不仅用于科学计算，还用于信息管理。应用程序已经可以通过操作系统中的文件系统对数据文件中的数据进行加工处理，如图 2-2 所示。

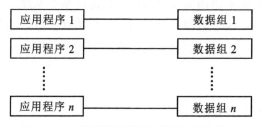

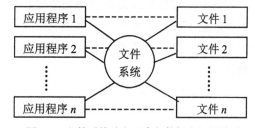

图 2-1　人工管理阶段程序与数据之间的关系　　　　图 2-2　文件系统阶段程序与数据之间的关系

这种管理方式的特点如下：

（1）程序与数据分开存储，数据以"文件"形式可长期保存在外部存储器上；

（2）数据有结构，对数据的操作以记录为单位，记录内有结构，整体无结构；

（3）有专门的文件系统利用"按文件名访问，按记录进行存取"的管理技术进行数据管理；

（4）数据不再属于某个特定的程序，可以重复使用。但由于数据文件之间不能建立任何联系，数据的共享性仍然较差、冗余度大；

（5）独立性差。

3．数据库系统阶段

20 世纪 60 年代后期以来，随着计算机软硬件技术的快速发展，计算机应用范围越来越广，数据量也急剧增加，数据库技术应运而生，出现了统一管理数据的专门软件系统即数据库管理系统。数据管理技术进入数据库系统阶段三个不同时期的标志分别是 1968 年美国 IBM 公司推出层次模型的 IMS 系统，1969 年美国 CODASYL 组织发布了 DBTG 报告，总结了当时各式各样的数据库，提出网状模型，1970 年美国 IBM 公司的 E.F.Codd 连续发表论文，提出关系模型，奠定了关系数据库的理论基础。

在这种管理方式下，应用程序不再只与一个孤立的数据文件相对应，可以取整体数据集的某个子集作为逻辑文件与其对应，通过数据库管理系统实现逻辑文件与物理数据之间的映射。这一阶段应用程序与数据之间的关系如图 2-3 所示。

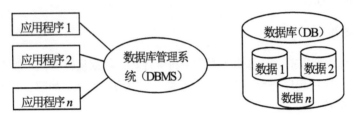

图 2-3　数据库系统阶段程序与数据之间的关系

这种管理方式的特点如下。

（1）数据结构化

数据结构化是数据库与文件系统的根本区别，是数据库系统的主要特征之一。数据库系统采用数据模型来表示复杂的数据结构，数据模型不仅表示数据本身的联系，而且表示数据之间的联系。

（2）数据的冗余度低、共享性高、易扩充

数据库系统从整体角度看待和描述数据，数据不再面向某个应用而是面向整个系统，因此一个数据可以被多个用户、多个应用共享使用。由于数据文件间可以建立关联，数据的冗余大大减少，提高了数据共享性，节约存储空间，同时还能够避免数据之间的不相容性与不一致性。

（3）数据独立性高

数据库系统具有高度的物理独立性和一定的逻辑独立性。

（4）数据由数据库管理系统统一管理和控制

数据库系统提供并发控制、恢复、完整性和安全性 4 个方面的数据控制功能。

4. 数据库管理技术的发展

数据库管理技术是计算机领域中发展最快的技术之一，随着数据库技术和网络通信技术、面向对象程序设计技术、并行计算技术和人工智能技术等相互渗透与结合，数据库管理技术成为当前数据库技术发展的主要特征。20 世纪 80 年代以后陆续推出了分布式数据库系统（DDBS）、面向对象数据库系统（ODBS）等，尤其是 20 世纪末互联网的飞速发展，极大地改变了数据库的应用环境，催生了一批新的数据库技术，如 Web 数据库技术、并行数据库技术、数据仓库与联机分析技术、数据挖掘与商务智能技术、内容管理技术、海量数据管理技术和云计算技术等。

2.1.3　数据库、数据库管理系统和数据库系统

1．数据库

数据库（Database，DB）是长期存储在计算机存储设备上的、结构化的、可共享的数据集合。它是数据库应用系统的核心和管理对象。

数据库中的数据按一定的数据模型组织、描述和储存，具有较小的冗余度、较高的数据独立性和易扩展性，并可为各种用户所共享。

2．数据库管理系统

数据库管理系统（Database Management System，DBMS）是位于用户与操作系统之间的一层数据管理软件。用户必须通过数据库管理系统来统一管理和控制数据库中的数据。

数据库管理系统的主要功能如下。

（1）数据定义

用户可以通过 DBMS 提供的数据定义语言（Data Definition Language，DDL）来定义数据库中的数据对象。

（2）数据组织、存储和管理

DBMS 要分类组织、存储和管理各种数据，包括数据字典、用户数据、数据的存取路径等，以提高存储空间利用率和存取效率。

（3）数据操纵

用户可以使用 DBMS 提供的数据操纵语言（Data Manipulation Language，DML）来实现对数据库的基本操作，如存取、查询、插入、删除和修改等。

（4）数据库的运行管理

所有数据库的操作都要在数据库管理系统的统一管理和控制下进行，以保证事务的正确运行和数据的安全性、完整性，主要包括数据的并发控制、数据的安全性保护、数据的完整性控制和数据库的恢复等。

（5）数据库的建立和维护

数据库的建立和维护主要包括数据库初始数据的输入、转换，数据库的转储、恢复，数据库的重组织和性能监视、分析等。这些功能通常是由一些实用程序或管理工具完成的。

数据库管理系统的工作模式如图 2-4 所示。基本流程为接收应用程序的数据请求和处理请求，将用户的数据请求（高级指令）转换成复杂的机器代码（低层指令）；实现对数据库的操作；从对数据库的操作中接收查询结果；对查询结果进行处理（格式转换）；将处理结果返回给用户。

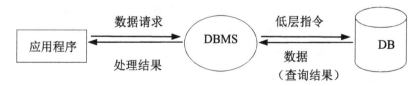

图 2-4　DBMS 的工作模式

目前流行的数据库管理系统有：Oracle、DB2、SQL Server、Sybase、MySQL 和 Access 等，它们针对不同的应用，有各自的特点。本教材主要介绍 SQL Server 2008。

3. 数据库系统

数据库系统（Database System，DBS）是指引进了数据库技术后的计算机系统，它能够有组织地、动态地存储大量数据，提供数据处理和数据共享机制，一般由硬件系统、数据库管理系统（及其开发工具）、数据库、应用系统、数据库管理员、应用程序开发人员和用户等组成。数据库系统的组成结构如图 2-5 所示。

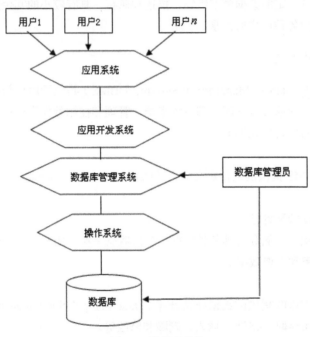

图 2-5　数据库系统

（1）硬件系统

整个数据库系统对硬件要求较高，一般需要有足够大的内存和足够大的磁盘空间，同时也要求有较高的通信能力，以提高数据传送率。

（2）软件系统

数据库系统的软件主要包括 DBMS、支持 DBMS 运行的操作系统以及具有与数据库接口的高级语言和应用程序开发工具，其中，DBMS 是整个数据库系统的核心。

当前在数据库系统中常用的操作系统有 Windows、Linux 和 UNIX，常用的开发工具有 Java、C#、VB.net、PowerBuilder 和 Delphi 等，常用的数据库接口有 ODBC、JDBC 和 OLEDB 等。

（3）数据库管理员

数据库管理员（Database Administrator，DBA）是负责全面管理和控制数据库系统，保障其正常运行的专门人员，其职责十分重要，主要职责大致包括以下几个方面。

- 评估并决定服务器硬件的规模。
- 安装 DBMS 软件与配套工具。
- 计划与设计数据库结构。
- 创建数据库。
- 通过采取备份数据库等方法保护数据的安全。

- 还原与恢复数据库。
- 创建与维护数据库用户。
- 实现应用程序与数据库设计。
- 监视与调整数据库性能。

（4）应用程序开发人员

他们主要负责根据应用系统的需求分析，使用某种高级语言编写应用程序。

（5）用户

用户可以通过已经开发好的应用程序使用数据库。

数据库管理系统在整个计算机系统中的地位如图 2-6 所示。

通常，在不引起混淆的情况下，我们常常把数据库系统简称为数据库。

图 2-6　数据库管理系统
在计算机系统中的地位

2.1.4　概念模型

1. 信息的表示

模型是人们对现实生活中的事物和过程的描述及抽象表达。

数据库是相关数据的集合，它不仅反映数据本身的内容，而且要反映数据之间的联系。在数据库中，用数据模型这个工具来抽象、表示、处理现实世界中的数据和信息，以便计算机能够处理这些对象。因此，数据库中的数据模型是现实世界数据特征的抽象和归纳。

数据模型一般应满足 3 个条件：数据模型要能够真实地描述现实世界；数据模型要容易理解；数据模型要能够方便地在计算机上实现。

根据数据模型应用目的的不同，可以将数据模型分为两类：概念模型（也称信息模式）和数据模型。前者是从用户的角度来对数据和信息建模，这类模型主要用在数据库的设计阶段，与具体的数据库管理系统无关；后者是从计算机系统的角度对数据建模，它与所使用的数据管理系统的种类有关，主要用于 DBMS 的实现。

由于计算机不可能直接处理现实世界中的具体事物，更不能够处理事物与事物之间的联系，因此必须把现实世界具体事物转换成计算机能够处理的对象。信息世界是现实世界在人脑中的真实反映，是对客观事物及其联系的一种抽象描述。为把现实世界中的具体事物抽象、组织为 DBMS 所支持的数据模型，人们常常首先将现实世界抽象为信息世界，然后将信息世界转换为机器世界。具体地讲，就是首先把现实世界中的客观事物抽象为某一种信息结构（这种信息结构并不依赖于具体的计算机系统，也不与具体的 DBMS 相关，而是概念级的模型），然后再把概念模型转换为计算机上某一 DBMS 支持的数据模型。在这个过程中，将抽象出的概念模型转换成数据模型是比较直接和简单的，因此设计合适的概念模型就显得比较重要。信息转换过程如图 2-7 所示。

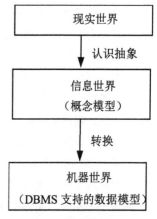

图 2-7　信息转换过程

可见，概念模型是现实世界到机器世界的一个中间层，它不依赖于数据的组织结构，而是反映现实世界中的信息及其关系。它是现实世界到信息世界的第一层抽象，也是用户和数据库设计人员之间进行交流的工具。数据库设计人员在设计初期应把主要精力放在概念模型的设计上。

2. 信息世界的基本概念

概念模型是对信息世界建模，所以概念模型应该能够方便、准确地表示出信息世界中的信息。信息世界中常用的概念如下所述。

（1）实体（Entity）

客观存在并可相互区别的事物称为实体。实体可以是具体的人、事、物，如学生、课程等，也可以是抽象的概念或联系，如学生选课等。

（2）属性（Attribute）

实体所具有的某一特征或性质称为属性。一个实体可以由若干个属性来刻画，如学生实体可以用学号、姓名、专业、性别、出生时间等属性来描述。

属性的具体取值称为属性值。如（001104，严蔚敏，软件技术，男，1980-08-26，50）这些属性组合起来描述了一个具体学生。

（3）联系（Relationship）

在现实世界中，事物内部以及事物之间是有联系的，这些联系在信息世界中反映为两类：一类是实体内部的联系，即组成实体的各属性之间的联系；另一类是不同实体之间的联系，如学生选课实体和学生基本信息实体之间是有联系的，一名学生可以选修多门课程，一门课程可以被多名学生选修，这就是实体间的联系。

（4）关键字（Key）

唯一地标识实体的一个属性或多个属性的组合称为关键字。如学号是学生实体的关键字，而学生选课关系中，学号和课程号联合在一起才能唯一地标识某个学生某门课程的考试成绩。

（5）实体型（Entity Type）

用实体名及其属性名集合来抽象和描述同类实体，称为实体型，通常我们所说的实体就是指实体型。如学生（学号、姓名、专业、性别、出生时间、总学分、备注）就是一个实体型，它是表示学生这个信息，不是指某一个具体的学生。

（6）实体集（Entity Set）

同一类实体的集合称为实体集。例如，全体学生就是一个实体集。

（7）实体间联系的类型

实体间的联系可以分为如下 3 类。

① 一对一联系（1:1）

如果对于实体集 A 中的每一个实体，实体集 B 中至多有一个（也可以没有）实体与之联系，反之亦然，则称实体集 A 与实体集 B 具有一对一联系，记为 1:1，如图 2-8（a）所示。如一所学校只有一名校长，而一名校长只能担任一所学校的校长职务。

② 一对多联系（1:n）

如果对于实体集 A 中的每一个实体，实体集 B 中有 n 个实体与之联系，反之对于实体集 B 中的每一个实体，实体集 A 中至多只有一个实体与之联系，则称实体集 A 与实体集 B 具有一对多联系，记为 1:n，如图 2-8（b）所示。如一所学校的校长和教师的关系是一对多联系。这类联系比较普遍。一对一的联系可以看作一对多联系的一个特殊情况，即 $n=1$ 时的特例。

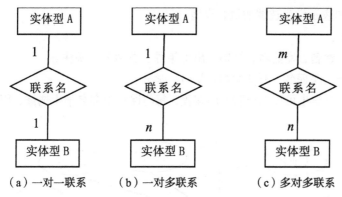

图 2-8　两实体型间的联系

③ 多对多联系（$m:n$）

如果对于实体集 A 中的每一个实体，实体集 B 中有 n（$n \geqslant 0$）个实体与之联系，反之对于实体集 B 中的每一个实体，实体集 A 中也有 m（$m \geqslant 0$）个实体与之联系，则称实体集 A 与实体集 B 具有多对多联系，记为 $m:n$，如图 2-8（c）所示。如一个学生可以选修多门课程，一门课程可被多名学生选修，因而学生和课程间存在多对多联系。实际上，一对多的联系可以看作多对多联系的一个特殊情况。

有时联系也可以有自己的属性，这类属性不属于任何实体。

3. 概念模型的表示方法

在概念模型的众多表示方法中，最常用的是实体-联系方法即 E-R 方法（或称 E-R 模式）。该方法用 E-R 图来描述现实世界的概念模型，其中：

实体（型）：用矩形表示，矩形框内写明实体名。

属性：用椭圆形表示，椭圆内注明属性名称，并用无向边将其与相应的实体连接起来。如果属性较多时，可以将实体与其相应的属性另外单独用列表表示。

联系：用菱形表示，菱形框内写明联系名，并用无向边将其与有关实体连接起来，同时在无向边上标注联系的类型（1:1，1:n 或 $m:n$）。

【例 2-1】学生选课的概念模型中，学生实体具有学号、姓名、专业名、性别、出生年月、总学分、备注等属性，用 E-R 图表示如图 2-9 所示。

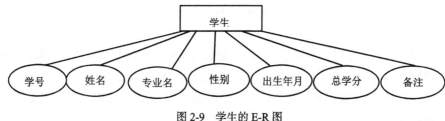

图 2-9　学生的 E-R 图

如果一个联系具有属性，也要用无向边将它们连接起来。

【例 2-2】用 E-R 图表示学生选课的概念模型。

每个实体属性如下：

学生情况：学号、姓名、专业名、性别、出生年月、总学分、备注。

课程情况：课程号、课程名、开课学期、学时、学分。

这些实体联系为一个学生可以选修若干门课程，每门课程由多名学生选修。用 E-R 图表示如图 2-10 所示。

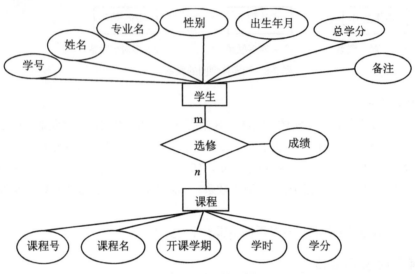

图 2-10 学生与课程的 E-R 图

实体-联系方法是抽象和描述现实世界的有力工具。用 E-R 图表示的概念模型独立于具体的 DBMS 所支持的数据模型，它是各种数据模型的共同基础，因而比数据模型更一般、更抽象、更接近现实世界。

2.1.5 数据模型

1. 数据模型的概念

数据模型是概念模型的数据化，是现实世界的计算机模拟，它与具体的 DBMS 相关。

数据模型通常有一组严格定义的语法，人们可以使用它来定义、操纵数据库中的数据。构成数据模型的三要素为数据结构、数据操作和数据的约束条件。

（1）数据结构

数据结构是对数据静态特征的描述。数据的静态特征包括数据的基本结构、数据间的联系和对数据取值范围的约束。所以说，数据结构是所研究对象类型的集合。

在数据库系统中，通常按数据结构的类型来命名数据模型，如关系结构的数据模型是关系模型。

（2）数据操作

数据操作是指对数据动态特征的描述，包括对数据进行的操作及相关操作规则。数据库的操作主要有检索和更新（包括插入、删除、修改）两大类。数据模型要定义这些操作的确切含义、操作符号、操作规则（如优先级别）以及实现操作的语言。

因此，数据操作完全可以看成是对数据库中各种对象操作的集合。

（3）数据的约束条件

数据的完整性约束是对数据静态和动态特征的限定，是用来描述数据模型中数据及其联系应该具有的制约和依存规则，以保证数据正确、有效和相容。

数据模型应该反映和规定符合本数据模型必须遵守的基本的通用的完整性约束条件。例如，在关系模型中，任何关系必须满足实体完整性和参照完整性两个条件。

另外，数据模型还应该提供定义完整性约束条件的机制，用以反映特定的数据必须遵守特定的语义约束条件，如学生信息中必须要求性别只能是男或女。

2. 数据模型的类型

数据模型的这 3 个要素完整地描述了一个数据模型，数据模型不同，描述和实现方法亦不同。常用的数据模型有以下几种。

（1）层次模型（Hierarchical Model）

用树形结构表示实体类型及实体间联系的数据模型称为层次模型。

采用层次模型的数据库称为层次数据库。

（2）网状模型（Network Model）

用有向图结构表示实体类型及实体间联系的数据模型称为网状模型。

采用网状模型的数据库称为网状数据库。

（3）关系模型（Relational Model）

关系模型是由若干个关系模式组成的集合。

采用关系模型的数据库称为关系数据库。

（4）面向对象模型（Object Oriented Model）

面向对象模型是用面向对象观点来描述现实世界实体（对象）的逻辑组织、对象间限制、联系等的模型。

采用面向对象模型的数据库称为面向对象数据库。

4 种常用数据模型的比较如表 2-1 所示。

表 2-1　　　　　　　　　　　4 种常用数据模型的比较

	层 次 模 型	网 状 模 型	关 系 模 型	面向对象模型
创建时间	1968 年 IBM 公司的 IMS 系统	1969 年 CODASYL 的 DBTG 报告（71 年通过）	1970 年 F.Codd 提出关系模型	20 世纪 80 年代
数据结构	复杂（树结构）	复杂（有向图结构）	简单（二维表）	复杂（嵌套递归）
数据联系	通过指针	通过指针	通过表间的公共属性	通过对象标识
查询语言	过程性语言	过程性语言	非过程性语言	面向对象语言
典型产品	IMS	IDS/Ⅱ IMAGE/3000 IDMS TOTAL	Oracle Sybase DB2 SQL Server Informix	ONTOS DB
盛行期	20 世纪 70 年代	70 年代至 80 年代中期	80 年代至今	90 年代至今

2.1.6　数据库系统的体系结构

数据库系统的体系结构是数据库的一个总体框架。

从数据库最终用户角度看，数据库系统的结构分为单用户结构，主从式结构，分布式结构，客户/服务器、浏览器/应用服务器/数据库服务器多层结构等，这是数据库系统外部的体系结构。

实际的数据库管理系统产品种类很多，它们支持不同的数据模型，使用不同的数据库语言，建立在不同的操作系统之上，数据的存储结构也各不相同，但从数据库管理系统角度看，数据库管理系统内部的体系结构通常都具有相同的特征，即采用三级模式结构并提供两级映像功能。

1．数据库系统的三级模式结构

数据库系统的三级模式结构是指数据库系统是由外模式、模式和内模式三级构成，它们之间的关系如图 2-11 所示。

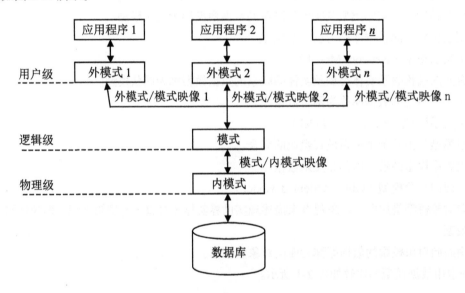

图 2-11　数据库系统的三级模式结构

构建数据库系统的模式结构就是为了保证数据的独立性，以达到数据统一管理和共享的目的。数据的独立性包括物理独立性和逻辑独立性。物理独立性是指用户的应用程序与存储在磁盘上的数据库中数据的相互独立性。而即使数据库的逻辑结构改变了，用户程序也可以不改变，则称为逻辑独立性。

（1）模式

模式也称逻辑模式或概念模式，是数据库中全体数据的逻辑结构和特征的描述，是所有用户的公共数据视图，是数据库管理员看到的数据库，属于逻辑层抽象。

数据库模式以某一种数据模型为基础，统一考虑所有用户的需求，并将这些需求有机地结合成一个逻辑整体。定义模式时不仅要定义数据的逻辑结构，还要定义数据之间的联系、与数据有关的安全性和完整性要求。DBMS 提供模式描述语言（DDL）来严格地定义模式。

一个数据库只有一个模式，它介于外模式与内模式之间，既不涉及数据的物理存储细节和硬件环境，也与具体的应用程序无关。

模式的一个具体值称为模式的一个实例（Instance）。同一个模式可以有很多实例。模式反映的是数据的结构及其联系，而实例反映的是数据库某一时刻的状态。由于数据库中的数据在不断更新，因而模式是相对稳定的，实例是相对变动的。

　　（2）外模式

　　外模式也称子模式或用户模式，它是数据库用户（包括应用程序员和最终用户）能够看见和使用的局部数据的逻辑结构和特征的描述，是数据库用户的数据视图，是与某一应用有关的数据的逻辑表示，属于视图层抽象。

　　外模式通常是模式的子集。一个数据库可以有多个外模式。由于它是各个用户的数据视图，如果用户在应用需求、提取数据的方式、对数据保密的要求等方面存在差异，则其外模式描述会有所不同。即使对模式中同一数据，在外模式中的结构、类型、长度、保密级别等都可以不同。

　　每个用户只能看见和访问所对应的外模式中的数据，数据库中的其余数据是不可见的，对于用户来说，外模式就是数据库。这样既能实现数据共享，又能保证数据库的安全性。DBMS 提供外模式描述语言（外模式 DDL）来严格定义外模式。

　　（3）内模式

　　内模式也称存储模式，是数据在数据库中的内部表示，属于物理层抽象。内模式是数据物理结构和存储方式的描述，一个数据库只有一个内模式，它是 DBMS 管理的最低层。DBMS 提供内模式描述语言（内模式 DDL）来严格地定义内模式。

2. 数据库的两级映像

　　数据库系统的三级模式是对数据进行抽象的 3 个级别，为了能够在内部实现这 3 个抽象层次的联系和转换，数据库管理系统在这三级模式之间提供了两层映像：外模式/模式映像、模式/内模式映像。这两层映像保证了数据库系统中的数据能够具有较高的逻辑独立性和物理独立性。

　　（1）外模式/模式映像

　　模式描述的是数据的全局逻辑结构，外模式描述的是数据的局部逻辑结构。对应同一个模式可以有任意多个外模式。对于每一个外模式，数据库系统都提供了一个外模式/模式映像，它定义了该外模式与模式之间的对应关系。这些映像定义通常包含在各自外模式的描述中。

　　当模式改变时，可由数据库管理员对各个外模式/模式的映像做相应的改变，从而保持外模式不变。应用程序是依据数据的外模式编写的，因此应用程序就不必修改了，保证了数据与程序的逻辑独立性，简称数据的逻辑独立性。

　　（2）模式/内模式映像

　　数据库中只有一个模式，也只有一个内模式，所以模式/内模式映像是唯一的，它定义了数据全局逻辑结构与存储结构之间的对应关系。当数据库的存储结构改变，为了保持模式不变，也就是应用程序保持不变，可由数据库管理员对模式/内模式映像做相应改变就可以了。这样，就保证了数据与程序的物理独立性，简称数据的物理独立性。

　　在数据库的三级模式结构中，数据库模式是数据库的中心与关键，它独立于数据库的其他层次。因此，计数据库模式结构时应首先确定数据库的逻辑模式。

　　数据库的内模式依赖于它的全局逻辑结构，但独立于数据库的用户视图即外模式，也独立于具体的存储设备。它将全局逻辑结构中所定义的数据结构及其联系按照一定的物理存储策略进行组织，以达到较好的时间与空间效率。

数据库的外模式面向具体的应用程序，它定义在逻辑模式之上，但独立于存储模式和存储设备。当用户需求发生较大变化，相应外模式不能满足其视图要求时，该外模式就要做相应的改动，所以设计外模式时应充分考虑到应用的扩充性。

特定的应用程序是在外模式描述的数据结构上编制的，它依赖于特定的外模式，与数据库的模式和存储结构独立。不同的应用程序有时可以共用同一个外模式。数据库的两级映像保证了数据库外模式的稳定性，从而从底层保证了应用程序的稳定性，除非应用需求本身发生变化，否则应用程序一般不需要修改。

数据库的三级模式和两级映像保证了数据与程序之间的独立性，使得数据的定义和描述可以从应用程序中分离出去。另外，由于数据的存取由 DBMS 管理，用户不必考虑存取路径等细节，从而简化了应用程序的编制，大大减少了应用程序的维护和修改。

2.2 关系数据库

目前绝大多数数据库都是关系型数据库，如常用的 Oracle、DB2、SQL Server、Access 等都是关系数据库管理系统。

关系数据库是若干个依照关系模型设计的数据表文件的集合。一张二维表为一个数据表，数据表包含数据及数据间的关系。数据表又由若干个记录组成，而每一个记录是由若干个以字段属性加以分类的数据项组成的。

关系数据库提供了结构化查询语言（Structured Query Language，SQL），SQL 是在关系数据库中定义和操纵数据的标准语言。

2.2.1 关系模型

关系模型是目前应用最广的一种数据模型，也是理论研究最完备的一种数据模型。

1. 关系模型的基本术语

关系模型中常用的术语如下。

（1）关系（Relation）：一个关系通常对应一张二维表，如表 2-2 所示。

表 2-2　　　　　　　　　　　学生情况表

学号	姓名	专业名	性别	出生时间	总学分	备注
001101	王金华	软件技术	True	1990-02-10 00:00:00	50	
001102	程周杰	软件技术	True	1991-02-01 00:00:00	50	
001103	王元	软件技术	False	1989-10-06 00:00:00	50	
001104	严蔚敏	软件技术	True	1990-08-26 00:00:00	50	
001106	李伟	软件技术	True	1990-11-20 00:00:00	50	
001108	李明	软件技术	True	1990-05-01 00:00:00	50	

（2）元组（Tuple）：二维表中的一行即为一个元组（记录），如表 2-2 所示的学生关系中，（001104，严蔚敏，软件技术，男，1990-08-26，50）就是一个元组。

（3）属性（Attribute）：二维表中的一列即为一个属性，属性的名称称为属性名，属性的值称为属性值。如表 2-2 中学号、姓名等均为属性，001104 则为学号的属性值。

（4）域（Domain）：属性的取值范围称为该属性的域。属性的域是由属性的性质及要表达的意义确定的，如学生的性别只能为男或女。

（5）候选键（Candidate Key）：若关系中的某一属性或属性组的值能唯一地标识一个元组，则称该属性或属性组为候选键。候选键可以有多个。

（6）主键（Primary Key，PK）：关系中的某个属性或属性组，能唯一确定一个元组，即确定一个实体，一个关系中的主键只能有一个，主键也被称为码或关键字。

如学生表中的学号可以唯一确定一个学生，因此学号是学生表的关键字。而在成绩表中，学号和课程号组合起来才能唯一地确定一个元组，所以，学号和课程号的组合称为成绩表的关键字。这种由多个属性组成的关键字称为复合关键字。

（7）外键或外部关键字（Foreign Key，FK）：一个关系中的属性或属性组不是本关系的主键，而是另一关系的主键，则称该属性或属性组是该关系的外键。

（8）关系模式（Relation Schema）：对关系的描述称为关系模式，它描述的是二维表的结构。一般表示为：关系名（属性 1，属性 2，…，属性 n）

例如，学生、课程、选课之间的联系在关系模型中可以表示为

学生（学号，姓名，专业，性别，出生时间，总学分，备注）主键：学号

课程（课程号，课程名，开课学期，学时，学分）主键：课程号

成绩（学号，课程号，成绩）主键：学号，课程号

外键：学号，课程号

（9）元数：关系模式中属性的数目是关系的元数。

（10）分量（Component）：元组中的每个属性值称为元组的分量。

2. 关系模型的三要素

（1）数据结构

关系模型中基本的数据结构是关系，在用户看来，关系模型中数据的逻辑结构是二维表。实体及实体间的联系都用二维表来表示，每个二维表称为一个关系，并且有一个名字，称为关系名。在数据库的物理组织中，二维表是以文件形式存储的。

（2）数据操纵

关系模型给出关系操作的能力，关系操作的对象和结果都是集合，主要包括以下两方面。

① 查询操作：选择（Select）、投影（Project）、连接（Join）、除（Divide）、并（Union）、交（Intersection）和差（Difference）。

② 更新操作：插入（Insert）、删除（Delete）和修改（Update）。

进行插入、删除、更新操作时要满足关系模型的完整性约束条件。

关系操作都是由关系操作语言实现的。关系模型使用的查询语言是关系代数和关系演算。关系代数用关系的运算来表达查询要求，关系演算用谓词来表达查询要求。标准 SQL 语言是介于关系代数和关系演算之间的语言。关系代数和关系演算也是关系数据库 SQL 查询语言的理论基础。

（3）完整性约束

关系的完整性就是指关系模型的数据完整性，用于确保数据的准确性和一致性。关系模型的完整性有 3 大类：实体完整性、参照完整性和用户定义的完整性。其中，实体完整性和参照完整性是关系模型必须满足的完整性约束条件，被称为关系的两个不变性。

① 实体完整性

实体完整性是指关系的组成关键字的所有属性都不能为空。它确保了关系中的每个元组都是可识别的、唯一的。

关系模型中的每个元组都对应客观存在的一个实例，若关系中某个元组主键没有值，则此元组在关系中一定没有任何意义。如学生关系中，主键学号能够唯一地确定一个学生，如果某个学生的学号为空，则此学生将无法管理。

② 参照完整性

参照完整性也称引用完整性。现实世界中的实体之间往往存在某种联系，在关系模型中就自然存在着关系与关系间的引用。参照完整性描述了实体之间的引用规则，即一个实体中某个属性的属性值引用了另一个实体的关键字，其中引用关系称为参照关系，而被引用关系称为被参照关系，参照关系中的引用字段称为外关键字。关系模型中的参照完整性就是通过定义外关键字来实现的。

例如，学生、课程、学生与课程之间的多对多联系可以如下 3 个关系表示：

学生（学号、姓名、专业名、性别、出生时间、总学分、备注）

课程（课程号、课程名、开课学期、学时、学分）

选修（学号，课程号，成绩）

这 3 个关系之间也存在着属性的引用，即选修关系引用了学生关系的主键"学号"和课程关系的主键"课程号"同样，选修关系中的"学号"值必须是确实存在的学生的学号，即 学生关系中有该学生的记录，选修关系中的"课程号"值也必须是确实存在的课程的课程号，即课程关系中有该课程的记录。换句话说，选修关系中某些属性的取值需要参照其他关系的属性取值。这里，选修关系是参照关系，学生关系和课程关系均是被参照关系。选修关系中的（学号，课程号）两个属性的组合是选修的关键字，而学号和课程号分别是外关键字。

参照完整性就是限制一个关系中某个属性的取值受另一个关系中某个属性的取值范围的约束。不仅两个或两个以上的关系间可以存在引用关系，同一关系内部属性间也可能存在引用关系。

参照完整性规定了关键字与外关键字之间的引用规则，要求主关键字必须是非空且不重复的，但对外键并无要求。外键可以有重复值，也可以为空。

③ 用户定义的完整性

用户定义的完整性也称域完整性或语义完整性。它是指不同的关系数据库系统根据应用环境的不同，设定的一些特殊约束条件。实际上就是指明关系中属性的取值范围，这样可以限制关系中的属性类型及取值范围，防止属性值与数据库语义矛盾。如学生的性别应该是"男"或"女"。

3. 关系模型的主要特点

关系模型的主要特点如下。

（1）关系中每一数据项不可再分，是最基本的单位。

（2）每一竖列数据项是同属性的。列数根据需要而设，且各列的顺序是任意的。

（3）每一横行记录由一个事物的诸多属性项构成。记录的顺序可以是任意的。

（4）一个关系是一张二维表，不允许有相同的字段名，也不允许有相同的记录行。

2.2.2 关系代数

关系代数是一种抽象的查询语言，是关系数据操纵语言的一种传统表达方式，它是用对关系的运算来表达查询的。关系代数的运算对象是关系，运算结果亦为关系，它主要是运用了高等数学中关系代数的集合的相关理论。

关系代数的运算按运算符的不同可分为传统的集合运算和专门的关系运算两类。

（1）传统的集合运算将关系看成元组的集合，其运算是从关系的行的角度来进行的。它包括并、差、交、笛卡尔积 4 种运算。

（2）专门的关系运算包括选择、投影、连接和除等，它不仅涉及行而且涉及列，常用比较运算符和逻辑运算符来辅助专门的关系运算符进行操作。

关系代数中常用的运算及运算符如下：

集合运算：∪（并），-（差），∩（交），×（笛卡尔积）；

关系运算：∏（投影），σ（选择），⋈（连接），÷（除）；

算术比较：>（大于），⩾（大于等于），<（小于），⩽（小于等于），≠（不等于）；

逻辑运算：∨（或），∧（与），￢（非）。

下面仅对部分运算做简要介绍。

1．投影运算

投影运算是对关系中的列（属性）进行的运算。它按给定的条件选取关系中的部分（或全部）列，重新排列后组成一个新的关系。投影运算属于单目运算。

设 R 是一个 n 度关系，A_{i1}，A_{i2}，…，A_{in} 分别是 R 的 i1, i2, …, in 个属性，则关系 R 在 A_{i1}，A_{i2}，…，A_{in} 上的投影 S 是一个 m 度关系，记作：

$$S=\prod A_{i1}, A_{i2}, \cdots, A_{im} （R） \quad （m<n）$$

【例 2-3】　表 2-2 所示"学生情况表"记做关系 R，它是一个 7 度关系，现将其姓名、专业、总学分排列后组成新表如表 2-3 所示。

表 2-3　　　　　　　　　　　学生专业情况表

姓名	专业	总学分
王金华	软件技术	50
程周杰	软件技术	50
…	…	…
刘敏	网络技术	42

表 2-3 中："学生专业情况表"记做关系 S，它是一个 3 度关系，并且是由 R 通过投影运算得到的。记做：

$$S=\prod_{姓名,专业,总学分}（R）$$

2．选择运算

选择运算是对关系中的行进行的运算，是从指定的关系中，选取其中满足条件的部分（或全部）行，组成一个新的关系。选择运算属于单目运算，选择的结果是原关系的一个子集，且关系的模型不变。

设有一个关系 R，将关系 R 中满足条件 F 的行选择出来，组成一个新的关系 S，记做：

$$S=\sigma_{F(R)}=\{t\in R|满足 F\}$$

式中，t 为元组（行），F 为形如 α θ β 的表达式，θ 为算术比较运算符，α 和 β 为属性（列）名或常量，但不能同时为常量，F 的计算结果为逻辑"真"和"假"。

【例 2-4】 表 2-2 所示"学生情况表"记做关系 R，设 F 为"专业=网络技术"，则选择后的关系 S 如表 2-4 所示。

表 2-4　　　　　　　　　　　网络技术专业学生情况表

学号	姓名	专业名	性别	出生时间	总学分	备注
001201	王稼祥	网络技术	True	1988-06-10 00:00:00	42	
001210	李长江	网络技术	True	1989-05-01 00:00:00	44	已提前修完一门课
001216	孙祥	网络技术	True	1988-03-09 00:00:00	42	
001218	廖成	网络技术	True	1990-10-09 00:00:00	42	
001220	吴莉丽	网络技术	False	1989-11-12 00:00:00	42	
001221	刘敏	网络技术	False	1990-03-18 00:00:00	42	

记做：

$$S = \sigma_{专业=网络技术}(R)$$

3. 连接运算

连接运算是按照给定的条件，把两个关系中的一切可能的组合方式拼接起来，形成一个新的关系。连接运算是双目运算，就是对两个关系进行笛卡尔积的选择运算。

设 A 是关系 R 中的属性，B 是关系 S 中的属性，θ 为算术比较运算符，关系 R 和 S 在条件 θB 下的连接记做：

$$R \underset{A\theta B}{\bowtie} S = \sigma_{A\theta B}(R \times S)$$

设关系 R 和 S 分别有 m 和 n 个元组，R 与 S 的连接过程要访问 $m×n$ 个元组。先从 R 关系中的第 1 个元组开始，依次与 S 关系的各元组比较，符合条件的两元组首尾相连纳入新关系，一轮共进行 n 次比较；再用 R 关系的第 2 个元组对 S 关系的各元组扫描，符合条件的两元组首尾相连再纳入新关系。依次类推，直到 R 中所有元组被扫描完毕，则关系 R 共需进行 m 轮扫描，R、S 的连接过程共需要进行 $m×n$ 次存取。

连接运算中有两种最为重要也最为常用的连接：等值连接和自然连接。

（1）等值连接

当 θ 为"="时的连接运算称为等值连接。

其表现形式

$$R\bowtie S = \{t_r' t_s \mid tr \in R' t_s \in S' t_r[A]\theta\, t_s[B]\}$$
$$A\theta B$$

【例 2-5】 将学生关系和选课关系进行连接，能得到学生及其选课的全部情况。

设有关系 R 和 S 分别如表 2-5 和表 2-6 所示，条件 F 为 {姓名∈R}={姓名∈S}，求 $R\underset{A\theta B}{\bowtie} S$。

表 2-5　　　　　　　　　　　关系 R

学号	姓名	计算机基础	C 程序设计	数据结构
001201	程周杰	67	75	81
001210	李长江	98	85	70
001220	吴莉丽	87	84	76

表2-6　　　　　　　　　　　　　　　　　关系 S

学号	姓名	Oracle 数据库
001201	程周杰	90
001210	李长江	85
001216	孙祥	84
001218	廖成	86
001220	吴莉丽	78
001221	刘敏	83

则 R 与 S 等值连接的计算结果如表 2-7 所示。

表2-7　　　　　　　　　　　关系 R 与 S 的条件连接的计算结果

学号	姓名	计算机基础	C 程序设计	数据结构	学号	姓名	Oracle 数据库
001201	程周杰	67	75	81	001201	程周杰	90
001210	李长江	98	85	70	001210	李长江	85
001220	吴莉丽	87	84	76	001220	吴莉丽	78

（2）自然连接

自然连接是一种特殊的等值连接，它要求两个关系中进行比较的分量必须是相同的属性组，并且在结果中把重复的属性列去掉。

自然连接是最常用的连接运算，在关系运算中起着重要作用。

【例 2-6】例 2-5 的自然连接的结果如表 2-8 所示。

表2-8　　　　　　　　　　　关系 R 与 S 的自然连接的计算结果

学号	姓名	计算机基础	C 程序设计	数据结构	Oracle 数据库
001201	程周杰	67	75	81	90
001210	李长江	98	85	70	85
001220	吴莉丽	87	84	76	78

由此可见，查询时应考虑优化，以便提高查询效率。如果有可能，应当首先进行选择运算，使关系中元组个数尽量少，然后能投影的先投影，使关系中属性个数较少，最后再进行连接。

2.2.3　关系数据库标准语言 SQL

结构化查询语言 SQL（Structured Query Language）是关系数据库的标准语言，它是 1974 年由 Boyce 和 Chamberlin 提出并在 IBM 公司 System R 原型系统上实现的，经各数据库厂商的不断修改、扩充和完善，SQL 成为了一个通用的、功能极强的、简单易学的关系数据库的语言，得到了业界的认可，大多数数据库均用 SQL 作为共同的数据存取语言和标准接口。

1. SQL 的主要特点

SQL 具有数据查询（Data Query）、数据操纵（Data Manipulation）、数据定义（Data Definition）和数据控制（Data Control）功能，主要特点如下。

（1）综合统一

SQL 集数据定义语言 DDL、数据操纵语言 DML、数据控制语言 DCL 的功能于一体，语言风格统一，可以独立完成数据库生命周期中的全部活动，包括：定义关系模式、插入数据、建立数据库；对数据库中的数据进行查询和更新；数据库重构和维护；数据库安全性、完整性控制等一系列操作要求。这就为数据库应用系统的开发提供了良好的环境。

另外，关系模型中数据结构的单一性带来了数据操作符的统一性，查找、插入、删除、更新等每一种操作都只需一种操作符，操作比较简单。

（2）SQL 是非过程化的语言。

（3）SQL 采用面向集合的操作方式。

（4）以同一种语法结构提供多种使用方式。SQL 既是独立的语言，又是嵌入式语言。用户可以用联机交互的使用方式对数据库进行操作，也可以将其嵌入高级语言（如 C、C++、Java）程序中使用。在两种不同的使用方式下，SQL 的语法结构基本上是一致的。

（5）语言简洁，易学易用。SQL 语言十分简洁，完成核心功能只用了 SELECT、CREATE、DROP、ALTER、INSERT、UPDATE、DELETE、GRANT、REVOKE 9 个动词。

2. SQL 语言的组成

SQL 语言由以下几部分组成。

（1）数据定义语言（DDL）

DDL 用于执行数据库的任务，对数据库以及数据库中的各种对象进行创建、删除、修改等操作。DDL 包括的主要语句及功能如表 2-9 所示。

表 2-9　　　　　　　　　　　　DDL 包括的主要语句及功能

语句	功能	说明
CREATE	创建数据库或数据库对象	不同数据库对象，其 CREATE 语句的语法形式不同
ALTER	对数据库或数据库对象进行修改	不同数据库对象，其 ALTER 语句的语法形式不同
DROP	删除数据库或数据库对象	不同数据库对象，其 DROP 语句的语法形式不同

（2）数据操纵语言（DML）

DML 用于操纵数据库中各种对象，检索和修改数据。DML 包括的主要语句及功能如表 2-10 所示。

表 2-10　　　　　　　　　　　　DML 包括的主要语句及功能

语句	功能	说明
SELECT	从表或视图中检索数据	使用最频繁的 SQL 语句之一
INSERT	将数据插入表或视图中	
UPDATE	修改表或视图中的数据	既可修改表或视图的一行数据，也可修改一组或全部数据
DELETE	从表或视图中删除数据	可根据条件删除指定的数据

（3）数据控制语言（DCL）

DCL 用于安全管理，确定哪些用户可以查看或修改数据库中的数据，DCL 包括的主要语句及功能如表 2-11 所示。

表 2-11　　　　　　　　　　　　DCL 包括的主要语句及功能

语句	功能	说明
GRANT	授予权限	可把语句许可或对象许可的权限授予其他用户和角色
REVOKE	收回权限	与 GRANT 的功能相反，但不影响该用户或角色从其他角色中作为成员继承许可权限

以上这些 SQL 语句的具体用法将会在后面各章节逐一讲解。

2.3 关系的规范化

关系模型的规范化理论是研究如何将一个不好的关系模型转化为一个好的关系模型的理论，它是围绕范式而建立的。

2.3.1 规范化的概念

在创建一个关系数据库的过程中，需要定义关系，即定义用二维表的形式表示实体及实体间联系的关系模型的数据结构，这种关系模型的数据结构具有行和列，其中任意两行互不相同，每列是不可再分的数据项，行和列的次序是任意的。从用户角度看，关系的逻辑结构是一个二维表，每张表代表着一类信息（实体）的集合，事实上不是所有这样的二维表都是关系，只有满足关系特征的二维表才称之为关系，如何将非关系的二维表转化为关系，这是关系规范化的过程，即是将其转化为一些表的范化过程，通过范化方法可以使从数据库得到的结果更加明确，范化可能使数据库产生重复数据，从而导致创建多余的表。范化是在识别数据库中的数据元素、关系，以及定义所需的表和各表中的项目这些初始工作之后的一个细化的过程。

例如，在分析学生基本信息时，得到如表 2-21 所示的结构。

表 2-12　　　　　　　　　学生基本信息表 xsjbxx 结构

学号	姓名	专业名	性别	出生日期	课程号	成绩	学分	备注
130001	刘一	计算机	男	1982-5-10	100	95	5	必修
130011	张三	网络	男	1983-1-1	300	90	4	必修

表 2-12 用于保存学生基本信息，其中包括学生学号、姓名及课程成绩等信息，而当你想要删除其中的一个学生，这时就必须同时删除一个成绩，规范化就是要解决这个问题。你可以将这个表转化为两个表，一个用于存储每个学生的基本信息，另一个用于存储每个学生的考试成绩信息，这样对其中一个表实施添加或删除操作就不会影响另一个表，经分解后的关系表如表 2-13 和表 2-14 所示。

表 2-13　　　　　　　　　学生表 xs 结构

学号	姓名	专业名	性别	出生日期
130001	刘一	计算机	男	1982-5-10
130011	张三	网络	男	1983-1-1

表 2-14　　　　　　　　　成绩表 cj 结构

课程号	成绩	学分	备注
100	95	5	必修
300	90	4	必修

2.3.2 关系规范式

规范化理论认为，关系数据库中的每一个关系都要满足一定的规范。根据满足规范的条件不同，可以划分为 6 个等级，分别称为第一范式（1NF）、第二范式（2NF）、第三范式（3NF）、鲍依斯-科得范式（BCNF），第四范式（4NF），第五范式（5NF），其中，NF 是 Normal Form 的缩写。

各种范式之间具有如下联系：

1NF > 2NF > 3NF > BCNF > 4NF > 5NF

其中，1NF 满足的条件最低，5NF 满足的条件最高。

下面介绍关系数据库的几种常用范式。

1. 第一范式

在任何一个关系数据库中，第一范式是对关系模式的基本要求，不满足第一范式的数据库就不是关系数据库。

所谓第一范式是指数据库表的每一列都是不可分割的基本数据项，同一列中不能有多个值，即实体中的某个属性不能有多个值或者不能有重复的属性。这个单一属性由基本类型构成，包括整型、实数、字符型、逻辑型、日期型等。如果出现重复的属性，就可能需要定义一个新的实体，新的实体由重复的属性构成，新实体与原实体之间为一对多关系。在第一范式中表的每一行只包含一个实例的信息。

例如，表 2-12 学生基本信息表，不能将学生信息都放在一列中显示，也不能将其中的两列或多列在一列中显示；学生信息表的每一行只表示一个学生的信息，一个学生的信息在表中只出现一次。简而言之，第一范式就是无重复的列。

2. 第二范式

第二范式是在第一范式的基础上建立起来的，即满足第二范式必须先满足第一范式。

第二范式要求数据库表中的每个实例或行必须可以被唯一地区分。为实现区分通常需要为表加上一个列，以存储各个实例的唯一标识。如表 2-12 学生基本信息表中加上了学号列，因为每个学生编号是唯一的，因此每个学生可以被唯一区分。这个唯一属性列被称为主关键字。

第二范式要求实体的属性完全依赖于主关键字。所谓完全依赖是指不能存在仅依赖主关键字一部分的属性，如果存在，那么这个属性和主关键字的这一部分应该被分离出来形成一个新的实体，新实体与原实体之间是一对多的关系。为实现区分通常需要为表加上一个列，以存储各个实体的唯一标识。

换言之，第二范式是指数据库表中不存在非关键字段对任一候选关键字段的部分函数依赖（部分函数依赖指的是存在组合关键字中的某些字段决定非关键字段的情况），也即所有非关键字段都完全依赖于任意一组候选关键字。

数据库的设计范式是数据库设计所需要满足的规范，满足这些规范的数据库是简洁的、结构明晰的，同时，不会发生插入（Insert）、删除（Delete）和更新（Update）操作异常。反之则会比较混乱，可能会有大量不需要的冗余信息，给数据库应用程序开发人员制造麻烦。

【例 2-7】在选课关系表 SelectCourse（学号，姓名，年龄，课程名称，成绩，学分）中，关键字为组合关键字（学号，课程名称），因为存在如下决定关系：

（学号，课程名称）→（姓名，年龄，成绩，学分）

这个数据库表不满足第二范式，因为存在如下决定关系：

（课程名称）→（学分）

（学号）→（姓名，年龄）

即存在组合关键字中的字段决定非关键字的情况。

由于不符合 2NF，这个选课关系表会存在如下问题。

（1）数据冗余：

同一门课程由 n 个学生选修，"学分"就重复 n-1 次；同一个学生选修了 m 门课程，姓名和年龄就重复了 m-1 次。

（2）更新异常：

若调整了某门课程的学分，数据表中所有行的"学分"值都要更新，否则会出现同一门课程学分不同的情况。

（3）插入异常：

假设要开设一门新的课程，暂时还没有人选修。这样，由于还没有"学号"关键字，课程名称和学分也无法录入数据库。

（4）删除异常：

假设一批学生已经完成课程的选修，这些选修记录就应该从数据库表中删除。但是，与此同时，课程名称和学分信息也被删除了。很显然，这也会导致插入异常。

把选课关系表 SelectCourse 改为如下 3 个表：

学生：Student（学号，姓名，年龄）；

课程：Course（课程名称，学分）；

选课关系：SelectCourse（学号，课程名称，成绩）。

这样的数据库表是符合第二范式的，消除了数据冗余、更新异常、插入异常和删除异常。

另外，所有单关键字的数据库表都符合第二范式，因为不可能存在组合关键字。

3. 第三范式

满足第三范式必须先满足第二范式。简而言之，第三范式要求一个数据库表中不包含已在其他表中已包含的非主关键字信息。

例如，存在一个班级信息表，其中每个班级都有班级编号（cl_id）、班级名、班级简介等信息。那么在学生信息表中列出班级号后就不能再将班级名称、班级简介等与班级有关的信息再加入学生信息表中。如果不存在班级信息表，则根据第三范式构建它，否则就会有大量的数据冗余。简而言之，第三范式就是属性不依赖于其他非主属性。

换言之，第三范式是指在第二范式的基础上，数据表中如果不存在非关键字段对任一候选关键字段的传递函数依赖则符合第三范式。所谓传递函数依赖，指的是如果存在"A→B→C"的决定关系，则 C 传递函数依赖于 A。因此，满足第三范式的数据库表应该不存在如下依赖关系：

关键字段→非关键字段 x→非关键字段 y

假定学生关系表为 Student（学号，姓名，年龄，所在学院，学院地点，学院电话），关键字为单一关键字"学号"，因为存在如下决定关系：

（学号）→（姓名，年龄，所在学院，学院地点，学院电话）

这个数据库是符合 2NF 的，但是不符合 3NF，因为存在如下决定关系：

（学号）→（所在学院）→（学院地点，学院电话）

即存在非关键字段"学院地点"、"学院电话"对关键字段"学号"的传递函数依赖。

它也会存在数据冗余、更新异常、插入异常和删除异常的情况，读者可自行分析得知。

把学生关系表分为如下两个表：

学生：（学号，姓名，年龄，所在学院）；

学院：（学院，地点，电话）。

这样的数据库表是符合第三范式的，消除了数据冗余、更新异常、插入异常和删除异常。

4. 鲍依斯-科得范式

鲍依斯-科得范式（BCNF）是指在第三范式的基础上，数据库表中如果不存在任何字段对任一候选关键字段的传递函数依赖则符合第三范式。

【例 2-8】假设学生基本信息关系表为 StudentManage（学生 ID，班级 ID，班主任 ID，学生姓名，班级名），且存有一名学生在一个班级里；一个班里有一名班主任。这个数据库表中存在如下决定关系：

（学生 ID，班级 ID) →(学生姓名,班级名，班主任 ID）

(班主任 ID，学生 ID) →(班级名，班级 ID)

所以, (学生 ID，班级 ID)和（班主任 ID，学生 ID）都是 StudentManage 的候选关键字，表中非候选关键字不存在传递函数依赖，它是符合第三范式的。但是，由于存在如下决定关系：

(学生 ID) → (班级 ID，班主任 ID)

(班主任 ID，班级 ID) → (学生 ID)

即存在关键字段决定关键字段的情况，所以其不符合 BCNF 范式。它会出现如下异常情况。

（1）删除异常：

当班主任信息被清除后，所有"学生 ID"和"学生姓名"信息被删除的同时，"班级 ID"和"班级名"信息也被删除了。

（2）插入异常：

当班级里没有分配班主任时，无法给班级安排学生信息。

（3）更新异常：

如果班主任更换了，则表中所有行的班主任 ID 都要修改。

把学生基本信息管理关系表分解为两个关系表：

学生信息管理：StudentManage（学生 ID，学生姓名，班级 ID）；

班级信息管理：Class（班级 ID，班级名，班主任 ID）。

这样的数据库表是符合 BCNF 范式的，消除了删除异常、插入异常和更新异常。

2.4 数据库设计概述

一个数据库的设计，一般要通过需求分析、概念设计、逻辑结构设计、物理结构设计、数据库实施和数据库运行与维护 6 个基本步骤。

1. 需求分析

需求分析阶段的主要任务是通过与用户沟通，了解用户明确的应用领域，建立数据流图，定义数据库操作任务，定义数据项等。

2. 概念设计

概念设计的任务主要包括两个方面：概念数据库模式设计和事务设计，通常采用自顶向下、自底向上逐步求精的方法进行概念设计，产生多层 E-R 图。

3. 逻辑结构设计

逻辑结构设计的任务是将概念结构转化为一般的数据模型，将转化后的数据模型向特定的 DBMS 支持下的数据模型转换，对数据模型进行规范化。

4. 物理结构设计

物理结构设计的任务是确定数据库的物理结构，对物理结构的时间的空间效率进行评价和修改。

5. 数据库实施

数据库实施的主要任务是定义数据库结构、数据装载、编制与调试应用程序、数据库试运行。

6.数据库运行与维护

数据库进入运行阶段并不意味着数据库设计的结束，还需要在运行过程中对数据库进行维护，在维护过程中的主要任务是对数据库和日志文件进行备份，对数据库的安全性、完整性进行控制，对数据库性能进行监督、分析和改进，对数据库进行重组织和重构造等。

【例 2-9】　设计一个人力资源管理的数据库。

对于人力资源管理的数据库，有如下信息：

（1）雇员：雇员编号，雇员姓名，邮箱，电话，入职日期，岗位名称，工资，奖金，部门名称，部门经理姓名

（2）部门：部门名称，经理姓名，地区名

（3）工资：岗位名称，最低工资，最高工资

（4）工作变动：雇员姓名，入职日期，辞职日期，岗位名称，部门名称

第一次我们将数据库设计如下：

雇员编号，雇员姓名，邮箱，电话，入职日期，岗位名称，工资，奖金，部门名称，部门经理姓名，地区名称，最低工资，最高工资，辞职日期

这个数据库表符合第一范式，但是没有任何一组候选关键字能决定数据库表的整行，唯一的关键字段“雇员编号”也不能完全决定整个元组。我们需要增加“部门 ID”、“经理 ID”、“岗位 ID”、“地区 ID”字段，即将表修改为：

雇员编号，姓名，邮箱，电话，入职日期，岗位编号，岗位名称，工资，奖金，部门编号，部门名称，部门经理编号，部门经理姓名，地区编号，地区名称，最低工资，最高工资，辞职日期

这样数据表中的关键字（雇员 ID、部门 ID、经理 ID、岗位 ID、地区 ID）就能决定整行，即

（雇员 ID、部门 ID、经理 ID、岗位 ID、地区 ID）→（姓名，邮箱，电话，入职日期，岗位名称，工资，奖金，部门名称，部门经理姓名，地区名称，最低工资，最高工资，辞职日期）

但是，这样的设计不符合第二范式，因为存在如下决定关系：

（雇员 ID）→（姓名，邮箱，电话，入职日期，岗位名，工资，奖金）

（部门 ID）→（部门名）

（经理 ID）→（经理姓名）

（岗位 ID）→（岗位名，最低工资，最高工资）

（地区 ID）→（地区名）

即非关键字段部分函数依赖于候选关键字段，很明显，这个设计会导致大量的数据冗余和操作异常。

我们将数据库表分解为：

① 雇员基本信息表

雇员编号，雇员名，雇员姓，邮箱，电话，入职日期，岗位编号，工资，奖金，部门编号，部门经理编号。

② 部门信息表

部门编号，部门名称，地区名。

③ 经理信息表

经理编号，经理姓名，区域名。

④ 工资信息表

岗位编号，岗位名称，最低工资，最高工资。

⑤ 工作变动信息表

雇员编号，入职日期，辞职日期，岗位编号，部门编号。

⑥ 地区信息表

地区编号，地址，邮编，城市名，省，国家编号。

⑦ 国家信息表

国家编号，国家名，区域编号。

⑧ 区域信息表

区域编号，区域名

这样的设计是满足第一、第二、第三范式和 BCNF 范式要求的，但是这样的设计是不是最好的呢？不一定，分析如下。

观察可知，第②项"部门"中的"部门名称"和第③项中的"经理编号"之间是 1：1 的关系，因此我们可以把"经理信息"合并到第②项的"部门信息"中，这样可以适量地减少数据冗余，则新的设计为

① 雇员基本信息表

雇员编号，雇员名，雇员姓，邮箱，电话，入职日期，岗位编号，工资，奖金，部门编号，部门经理编号。

② 部门信息表

部门编号，部门名称，经理编号，经理姓名，地区名。

③ 工资信息表

岗位编号，岗位名称，最低工资，最高工资。

④ 工作变动信息表

雇员编号，入职日期，辞职日期，岗位编号，部门编号。

⑤ 地区信息表

地区编号，地址，邮编，城市名，省，国家编号。

⑥ 国家信息表

国家编号，国家名，区域编号。

⑦ 区域信息表

区域编号，区域名。

通过上述分析设计，不难看出，设计关系时并不一定要强行满足范式的要求，对于 1：1 的关系，我们可以将左边的 1 或者右边的 1 合并到另一边去，该设计会导致不符合范式要求，但是并不会导致操作异常和数据冗余；对于 1:N 关系，当 1 的一边合并到 N 的那边后，N 的那边就不再满足第二范式了，但是这种设计反而比较好；对于 M:N 的关系，不能将 M 的一边或 N 的一边合并到另一边去，这样会导致不符合范式要求，同时会导致操作异常和数据冗余。

小结

通过本章的学习，应该了解数据和信息的概念和区别、数据管理技术的发展历程；理解数据库和数据库管理系统的概念和功能、能够初步认知数据库系统及其中各种用户的角色；掌握概念模型中的常用概念、实体间的三类联系、实体联系方法 E-R 图的画法；理解数据模型的三个世界、组成要素和结构分类，数据库系统三级模式/两级映像的体系结构；掌握关系模型中常用的术语，了解关系代数中传统的集合运算和专门的关系运算，初步了解关系数据库标准语言 SQL；能初步运用关系规范化理论，使设计的数据库在结构上清晰、在操作上可避免数据冗余和操作异常；初步了解数据库设计的基本方法和基本步骤。

习题 2

一、选择题

1. 下列对数据的描述错误的是_____。

    A. 数据是反映客观事物属性的记录　　B. 数据是信息的载体

    C. 数据是信息的具体表现形式　　　　D. 数据由阿拉伯数字组成

2. 在数据库中存储的是_____。

    A. 数据　　B. 数据模型　　　　C. 数据以及数据之间的联系　D. 信息

3. 数据管理与数据处理之间的关系是_____。

    A. 两者是一回事　　　　　　　　　　B. 两者之间无关

    C. 数据管理是数据处理的基本环节　　D. 数据处理是数据管理的基本环节

4.数据库系统与文件系统的主要区别是_____。

    A. 数据库系统复杂，而文件系统简单

    B. 文件系统不能解决数据冗余和数据独立性问题，而数据库系统可以解决

    C. 文件系统只能管理程序文件，而数据库系统能够管理各种类型的文件

    D. 文件系统管理的数据较少，而数据库系统可以管理庞大的数据量

5.提供数据库定义、数据操纵、数据控制和数据库维护功能的软件称为_____。

    A. OS   B. DS   C. DBMS   D. DBS

6. 以下所列数据库系统组成中，正确的是_____。

    A. 计算机、文件、文件管理系统、程序

    B. 计算机、文件、程序设计语言、程序

    C. 计算机、文件、报表处理程序、网络通信程序

    D. 支持数据库系统的计算机软硬件环境、数据库文件、数据库管理系统、数据库应用程序和数据库管理员

7. 数据库 DB、数据库系统 DBS、数据库管理系统 DBMS 三者的关系是_____。

    A. DBS 包括 DB 和 DBMS   B. DBMS 包括 DB 和 DBS

    C. DB 包括 DBS 和 DBMS   D. DBS 就是 DB，也就是 DBMS

8. 下述不是 DBA 数据库管理员的职责的是_____。

    A. 完整性约束说明   B. 定义数据库模式

    C. 数据库安全   D. 数据库管理系统设计

9. 用二维数据表来表示实体与实体之间联系的数据模型称为_____。

    A. 层次模型   B. 网状模型

    C. 关系模型   D. 数据的结构描述

10. 设在某个公司环境中，一个部门有多名职工，一名职工只能属于一个部门，则部门与职工之间的联系是_____。

    A. 一对一   B. 一对多   C. 多对多   D. 不确定

11. 反映现实世界中实体及实体间联系的信息模型是_____。

    A. 关系模型   B. 层次模型   C. 网状模型   D. E-R 模型

12. 数据库三级模式体系结构的划分，有利于保持数据库的_____。

    A. 数据独立性   B. 数据安全性   C. 结构规范化   D. 操作可行性

13. 下面关于关系性质的说法，错误的是_____。

    A. 表中的一行称为一个元组   B. 行与列交叉点不允许有多个值

    C. 表中的一列称为一个属性   D. 表中任意两行可能相同

14. 同一个关系模型的任两个元组值_____。

    A. 不能全同   B. 可全同   C. 必须全同   D. 以上都不是

15. 关系模型中，一个关键字_____。

    A. 可由多个任意属性组成

    B. 至多由一个属性组成

    C. 可由一个或多个其值能唯一标识该关系模式中任何元组的属性组成

    D. 以上都不是

16. 关系数据库管理系统应能实现的专门关系运算包括_____。

    A. 排序、索引、统计　　　　　　　B. 选择、投影、连接

    C. 关联、更新、排序　　　　　　　D. 显示、打印、制表

17. 关系数据库中的投影操作是指从关系中_____。

    A. 抽出特定记录　　　　　　　　　B. 抽出特定字段

    C. 建立相应的映像　　　　　　　　D. 建立相应的图形

18. 在订单管理系统中，客户一次购物（一张订单）可以订购多种商品。有订单关系 R（订单号，日期，客户名称，商品编码，数量），则 R 的主关键字是_____。

    A. 订单号　　　　　　　　　　　　B. 订单号，客户名称

    C. 商品编码　　　　　　　　　　　D. 订单号，商品编码

19. 下面的选项不是关系数据库基本特征的是_____。

    A. 不同的列应有不同的数据类型　　B. 不同的列应有不同的列名

    C. 与行的次序无关　　　　　　　　D. 与列的次序无关

20. 下面关于范式的说法正确的是_____。

    A. 1NF 包含了其他几个范式，所以它满足的条件最高

    B. 通常在解决一般性问题时，只要把数据规范到第 3 个范式标准就可以满足需要

    C. 范式就是规范数据库系统的"法律"

    D. 范式是从 1NF 到 5NF，所以共有 5 个范式

21. 下面关于函数依赖的叙述中，不正确的是_____。

    A. 若 $X \to Y$，$Y \to Z$，则 $X \to YZ$　　B. 若 $XY \to Z$，则 $X \to Z$，$Y \to Z$

    C. 若 $X \to Y$，$Y \to Z$，则 $X \to Z$　　D. 若 $X \to Y$，Y 包含 Y，则 $X \to Y$

22. 设有关系模式 R（A，B，C，D）和 R 上的函数依赖集 FD={ $A \to B$，$B \to C$}，则 R 的主码应是_____。

    A. A　　　　　　B. B　　　　　　C. AD　　　　　　D. CD

23. 关系模型中的关系模式至少是_____。

    A. 1NF　　　　　B. 2NF　　　　　C. 3NF　　　　　D. BCNF

24. 关系模式 R 中属性全部是主属性，则 R 的最高范式必定是_____。

    A. 2NF　　　　　B. 3NF　　　　　C. BCNF　　　　　D. 4NF

二、填空题

1. 数据库系统的软件产品是多种多样的，它们支持不同的_____、使用不同的_____语言、建立在不同的_____系统之上，_____的存储结构也各不相同。

2. 数据库系统的核心是_____。

3. 常见的数据模型有_____、_____和_____。

4. 二维表中的列称为关系的_____；二维表中的行称为关系的_____。

5. 从关系规范化理论的角度讲，一个只满足 1NF 的关系可能存在的 4 个方面问题是数据冗余度大、修改异常、插入异常和_____。

6. 如果一个满足 1NF 关系的所有属性合起来组成一个关键字，则该关系最高满足的范式是_____（在 1NF、2NF、3NF 范围内）。

7. 关键字是_____决定关系的属性全集。

8. 主属性集中的属性称为_____，非主属性集中的属性称为_____。

三、简答题

1. 计算机数据管理技术发展经历几个阶段，各阶段的特点是什么？

2. 试述数据库、数据库系统和数据库管理系统的概念。

3. 简单说明数据库管理系统包含的功能。

4. 数据库管理员有哪些职责？

5. 什么是概念模型？概念模型的表示方法是什么？

6. 解释概念模型中的常用术语：实体、属性、联系、属性值、关键字、实体型、实体集。

7. 什么是外模式、模式和内模式？试述数据库系统的三级模式结构是如何保证数据的独立性的。

8. 试述数据库系统的两级映像功能。

9. 解释关系模型中的常用术语：关系、元组、属性、关键字、外关键字、关系模式。

10. 简述关系模型与关系模式的区别与联系。

11. 关系的完整性约束是什么？各有什么含义？

12. 简述数据规范化的作用。

13. 简述数据库设计的步骤。

14. 以图书管理数据库为例，叙述在数据库设计中如何将一个关系进行范式规范化？（分析说明 1NF、2NF）。

四、作图题

1. 用 E-R 图表示出版社与作者和图书的概念模型。它们之间的联系如下：

（1）一个出版社可以出版多种图书，但同一本书仅为一个出版社出版。

（2）一本图书可以由多个作者共同编写，而一个作者可以编著不同的书。

2. 某学校有若干系，每个系有若干个教研室和专业，每个教研室有若干名教师，其中一名为教研主任。每个专业有若干个班，每个班有若干名学生，其中有一名学生是班长。每个学生可以选修若干门课程，每门课程可由若干名学生选修，但同一门课程只能有一名教师讲授。用 E-R 图画出此学校的概念模型。

第3章

数据库创建与管理

3.1　SQL Server 数据库概述

　　SQL Server 2008 数据库是按照数据结构来组织、存储和管理数据的仓库。SQL Server 2008 数据库是数据库对象的容器，包含表、存储过程、触发器、视图等对象。数据库中的数据按不同的形式组织在一起，构成不同的数据对象，如以二维表的形式组织在一起的数据就构成了表对象。在 Microsoft SQL Server Management Studio 中，展开服务器后看到的数据库对象都是逻辑对象，而不是存放在物理磁盘上的文件，所有的逻辑对象都没有对应的磁盘文件，而物理磁盘上的文件为数据文件和日志文件，数据库、数据库对象及文件之间的关系如图 3-1 所示。

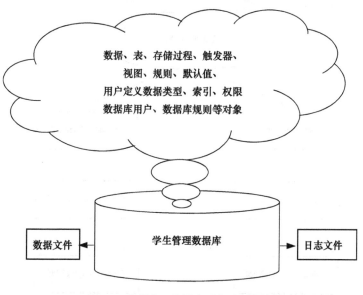

数据、表、存储过程、触发器、
视图、规则、默认值、
用户定义数据类型、索引、权限
数据库用户、数据库规则等对象

数据文件　　　学生管理数据库　　　日志文件

图 3-1　数据库、数据库对象及文件关系图

3.1.1 SQL Server 数据库文件及文件组

1. SQL Server 数据库文件

SQL Server 的数据库文件可分为以下 3 种类型。

（1）主数据文件（Primary File）

用来存储数据库的数据和数据库的启动信息。每个数据库必须并且只有一个主数据文件，其扩展名为.MDF。实际的文件都有两种名称：操作系统文件名和逻辑文件名（T-SQL 语句中使用）。

（2）辅助数据文件（Secondary File）

用来存储数据库的数据，使用辅助数据文件可以扩展存储空间。如果数据库用一个主数据文件和多个辅助数据文件来存放数据，并将它们放在不同的物理磁盘上，数据库的总容量就是这几个磁盘容量的和。辅助数据文件的扩展名为.NDF。

（3）事务日志文件（Transaction Log）

用来存放数据库的事务日志。凡是对数据库进行的增、删、改等操作，都会记录在事务日志文件中。当数据库被破坏时可以利用事务日志文件恢复数据库的数据。每个数据库至少要有一个事务日志文件。事务日志文件的扩展名为.LDF。

2. SQL Server 数据库文件组

为便于分配和管理，可以将数据库对象和文件一起分成文件组。文件组是 SQL 另一种形式的容器，文件位置可以很灵活，用户可以将数据文件存储在不同的地方，然后用文件组把它们作为一个单元来管理。例如，你可以将主数据文件放在一个地方，如果需要，则将次要数据文件（aa1.ndf，aa2.ndf，aa3.ndf）放在 3 个不同的磁盘（如 D 盘、E 盘、F 盘）上，然后创建一个文件组，将所有的文件指定放到此文件组，如图 3-2 所示。

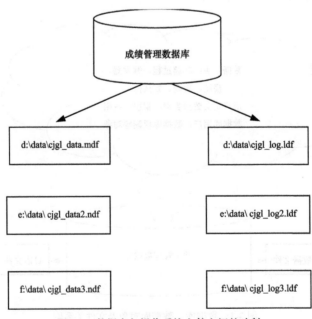

图 3-2 数据库与操作系统文件之间的映射

有以下两种类型的文件组。

（1）主文件组

主文件组包含主数据文件和任何没有明确分配给其他文件组的其他文件。系统表的所有页均分配在主文件组中。主文件组是最初的默认文件组，但是不能将默认文件组和主文件组相混淆，可以用 ALTER DATABASE 命令改变默认文件组。

（2）用户定义文件组

用户定义文件组是通过在 CREATE DATABASE 或 ALTER DATABASE 语句中使用 FILEGROUP 关键字指定的任何文件组。

3.1.2　SQL Server 的系统数据库

SQL Server 数据库分为两类：系统数据库和用户数据库。当安装完成后系统会自动创建 5 个系统数据库，其中 4 个在 SQL Server Management Studio 环境中可见（master、model、tempdb、msdb）和 1 个逻辑上不单独存在的、隐藏的系统数据库 Resource。如图 3-3 所示。

图 3-3　系统数据库

1. master 数据库

master 数据库记录 SQL server 2008 的所有的服务器系统信息、注册账户和密码以及所有的系统设置信息等大量对系统至关重要的信息，是系统的关键性所在，所以一旦受到破坏，可能会导致这个系统的瘫痪。

2. model 数据库

model 数据库为用户提供了模板和原型，包含了每一用户数据库所需要的系统表。它的定制结构可以被更改，因为每当用户创建新的数据库时，都是复制 model 数据库的模板，所以 model 数据库所做的所有更改都将反映到用户数据库当中。

3. msdb 数据库

此数据库供 SQL Server 代理程序调度报警和作业调度等活动。

4. tempdb 数据库

此数据库保存所有的临时性表和临时存储过程，并满足任何其他的临时存储要求。tempdb 数据库是全局资源，在每次启动时都重新创建，因此该数据库在系统启动时总是空白的。

5. Resource 数据库

Resource 数据库是一个只读的数据库，它包含了 SQL Server 2008 中的所有系统对象。系统对象在物理上保存在 Resource 数据库文件中，在逻辑上显示在每个数据库的 sys 架构中。

3.1.3　数据库对象

1. 数据库对象及组织结构

数据库对象是存储、管理和使用数据的不同结构形式，主要包括数据库关系图、表、键、约

束、索引、视图、存储过程、触发器、用户定义函数、用户和角
色等。

在对象资源管理器窗口中，SQL Server 把服务器上的各个数
据库在"数据库"节点下组织成了一个树形逻辑结构，如图 3-4
所示。每个具体数据库（如 cjgl 等）节点下又包含了一些子节点，
它们代表该数据库不同类型的对象。

2. 数据库对象的标识符

图 3-4 数据库对象的树形结构

数据库对象的标识符指数据库中由用户定义的、可唯一标识数据库对象的有意义的字符序列。
在 SQL Server 中，标识符共有两种类型，一种是规则标识符（Regular Identifier），另一种是界定
标识符（Delimited Identifier）。

（1）规则标识符

规则标识符严格遵守标识符的有关格式规定，所以在 T-SQL 中凡是规则标识符都不必使用界
定符。基本规则如下：

● 由字母、数字、下画线、@、#和$符号组成，其中字母可以是英文字母 a~z 或 A~Z，
也可以是来自其他语言的字母字符；

● 首字符不能为数字和$符号；

● 标识符不允许是 T-SQL 的保留字；

● 标识符内不允许有空格和特殊字符；

● 长度小于 128。

（2）界定标识符

对于不符合标识符规则的标识符，如标识符中包含了 SQL Server 关键字或者包含了内嵌空格
和其他不是规则规定的字符，则要使用界定符方括号（[ ]）或双引号（""）括住名字。如标识符
""book num""、"[SELECT]"内分别使用了"空格"和保留字"SELECT"。

3.2 创建数据库

数据库是数据库系统最基本的对象，创建数据库是创建其他数据库对象的基础。若要创建数
据库，需要确定数据库的名称、所有者、大小以及存储该数据库的文件和文件组。在 SQL Server
2008 中创建数据库主要有两种方法：使用 SQL Server Management Studio 和使用 T-SQL 语言。

3.2.1 使用 SQL Server Management Studio 创建数据库

【例 3-1】创建名为"cjgl"的数据库，其中包含一个主数据文件和一个事务日志文件。主数
据文件的逻辑名为"选修课成绩数据库"，初始容量大小为 3MB，文件的增长量为 1M，最大容量
不受限制；事务日志文件的逻辑文件名为"选修课成绩数据库_log"，初始容量大小为 2MB，文
件增长量为 10%，最大容量为 20MB。数据文件与事务日志文件都保存在 D 盘根目录。

（1）启动 SQL Server Management Studio，在"对象资源管理器"中用鼠标右键单击"数据库"
节点，在弹出的快捷菜单中，选择"新建数据库"命令，如图 3-5 所示。

（2）打开"新建数据库"对话框，如图 3-6 所示。在该对话框中包含 3 个选择页："常规"、

"选项"、"文件组"。

图 3-5　"新建数据库"操作界面　　　　　　　图 3-6　"新建数据库"对话框

（3）在"常规"选择页中，设置新建数据库的名称为"cjgl"；数据库文件的"逻辑名称"为"选修课成绩数据库"，初始容量大小为 3MB；单击"自动增长"选项中的"……"命令按钮，打开"更改 选修课成绩数据库 的自动增长设置"对话框，如图 3-7 所示，修改文件的增长量为 1M，最大文件大小不受限制，单击"确定"按钮，返回"常规"选择页，修改文件存储路径为"D:\"；用同样的方法修改事务日志文件的逻辑名称为"选修课成绩数据库_log"，初始容量大小为 2MB，文件增长量为 10%，最大容量为 20MB，文件存储路径为"D:\"。

（4）如果另外要添加事务日志文件和辅助数据文件，单击"添加"按钮，输入文件逻辑名称，并选择"文件类型"是"数据"或是"日志"。如果添加的数据文件不属于主文件组，而属于新文件组，则可以在文件组栏创建"新文件组"，在"初始大小"栏设置初始大小，在"自动增长"方式栏设置增长方式。根据题目要求，本题中不需要增加额外的数据文件或事务日志文件。

（5）在"选项"页中可以设置数据库选项；在"文件组"页中可以添加或删除"文件组"。数据库设置完成后，单击"确定"按钮，系统将自动创建"cjgl"数据库。

（6）数据库创建完成后，在对象资源管理器中，展开"数据库"节点，就会看到"cjgl"数据库，如图 3-8 所示。

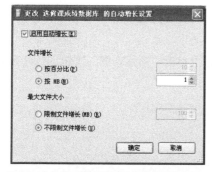

图 3-7　"更改 选修课成绩数据库 的自动增长设置"对话框

图 3-8　"cjgl"数据库

3.2.2 使用 Transact-SQL 创建数据库

创建数据库的常用语法格式如下：

```
CREATE DATABASE database_name
[ON
{ [PRIMARY] (NAME=logical_file_name,
FILENAME='os_file_name',
[,SIZE=size]
[,MAXSIZE={max_size|UNLIMITED}]
[,FILEGROWTH=grow_increment])
}[,…n]
LOG ON
{(NAME=logical_file_name,
FILENAME='os_file_name'
[,SIZE=size]
[,MAXSIZE={max_size|UNLIMITED}]
[,FILEGROWTH=growth_increment])
}[,…n]]
[COLLATE collation_name]
```

其中，

- CREATE DATABASE：创建数据库的命令语句。
- database_name：将要创建的数据库名称。
- PRIMARY：在主文件组中指定的文件。若没有 PRIMARY 关键字，该语句中所列的第一个文件为主文件。
- NAME：数据或事务日志文件的逻辑名称。
- FILENAME：指定文件的带路径的操作系统文件名。
- SIZE：数据或事务日志文件的初始大小，默认单位为 MB，也可以指定 KB、GB、TB 等单位。
- MAXSIZE：文件能够增长到的最大容量，默认单位为 MB，也可以指定 KB、GB、TB 等单位。如果没有指定最大容量，文件将无限制增长到磁盘满为止。
- FILEGROWTH：指定文件的增长量，不能超过 MAXSIZE 的值。默认单位为 MB，也可以指定 KB、GB、TB 等单位或使用百分比。如果没有指定参数，数据文件的默认值为 1MB，日志文件的默认增长比例为 10%，最小值为 64KB。
- LOG ON：建立数据库的事务日志文件。
- COLLATE：指定数据库的默认排序规则。

【例 3-2】将【例 3-1】用 CREATE DATABASE 语句创建数据库。

步骤如下：

（1）在 SQL Server Management Studio 的工具栏上单击"新建查询"按钮，打开查询编辑器窗口，如图 3-9 所示，在其中输入如下代码。

```
CREATE DATABASE cjgl
ON PRIMARY
(NAME = '选修课成绩数据库',
FILENAME = 'D:\选修课成绩数据库.MDF',
SIZE = 3MB,
FILEGROWTH = 1MB)
LOG ON
```

(NAME ='选修课成绩数据库_log',
FILENAME = 'D:\选修课成绩数据库_log.LDF' ,
SIZE = 2MB,
MAXSIZE = 20MB,
FILEGROWTH = 10%)
COLLATE Chinese_PRC_CI_AS
GO
```

（2）代码输完后，按【Ctrl+F5】组合键或单击工具栏上的"分析"按钮，对代码进行分析查询，检查通过后，按【F5】键或单击工具栏上的"执行"按钮 执行(X)。消息窗口中出现"命令已成功完成"就表示数据库已创建成功。

（3）在"对象资源管理器"中，展开"数据库"节点，刷新后，就可以看到"cjgl"数据库，如图 3-9 所示。

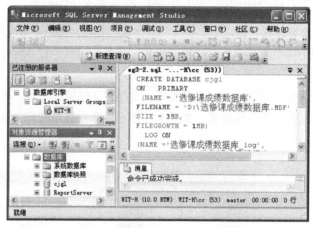

图 3-9　使用 T-SQL 语言创建数据库

# 3.3　查看数据库的信息

## 3.3.1　打开数据库

（1）在 SQL Server Management Studio 中打开数据库的步骤：在"对象资源管理器"窗口中，展开"数据库"节点，单击要打开的数据库"cjgl"，此时右边"对象资源管理器详细信息"窗口中列出当前打开数据库的数据库对象，如图 3-10 所示。

（2）在"查询编辑器"中，可以直接通过工具栏上的下拉列表框打开数据库，如图 3-11 所示。

图 3-10　打开数据库

图 3-11　打开数据库列表框
```

也可以通过 T-SQL 语言打开并切换数据库, 其语法格式为

```
USE database_name
```

【例 3-3】打开数据库 cjgl。

(1) 在"查询编辑器"中输入 use cjgl。

(2) 单击工具栏上的"执行"按钮 ▮ 执行(X), 则在"查询编辑器"的工具栏上的当前数据库列表中显示"cjgl"。

3.3.2 查看数据库信息

1. 使用 SQL Server Management Studio 查看数据库信息

(1) 在"对象资源管理器"窗口中, 展开"数据库"节点, 选择要查看信息的数据库"cjgl", 单击鼠标右键, 在弹出的快捷菜单中, 选择"属性"命令, 如图 3-12 所示, 打开"数据库属性"对话框。

(2) 在"数据库属性"对话框中, 包含常规、文件、文件组、选项、更改跟踪、权限、扩展属性、镜像和事务日志传送 9 个选择页, 如图 3-13 所示。单击其中任意的选择页, 可以查看到与之相关的数据库信息。

图 3-12 查看数据库的信息   图 3-13 "数据库属性"对话框

2. 使用系统存储过程 sp_helpdb 查看数据库信息

可以使用系统存储过程来查看数据库信息, 其语法格式为

```
[EXEC[UTE ]] sp_helpdb database_name
```

【例 3-4】查看"cjgl"数据库信息。

在"查询编辑器"窗口中输入代码并执行, 结果如图 3-14 所示。

图 3-14　使用"查询编辑器"查看数据库信息

3.4 管理数据库

3.4.1 数据库更名

一般情况下不需要更改数据库名称，若要更改数据库名称，可以通过以下两种方法。

1. 使用 SQL Server Management Studio 更改数据库名称

操作步骤如下。

（1）启动 SQL Server Management Studio，在"对象资源管理器"窗口中，展开"数据库"节点，选择要更名的数据库"cjgl"，单击鼠标右键，在弹出的快捷菜单中，单击"属性"命令，打开"数据库属性"对话框，选择"选项"页。将数据库选项中的"限制访问"设为"Single"用户模式，设置成功后，在对象资源管理器中该数据库名称旁边有单个用户标志。

（2）选择"cjgl"，单击鼠标右键，在弹出的快捷菜单中选择"重命名"，数据库名称变为可编辑状态，输入新的数据库名称即可。

（3）更名后，将数据库选项中的"限制访问"设为"Multipe"用户模式。

2. 使用 T-SQL 语句修改数据库的名称

可以使用系统存储过程来更改数据库的名称，语法格式如下：

```
EXEC sp_renamedb 'oldname', 'newname'
```

其中，sp_renamedb 为更改数据库名称的系统存储过程，oldname 为更改前的数据库名称，newname 为更改后的数据库名称。

【例 3-5】更改数据库"cjgl"的名称为"cjgl1"。

在"查询编辑器"窗口中输入代码并执行，结果如图 3-15 所示。

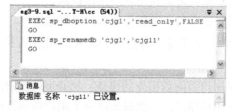

图 3-15　更改数据库名称

（1）与第 1 种方法一样，有多个用户连接数据库时同样不能进行数据库的改名。

（2）用 sp_rename 改名后要刷新后才能在对象资源管理器中看到改名后的结果。

3.4.2　修改数据库选项

数据库有很多选项，这些选项决定了数据库如何工作。

1. 使用 SQL Server Management Studio 设定数据库选项。

步骤如下。

（1）在"对象资源管理器"窗口中，展开"数据库"节点，选择要设置选项的数据库"cjgl"，单击鼠标右键，在弹出的快捷菜单中，选择"属性"命令，打开"数据库属性"对话框。

（2）选择"选项"页，出现数据库的各个选项，如图 3-16 所示。在此，可以根据管理需要对数据库选项进行重新设定，几个常用选项的作用如下。

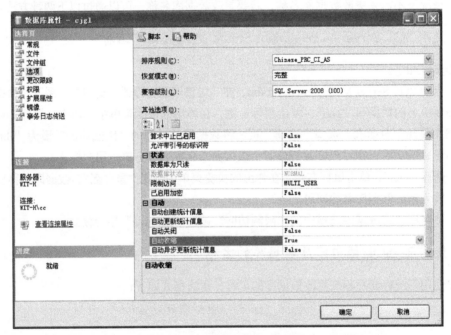

图 3-16　"数据库属性"对话框

- 排序规则：用于设置数据排序和比较的规则。可以通过下拉列表框选择一种数据的排序规则。
- 恢复模式：用于设置数据库备份和还原的操作模式。
- 兼容级别：用于设置与指定的早期版本兼容的某种数据库。
- 默认游标：建立游标时，如果既没有指定 LOCAL，也没有指定 GLOBAL，则由该数据库选项决定。
- 限制访问：用于设置用户访问数据库的模式。Multipe（多用户模式，允许多个用户访问数据库）、Single（单用户模式，一次只允许一个用户访问数据库）和 Restricted（限制用户模式，只有 sysadmin、db_owner 和 dbcreator 角色成员才可以访问数据库）。

● 自动收缩：用于设置数据库是否自动收缩。

（3）设置完成后，单击"确定"按钮。

2. 使用 T-SQL 语言修改数据库选项

（1）查看数据库选项。可以使用系统存储过程来查看数据库选项，语法格式如下：

```
EXEC sp_dboption 'database_name'
```

其中，sp_dboption 为查看数据库的系统存储过程。

【例 3-6】查看数据库"cjgl"的信息。

在"查询编辑器"窗口中输入代码并执行，结果如图 3-17 所示。

（2）修改数据库选项。可以使用系统存储过程来修改数据库选项的 T-SQL 语句语法格式如下：

```
EXEC sp_dboption  database_name,option_name,{TRUE|FALSE}
```

其中，sp_dboption 为系统存储过程，option_name 为要更改的数据库选项，True/False 设定数据库选项的值为真还是假。

【例 3-7】更改数据库 cjgl 为只读状态。

在"查询编辑器"窗口中输入代码并执行，结果如图 3-18 所示。

图 3-17 查看数据库信息

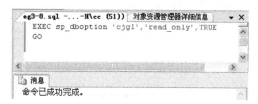

图 3-18 修改数据库状态

3.4.3 修改数据库容量

当数据库中的数据增长到要超过它指定的使用空间时，必须要为它增加容量。

1. 使用 SQL Server Management Studio 修改数据库容量

（1）在"对象资源管理器"窗口中，展开"数据库"节点，选择要增加容量的数据库"cjgl"，单击鼠标右键，在弹出的快捷菜单中选择"属性"命令，打开"数据库属性"对话框。

（2）从"选择页"中选择"文件"页，在这里可以修改数据库文件的初始大小和增长方式，其修改方法与创建数据库时相同。

2. 使用 T-SQL 语言修改数据库容量

修改数据库容量，可以修改数据库文件的大小，也可以增加或删除数据库文件，其语法格式如下：

```
ALTER DATABASE database_name
ADD FILE (NAME= logical_file_name,
FILENAME='os_file_name'
[,SIZE= size]
[,MAXSIZE={ max_size |UNLIMITED}]
[,FILEGROWTH= grow_increment]) |
ADD LOG FILE(NAME= logical_file_name,
FILENAME='os_file_name'
[,SIZE= size]
[,MAXSIZE={ max_size |UNLIMITED}]
[,FILEGROWTH= grow_increment]) |
MODIFY FILE (NAME=file_name,
SIZE= newsize)|
REMOVE FILE logical_file_name
```

其中，

- ADD FILE：用来添加数据文件。
- ADD LOG FILE：用来添加事务日志文件。
- MODIFY FILE：用来修改数据库文件。
- REMOVE FILE：用来删除数据库文件。

其他选项与创建数据库的语法解释相同。

【例 3-8】为 cjgl 数据库增加容量，原来数据库文件"选修课成绩数据库"的初始分配空间为 3MB，指派给 cjgl 数据库使用，现将其分配空间增加至 10M。

在"查询编辑器"窗口中输入代码并执行，结果如图 3-19 所示。

图 3-19　修改数据库容量

3.4.4　缩小数据库

如果为数据库指定的使用空间过大，也需要通过收缩数据库容量来减少空间的浪费。

1. 使用 SQL Server Management Studio 收缩数据库容量

（1）在"对象资源管理器"窗口中，展开"数据库"节点，选择要收缩容量的数据库"cjgl"，单击右键，在弹出的快捷菜单中执行"任务"→"收缩"→"数据库"命令，打开"收缩数据库"对话框。

（2）根据需要，可以选择"在释放未使用的空间前重新组织文件"复选框，如图 3-20 所示，如果选择该项，必须为"收缩后文件中的最大可用空间"输入值，允许输入的值介于 0 和 99。

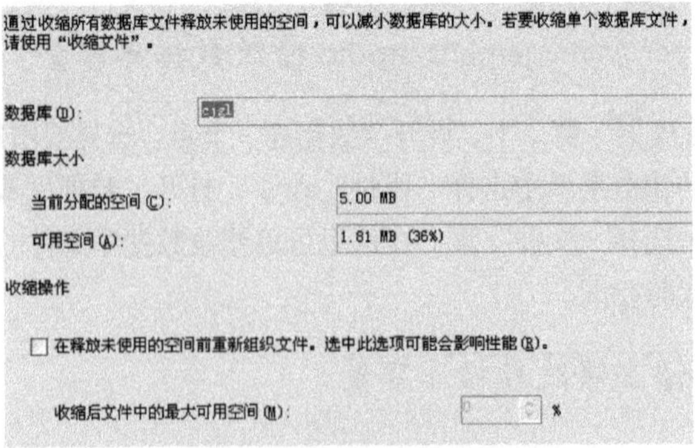

图 3-20　收缩数据库常规信息

（3）设置完成后，单击"确定"命令按钮，完成数据库收缩。

2.　使用 T-SQL 语句收缩数据库容量

使用 T-SQL 语句收缩数据库容量的语法格式如下：

```
DBCC SHRINKDATABASE
('database_name'[,target_percent][,{NOTRUNCATE|TRUNCATEONLY}])
```

其中，

- database_name：要收缩的数据库名称。
- target_percent：数据库收缩后的数据库文件中剩余可用空间百分比。
- NOTRUNCATE：在数据库中保留释放的文件空间，如果未指定，则释放给操作系统。
- TRUNCATEONLY：将数据文件中未使用的文件空间都释放给操作系统，并将文件收缩到最后分配的区。此时，将忽略 target_percent。

【例 3-9】收缩 cjgl 数据库的容量至最小。

其代码如下：

```
DBCC SHRINKDATABASE ('cjgl')
GO
```

在"查询编辑器"窗口中输入上述代码并执行。

3.4.5　分离和附加数据库

1.　使用 SQL Server Management Studio 分离和附加数据库

（1）分离数据库

分离数据库的步骤如下。

① 在"对象资源管理器"窗口中，展开"数据库"节点，选择要分离的数据库，如"cjgl"，单击鼠标右键，在弹出的快捷菜单中执行"任务"→"分离"命令，打开"分离数据库"对话框。

② 在"分离数据库"对话框中右侧是"要分离的数据库"窗格，如图 3-21 所示，在"状态"为就绪时，单击"确定"按钮，将数据库与 SQL Server 服务器分离。

图 3-21　"要分离的数据库"窗格

（2）附加数据库

附加数据库的步骤如下。

① 在"对象资源管理器"窗口中，展开"数据库"节点，单击鼠标右键，在弹出的快捷菜单中，单击"附加"命令，打开"附加数据库"对话框。

② 在"附加数据库"对话框中右侧是"要附加的数据库"窗格，如图 3-22 所示。单击"添加"命令按钮，打开"定位数据库文件"对话框，在该对话框中选择数据文件所在的路径，选择扩展名为.MDF 数据文件，如选修课成绩数据库.MDF，单击"确定"命令按钮返回"附加数据库"对话框。

③ 最后，单击"确定"按钮，完成数据库附加。

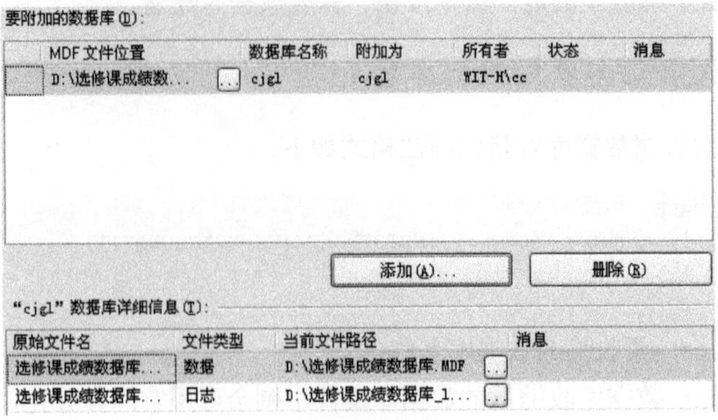

要附加的数据库(D):

	MDF 文件位置		数据库名称	附加为	所有者	状态	消息
	D:\选修课成绩数...	...	cjgl	cjgl	WIT-H\cc		

"cjgl" 数据库详细信息(I):

原始文件名	文件类型	当前文件路径		消息
选修课成绩数据库...	数据	D:\选修课成绩数据库.MDF	...	
选修课成绩数据库...	日志	D:\选修课成绩数据库_1...	...	

图 3-22 "要附加的数据库"窗格

2. 使用 T-SQL 语句分离和附加数据库

（1）分离数据库。

用系统存储过程分离数据库的语法格式如下：

```
sp_detach_db 'database_name'
```

【例 3-10】将"cjgl"数据库从 SQL Server 服务器中分离。

代码如下：

```
USE master
GO
sp_detach_db 'cjgl'
GO
```

在"查询编辑器"窗口中输入上述代码并执行，系统将显示"命令已成功完成"的消息。

（2）附加数据库

用 T-SQL 语句附加数据库的语法格式如下：

```
CREATE DATABASE database_name
ON (FILENAME ='os_file_name')
FOR ATTACH
```

其中，

- FILENAME：带路径的主数据文件的操作系统文件名称。
- FOR ATTACH：通过添加一组现有的操作系统文件来创建数据库。

【例 3-11】将"cjgl"数据库附加到 SQL Server 服务器中。

代码如下：

```
USE master
GO
CREATE DATABASE cjgl
ON (FILENAME ='D:\选修课成绩数据库.mdf')
FOR ATTACH
GO
```

在"查询编辑器"窗口中输入上述代码并执行,系统将显示"命令已成功完成"的消息。

3.5　删除数据库

当某个数据库不需要时,我们可以将它从服务器中删除,即将它从服务器磁盘中全部移除。删除后,磁盘中的数据文件以及事务日志文件也就没有了。若数据库正在使用则无法删除。在 SQL Server 2008 中删除数据库主要有两种方法:使用 SQL Server Management Studio 和使用 T-SQL 语言。

1. 使用 SQL Server Management Studio 删除数据库

删除数据库的步骤如下:

(1)在"对象资源管理器"窗口中,展开"数据库"节点,选择要删除的数据库,单击鼠标右键,在弹出的快捷菜单中选择"删除"命令;

(2)打开"删除对象"对话框,单击"确定"命令按钮即可完成数据库删除操作。

2. 使用 T-SQL 语言删除数据库

用 T-SQL 语言删除数据库的语法格式如下:

```
DROP DATABASE database_name[,database_name…]
```

【例 3-12】删除 cjgl 数据库。

代码如下:

```
USE master
GO
DROP DATABASE  cjgl
GO
```

在"查询编辑器"窗口中输入上述代码并执行,系统将显示"命令已成功完成"的消息。

 在使用 DROP DATABASE 语句删除数据库前要确保数据库的 READONLY 选项设置为 FALSE,否则将不能完成操作。

小结

本章介绍了 SQL Server 2008 数据库的基本知识以及使用 SQL Server Management Studio 和 T-SQL 语言创建、查看、修改、分离、附加和删除数据库的方法。通过本章的学习,能对数据库的结构有一定的了解,能够掌握数据库的创建与数据库的文件管理、数据库空间管理以及查看与设置数据库属性的方法。

习题 3

一、选择题

1. 建立数据库的 T-SQL 语句是_____。

A. CREATE TABLE　　　　　　　B. CREATE DATA

C. CREATE DATABASE　　　　　　D. MODIFY TABLE

2. 修改数据库的语句是_____。

A. CREATE TABLE　　　　　　　B. CREATE DATABASE

C. ALTER DATABASE　　　　　　D. ALTER DATABASE

3. 用于存储数据库操作记录的文件为_____。

A. 数据文件　　　　　　　　　　B. 日志文件

C. 文本文件　　　　　　　　　　D. 图像文件

4. 主数据库文件的扩展名为_____。

A. .ndf　　　　　B. .db　　　　　C. .mdf　　　　　D. .ldf

5. 在创建数据库时，系统自动将_____系统数据库中的所有用户定义的对象都复制到数据库中。

A. master　　　　B. msdb　　　　C. model　　　　D. tempdb

6. SQL Server 2008 的系统数据库是_____。

A. master、tempdb、adventureWorks、msdb、resource

B. master、tempdb、model、library、resource

C. master、northwind、model、msdb、resource

D. master、tempdb、model、msdb、resource

7. 数据库管理员希望对数据库进行性能优化，以下操作中行之有效的方法为_____。（选择两项）

A. 将数据库的数据库文件和日志文件分别放在不同的分区上

B. 在数据库服务器上尽量不要安装其他无关服务

C. 一个表中的数据行过多时，将其划分为两个或多个表

D. 将数据库涉及的所有文件单独放在一个分区上供用户访问

8. 分离和附加数据库可以实现将数据库从一个服务器移到另一个服务器上，但有些情况下不能进行分离数据库的操作。以下情况一定不能进行分离数据库的操作的是_____。（选择两项）

A. northwind 数据库　　　　　　B. master 数据库

C. 用户正在使用的数据库　　　　D. 用户自己创建的 benet 数据库

9. 系统数据库和系统数据库对象记录数据库服务器修改的相关信息。下列操作会引起 Master 数据库变化的有_____。（选择 3 项）

A. 创建 benet 数据库　　　　　　B. 删除 benet 数据库

C.　创建 SQL Server 登录账户　　　　　D.　使用客户端网络实用工具设置服务器别名

10.　事务日志文件的默认扩展名是_____。

A.　MDF　　　　　　B.　NDF　　　　　　C.　LDF　　　　　　D.　DBF

11.　通过使用文件组，可以_____。

A.　提高存取数据的效率　　　　　　　　B.　提高数据库备份与恢复的效率

C.　简化数据库的维护　　　　　　　　　D.　A、B、C 选项都可以

12.　SQL Server 的主数据库是_____。

A.　master　　　　　　B.　tempdb　　　　　C.　model　　　　　D.　msdb

13.　数据库的容量，_____。

A.　只能指定固定的大小　　　　　　　　B.　最小为 10M

C.　最大 100M　　　　　　　　　　　　D.　可以设置为自动增长

二、填空题

1.　数据库的文件有_____、_____和_____。

2.　数据库文件组有两种，一种是_____，另一种是_____。

3.　主要数据文件一定在_____文件组中。

4.　删除数据库的 T-SQL 语句是_____。

5.　_____数据库是系统提供的最重要的数据库，其中存放了系统级的信息。

6.　在 SQL Server 中，数据库具有 3 类操作系统文件，它们是_____、_____和_____；数据库文件组分为两类，它们分别是_____和_____。

7.　在 SQL Server 中，一个数据库至少有一个_____文件和一个_____文件。

三、思考题

1.　简单描述数据库的对象。

2.　SQL Server 对数据库对象的标识符是如何规定的？请举例说明。

3.　试述通过 SQL Server Management Studio 向导建立数据库的操作步骤。

4.　简述主数据文件、辅助数据文件、事务日志文件的概念及它们之间的区别。

5.　创建、修改和删除数据库，添加、修改和删除文件的 T-SQL 命令分别是什么？

6.　简述 SQL Server 2008 的系统数据库有哪些及它们的作用分别是什么。

7.　列举本章有关的英文词汇原文、缩写及含义（可增加行，如无缩写形式可不填缩写栏）。

序　　号	英 文 原 文	英 文 缩 写	含　　义	备　　注

8.　假设你是公司的数据库管理员，公司的数据库使用 SQL Server 2000。公司新采购了一台服务器 newDBsrv，需要你将原来服务器 DBsrv 上的数据库 benet 转移到新服务器上，请写出具体步骤。

9.　假设你是公司的数据库管理员，公司有个数据库 benet，用于电子商务。你发现随着数据库的日益增大，其响应速度变得很慢，你想提高数据库的性能，把用户访问最频繁也是最大的表 orders 放在速度较快的磁盘上。请写出使用文件组实现这个目的的步骤。

实验 2　数据库的创建与管理

一、实验目的

（1）掌握数据库创建的方法。

（2）熟悉数据库的管理。

二、实验内容

（1）创建一个名为 HR 的人力资源数据库。

（2）给这个数据库增加一个逻辑名为 HR_dat2 的次要数据文件。

（3）删除 HR 数据库。

三、实验步骤

分别用 T-SQL 语句及对象资源管理器两种方法完成以下实验。

（1）创建一个数据库，要求如下：

① 数据库名为"HR"；

② 数据库中包含一个数据文件，逻辑名为 HR_dat，操作系统文件名为 HR_dat.mdf，文件初始容量为 5MB，最大容量为 15MB，文件容量增长方式为 1MB；

③ 数据库包含一个日志文件，逻辑名为 HR_log，操作系统文件名为 HR_log.ldf，初始容量为 2MB，最大容量为 10MB，文件以 4%的方式增长。

（2）给这个数据库增加一个次要数据文件，要求如下：

① 逻辑名为 HR_dat2；

② 操作系统文件名为 HR_dat2.ndf，文件的初始容量为 5MB，最大容量为 500MB，文件增长方式为 10MB。

③ 文件位于 aaa 文件组中。

（3）删除此数据库。

四、实验报告要求

（1）实验报告分为实验目的、实验内容、实验步骤、实验心得 4 个部分。

（2）把相关的语句和结果写在实验报告上。

（3）写出详细的实验心得。

第**4**章

创建与管理表

建好数据库之后，接下来要确定在数据库中创建哪些表。表是包含数据库中所有数据的数据库对象。数据在表中是按行和列的格式组织排列的，每行代表唯一的一条记录，而每列代表记录中的一个域。本章我们将分别介绍用界面操作和命令方式创建、修改、查看、删除成绩管理 cjgl 数据库中的表以及操作表中数据的方法，以及如何创建索引和实现数据完整性约束。

4.1 表的操作

在成绩管理 cjgl 数据库中有 3 张表：学生表 xs、课程表 kc 和成绩表 cj，这些表的结构分别如表 4-1、表 4-2 和表 4-3 所示，表的初始数据分别如表 4-4、表 4-5 和表 4-6 所示。

表 4-1   学生表 xs 的结构

列名	数据类型	长度	是否允许为空值	默认值	说明
学号	定长字符型（char）	6	×	无	主键
姓名	定长字符型（char）	8	×	无	
专业名	定长字符型（char）	10	√	无	
性别	位型（bit）	1	×	1	男 1，女 0
出生时间	日期时间类型（smalldatetime）	4	×	无	
总学分	整数型（tinyint）	1	√	无	
备注	文本型（text）	16	√	无	

表 4-2   课程表 kc 的结构

列名	数据类型	长度	是否允许为空值	默认值	说明
课程号	定长字符型（char）	3	×	无	主键
课程名	定长字符型（char）	16	×	无	
开课学期	整数型（tinyint）	1	×	1	只能为 1-8
学时	整数型（tinyint）	1	×	无	
学分	整数型（tinyint）	1	√	无	

69

表 4-3   成绩表 cj 的结构

列名	数据类型	长度	是否允许为空值	默认值	说明
学号	定长字符型（char）	6	×	无	主键
课程号	定长字符型（char）	3	×	无	主键
成绩	整数型（tinyint）	1	√	无	

表 4-4   学生表 xs 的数据

学号	姓名	专业名	性别	出生时间	总学分	备注
001101	王金华	软件技术	True	1990-02-10 00:00:00	50	
001102	程周杰	软件技术	True	1991-02-01 00:00:00	50	
001103	王元	软件技术	False	1989-10-06 00:00:00	50	
001104	严蔚敏	软件技术	True	1990-08-26 00:00:00	50	
001106	李伟	软件技术	True	1990-11-20 00:00:00	50	
001108	李明	软件技术	True	1990-05-01 00:00:00	50	
001109	张飞	软件技术	True	1989-08-11 00:00:00	50	
001110	张晓晖	软件技术	False	1991-07-22 00:00:00	50	三好学生
001111	胡恒	软件技术	False	1990-03-18 00:00:00	50	
001113	马可	软件技术	False	1989-08-11 00:00:00	48	有一门课不及格
001201	王稼祥	网络技术	True	1988-06-10 00:00:00	42	
001210	李长江	网络技术	True	1989-05-01 00:00:00	44	已提前修完一门课
001216	孙祥	网络技术	True	1988-03-09 00:00:00	42	
001218	廖成	网络技术	True	1990-10-09 00:00:00	42	
001220	吴莉丽	网络技术	False	1989-11-12 00:00:00	42	
001221	刘敏	网络技术	False	1990-03-18 00:00:00	42	

表 4-5   课程表 kc 的数据

课程号	课程名	开课学期	学时	学分
101	计算机基础	1	80	5
102	C 程序设计	2	68	4
206	高等数学	4	68	4
208	数据结构	5	68	4
209	操作系统	6	68	4
210	计算机组装	5	80	5
212	ORACLE 数据库	7	68	4
301	计算机网络	7	52	3
302	软件工程	7	52	3

表 4-6   成绩表 cj 的数据

学号	课程号	成绩
001101	206	76
001101	101	80

续表

学号	课程号	成绩
001101	102	78
001102	102	78
001102	206	78
001103	101	62
001103	102	70
001103	206	81
001104	101	90
001104	102	84
001104	206	65
001106	101	65
001106	102	71
001106	206	80
001107	101	78
001107	102	80
001107	206	68
001108	101	85
001108	102	64
001108	206	87
001109	101	66
001109	102	83
001109	206	70
001110	101	95
001110	102	95
001111	206	76
001113	101	63
001113	102	79
001113	206	60
001201	101	80
001201	102	90

4.1.1 创建表

在 SQL Server 2008 中，创建表有两种途径：一是利用 SQL Server 管理平台（SQL Server Management Studio）创建表，二是通过执行 CREATE TABLE 命令来创建。

1. 利用 SQL Server 管理平台创建表

通过"SQL Server Management Studio"创建表 xs 的操作步骤如下。

（1）打开"SQL Server Management Studio"，展开服务器，打开学生成绩管理 cjgl 数据库，用鼠标右键单击表对象，弹出如图 4-1 所示的快捷菜单，从中选择"新建表"选项，得到"新建表"对话框，如图 4-2 所示。

图 4-1 选择"新建表"选项

"新建表"窗口分为上下两个窗格，上面的窗格用来定义表中每一个列的主要属性，如名称、数据类型、是否允许空；下方的窗格则可以针对选取的列，定义该列的其他数据属性，如默认值、精度、小数位数等。另外，在窗口上方的工具栏上还有一些工具按钮可以管理表的索引、键、约束、定义表间的关系等。

（2）在"新建表"的对话框中，在编辑窗口中分别输入各列的名称、选择或输入一种数据类型、确定是否允许为空值、设置列属性和主键，也可以对表的结构进行更改。

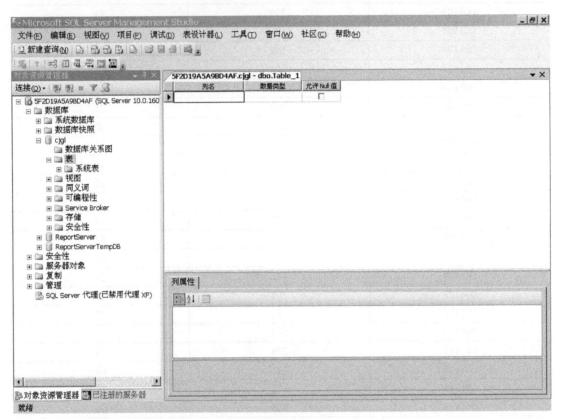

图 4-2　新建表对话框

列名是用来唯一标识表内每一个列的名称。在输入各列的名称时，应注意列名应符合 SQL Server 的命名规则，即列名的第 1 个字符必须是汉字、英文字母、下画线或 # 其中之一，其后为汉字、英文字母、数字、下画线和符号 @ 、 # 与 $ 的组合。指定的名称绝对不能与表内的其他列名相同，也不能是 T-SQL 的保留字。

数据类型可以是系统数据类型，也可以是用户自定义的数据类型。常用数据类型的介绍参见本书 9.2 节。

确定数据类型后，出现"列属性"对话框，在"列属性"对话框中，可以定义长度、默认值、允许空、排序规则、说明等常用属性，如图 4-3 所示。

"长度"用来指定列的字节数，数据类型不同，它所代表的含义也有所不同。对于字符串数据类型，它代表字符串的长度，可以被修改；对于数值数据类型，其所占的字节数是固定的，因此无法更改值。

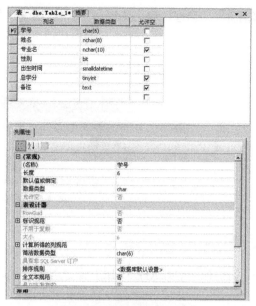

图 4-3　设置列属性对话框

　　"默认值"是设置当插入数据行而未指定列数据时存入列内的默认值。根据设置的数据类型，这个值可以是文字、数字或是日期时间数据，也可以是一个函数。

　　"允许空"用来设置是否允许这个列的内容为空。空值（NULL）的值不是 0 也不是空白，它通常表示"不知道"、"不确定"、"没有数据"或将在以后添加数据的意思。可以使用鼠标选中或取消该选项。当列被设置为允许为空值时，如果没有为这个列指定任何的数据，将会使用空作为默认值。反之，如果设置列不允许空，就必须自行为列指定默认值，否则在插入数据行时，将会发生错误。

　　"精度"与"小数位数"只有在属于 Decimal 或 Numeric 小数数据类型的列中设置，它们分别用来指定整个数值数据的数值位数与小数位数，默认为（18，0），表示该列可以存放 18 位数的整数数据（因为小数位数为 0）。在存放分数的列中，分数范围为 0～100，且要保留两位小数位置，可以将"精度"字段设置为 5，"小数位数"字段设置为 2。

　　"RowGuid"字段：这个字段只有在 uniqueidentifier 数据类型的列中才可以设置，若将它设为"是"，SQL 会自动将 NEWID 函数加入默认值字段中，使得每当数据加入表时，列自动取得 GUID 值。

　　"公式"字段：当列的值与其他列的值有关联时，可以在公式字段上输入表达式，自动计算列的内容。

　　"排序规则"用来设置列的字串数据比对、排序方式，可以直接使用默认的"<数据库默认设置>"，沿用数据库的排序规则方式；或者单击字段右方的按钮，打开列排序规则设置窗口，自行定义数据行的排序方式。

　　"说明"主要记录对列的批注，让管理者日后在维护时，更容易了解该列所存放的信息。

　　（3）设置主键。用鼠标在上方的窗格中选择要定义为主键的列"学号"，单击鼠标右键，在如图 4-4 所示的弹出式菜单中选择"设置主键"选项，或在工具栏上按下创建主键工具按钮，此时，在"学号"列左侧出现形如钥匙的主键图标，如图 4-3 所示。

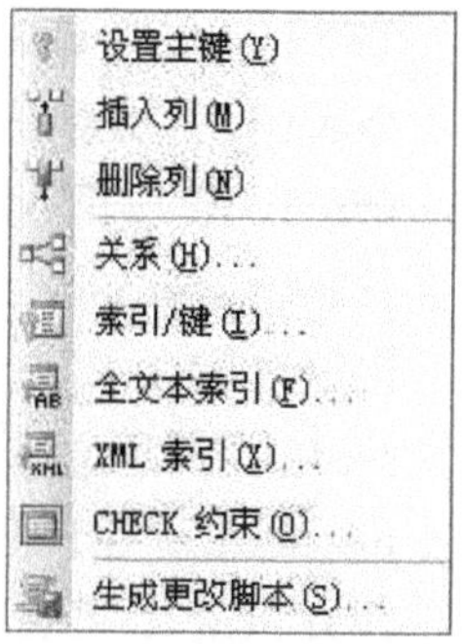

　　（4）在表的各列的属性均编辑完成后，单击"保存"图形按钮，或用鼠标右键单击表名 ，弹出如图 4-5 所示的快捷菜单，从中选择"保存"选项，

图 4-4　创建主键窗口

出现如图 4-6 所示的"选择名称"对话框。输入表名 xs，单击"确定"按钮，xs 表就被成功地创建好了。

图 4-5 保存表快捷菜单　　　　　　　　　　　　图 4-6 保存表对话框

2．利用查询窗口，通过命令方式创建表

在 SQL Server 2008 中，可以使用 CREATE TABLE 命令创建表，其完整语法形式如下：

```
CREATE TABLE [database_name.[owner].|owner.]table_name
  ({<column_definition>                    /*列的定义*/
|column_name AS computed_column_expression  /*定义计算列*/
| <table_constraint>}                       /*指定表的约束*/
[, …n])
   [ON{ filegroup|DEFAULT}]                 /*指定存储表的文件组*/
   [TEXTIMAGE_ON { filegroup|DEFAULT}]V
   <column_definition>::={column_name data_type}
    [COLLATE <collation_name>]
   [[DEFAULT constant_expression]
|[IDENTITY[(seed,increment )[NOT FOR REPLICATION]]]]
   [ROWGUIDCOL]
   [<column_constraint>][...n]
```

各参数的含义如下。

database_name：用于指定所创建表的数据库名称。

owner：用于指定新建表的所有者的用户名。

table_name：用于指定新建表的名称。

column_name：用于指定新建表的列名。

computed_column_expression：用于指定计算列的列值表达式。

ON {filegroup | DEFAULT}：用于指定存储表的文件组名。

TEXTIMAGE_ON：用于指定 text、ntext 和 image 列的数据存储的文件组。

data_type：用于指定列的数据类型。

DEFAULT：用于指定列的默认值。

constant_expression：用于指定列的默认值的常量表达式，可以为一个常量或 NULL 或系统函数。

IDENTITY：用于将列指定为标识列。

seed：用于指定标识列的初始值。

increment：用于指定标识列的增量值。

NOT FOR REPLICATION：用于指定列的 IDENTITY 属性，在把从其他表中复制的数据插入表中时不发生作用，即不生成列值，使得复制的数据行保持原来的列值。

ROWGUIDCOL：用于将列指定为全局唯一标识行号列。

COLLATE：用于指定表的校验方式。

column_constraint：用于指定列约束。

【例 4-1】在学生成绩管理 cjgl 数据库中，用命令方式创建学生表 xs。

利用查询窗口，通过命令方式创建学生表 xs 的操作步骤如下。

（1）打开"SQL Server Management Studio"，展开服务器，打开学生成绩管理 cjgl 数据库，单击工具栏中的"新建查询"按钮，进入如图 4-7 所示的查询窗口。

图 4-7　查询窗口

（2）在查询窗口中，输入如下创建学生表 xs 的 T-SQL 语句：

```
CREATE TABLE xs
 ( 学号 char(6)  NOT NULL,
   姓名 char(8)  NOT NULL,
   专业名 char(10)  NULL,
   性别 bit  NOT NULL,
出生时间 smalldatetime  NOT NULL ,
   总学分 tinyint  NULL,
备注  text  NULL
)
```

（3）单击"执行"按钮，结果如图 4-7 所示，刷新后"对象资源管理器"中显示出新建的学生表 xs。

3．空值约束、主键约束和唯一性约束

约束是 SQL Server 2008 提供的自动保持数据库完整性的一种方法，它通过限制列中数据、记录中数据和表之间的数据来保证数据的完整性。在 SQL Server 2008 中有 6 种约束：空值约束、默认约束、主键约束、唯一性约束、检查约束和外键约束。本节仅简要介绍空值约束、主键约束、

唯一性约束，其他约束将在本章 4.4 节介绍。

完整性约束的基本语法格式为

```
[CONSTRAINT <约束名>] <约束类型>
```

 约束不指定名称时，系统会自动给定一个名称。

在 SQL Server 2008 中，对于基本表的约束分为列约束和表约束。

列约束是对某一个特定列的约束，包含在列定义中，直接跟在该列的其他定义之后，用空格分隔，不必指定列名。

表约束与列定义相互独立，不包括在列定义中，通常用于对多个列一起进行约束，与列定义用"，"分隔，定义表约束时必须指出要约束的那些列的名称。

（1）空值约束

空值约束用来控制是否允许该列的值为 NULL。当某一列的值一定要输入才有意义的时候，应设置为 NOT NULL。空值（NULL）约束只能用于定义列约束。

创建空值约束常用的操作方法有如下两种：

① 通过"SQL Server Management Studio"创建空值约束；

② 使用 T-SQL 语句设置空值约束。其语法形式如下：

```
[CONSTRAINT <约束名> ] [NULL|NOT NULL]
```

（2）主键约束

PRIMARY KEY 约束用于定义基本表的主键，它是唯一确定表中每一条记录的标识符，其值不能为 NULL，也不能重复。主键既可用于列约束，也可用于表约束。

主键除了如前所述利用菜单工具来创建外，还可以使用 T-SQL 语句设置主键约束，其语法形式如下：

```
[CONSTRAINT <约束名> ] PRIMARY KEY [(列名[,…n])]
```

【例 4-2】在学生成绩管理数据库 cjgl 中，用命令方式定义学生表 xs，主键为学号。

利用查询窗口，通过命令方式创建学生表 xs 的操作步骤如下。

① 打开"SQL Server Management Studio"，展开服务器，打开成绩管理 cjgl 数据库，单击工具栏中的"新建查询"按钮，进入如图 4-7 所示的查询窗口。

② 在查询窗口中，输入如下 T-SQL 语句：

```
CREATE TABLE xs
(学号 char(6) NOT NULL PRIMARY KEY ,
姓名 char(8) NOT NULL,
专业名 char(10) NULL,
性别 bit NOT NULL,
出生时间 smalldatetime NOT NULL ,
总学分 tinyint NULL,
备注 text NULL
)
```

③ 单击"执行"按钮，刷新后"对象资源管理器"中显示出新建的学生表 xs。

（3）唯一性约束

唯一性约束用于指定一个或者多个列的组合值具有唯一性，以防止在列中输入重复的值。定义了UNIQUE约束的那些列称为唯一键，系统自动为唯一键建立唯一索引，从而保证了唯一键的唯一性。

当使用唯一性约束时，需要考虑以下几个因素：使用唯一性约束的列允许为空值。一个表中可以允许有多个唯一性约束。可以把唯一性约束定义在多个列上。唯一性约束用于强制在指定列上创建一个唯一性索引。

创建唯一性约束的方法有以下两种。

① 通过"SQL Server Management Studio"创建。

在如图4-4所示弹出式菜单中选择"索引/键"选项，出现如图4-8所示"索引/键"对话框。单击"添加"按钮来创建唯一性约束。

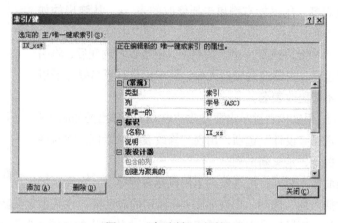

图4-8 "索引/键"对话框

② 使用T-SQL语句创建，其语法形式如下：

```
[CONSTRAINT <约束名>] UNIQUE [(column_name[,…n])]
```

（4）主键约束与唯一性约束的异同

虽然主键约束与唯一性约束都是通过建立唯一索引来保证基本表在主键列取值的唯一性，但它们之间有着较大的区别：

① 在一个基本表中只能定义一个主键约束，但可定义多个唯一性约束。

② 对于指定为主键的一个列或多个列的组合，其中任何一个列都不能出现空值，而对于唯一性所约束的唯一键，则允许为空。

③ 一般创建主键约束时，系统会自动产生索引，索引的缺省类型为聚集索引，创建唯一性约束时，系统会自动产生一个唯一索引，索引的缺省类型为非聚集索引。

二者的相同点在于：二者均不允许表中对应字段存在重复值。

不能为同一个列或一组列既定义唯一性约束，又定义主键约束。

4.1.2 修改表

当表创建完成后，用户可以根据需要修改表，如更改表名、改变表的所有者，增加、删除、修改列，修改已有列的属性（列名、数据类型、是否为空值），增加、删除和修改约束等。

在 SQL Server 2008 中，修改表有两种途径：一是利用 SQL Server 管理平台，二是通过执行 ALTER TABLE 命令来实现。

1. 利用 SQL Server 管理平台修改表

通过 SQL Server 管理平台修改学生表 xs 的操作步骤如下。

（1）打开"SQL Server Management Studio"，展开服务器，打开学生成绩管理数据库 cjgl，选中要修改的表。

（2）若要更改表名，用鼠标右键单击要修改的表 xs，从弹出的如图 4-9 所示的快捷菜单中选择"重命名"选项，在窗口中修改表名。

SQL Server 2008 中允许改变一个表的名字，但当表名改变后，将引起引用该表的存储过程、视图或触发器无效，要求用户对更名操作予以确认，故建议一般不要更改表名。

（3）若要增加列，用鼠标右键单击要修改的表 xs，从弹出的如图 4-9 所示的快捷菜单中选择"设计"选项，出现"修改表"对话框。在对话框中单击第一个空白行，定义新的列。

若需要在某列前插入新列，可在该列上用鼠标右键单击，在弹出的快捷菜单中选择"插入列"选项，出现如图 4-3 所示的对话框，在其中定义新列并保存即可。

图 4-9　表操作快捷菜单

（4）若要删除列，用鼠标右键单击要修改的表 xs，从弹出的如图 4-9 所示的快捷菜单中选择"设计"选项，出现"修改表"对话框。在对话框中用鼠标右键单击要删除的列，在弹出的快捷菜单中选择"删除列"选项，确认并保存即可。

　表中具有下列特征的列不能被删除：用于索引的列；用于检查约束、外键约束、唯一性约束或主键约束的列；与 DEFAULT 定义关联或绑定到某一默认对象的列；绑定到规则的列；已注册支持全文的列；用作表的全文键的列。

（5）若要修改已有列的属性，用鼠标右键单击要修改的表 xs，从弹出的如图 4-9 所示的快捷菜单中选择"设计"选项，出现"修改表"对话框，在其中修改有关列的属性并保存即可。

　具有以下特性的列不能被修改：具有 text、ntext、image 或 timestamp 数据类型的列；计算列；全局标识符列；复制列；用于索引的列（但若用于索引的列为 varchar、nvarchar 或 varbinary 数据类型时，可以增加列的长度）；用于由 CREATE STATISTICS 生成统计的列（若需修改这样的列，必须先用 DROP STATISTICS 语句删除统计）；用于主键或外键约束的列；用于 CHECK 或 UNIQUE 约束的列；关联有默认值的列。

当改变列的数据类型时，要求原数据类型必须能够转换为新数据类型，新类型不能为 timestamp 类型。

2. 利用查询窗口，通过命令方式修改表

在 SQL Server 2008 中，可以使用 ALTER TABLE 命令修改表，其完整语法形式如下：

```
ALTER TABLE table
  {[ ALTER COLUMN column_name                    /*修改已有列的属性*/
    { new_data_type [ ( precision [ , scale ) ) ]
        [ COLLATE < collation_name > ]
        [ NULL | NOT NULL ]
        | {ADD | DROP } ROWGUIDCOL } ]
  | ADD                                           /*增加新列*/
    { [ < column_definition > ]
    | column name AS computed_column_expression}
      [ ,...n ]
      |[WITH CHECK | WITH NOCHECK ] ADD
          { < table_constraint > } [ ,...n ]
  | DROP                                          /*删除列*/
    { [ CONSTRAINT ] constraint_name
    | COLUMN column }
    [ ,...n ]
  | { CHECK | NOCHECK } CONSTRAINT
        { ALL | constraint_name [ ,...n ] }
  | { ENABLE | DISABLE } TRIGGER
        { ALL | trigger_name [ ,...n ] }
}
```

【例 4-3】在学生成绩管理数据库 cjgl 中，用命令方式修改学生表 xs。

① 先在表 xs 中增加 1 个新列"奖学金等级"，然后在表 xs 中删除名为"奖学金等级"的列。

② 修改表 xs 中已有列的属性：将名为"姓名"的列长度由原来的 8 改为 10；将名为"出生时间"的列的数据类型由原来的 smalldatetime 改为 datetime。

利用查询窗口，通过命令方式修改表 xs 的操作步骤如下。

（1）打开"SQL Server Management Studio"，展开服务器，打开学生成绩管理 cjgl 数据库，单击工具栏中的"新建查询"按钮，进入如图 4-7 所示的查询窗口。

（2）在查询窗口中，输入如下 T-SQL 语句：

```
ALTER TABLE XS ADD 奖学金等级 tinyint  NULL
ALTER TABLE XS DROP COLUMN 奖学金等级
```

（3）单击"执行"按钮。

（4）在查询窗口中，输入如下 T-SQL 语句：

```
ALTER TABLE XS
  ALTER COLUMN 姓名 char(10);
ALTER TABLE XS
  ALTER COLUMN 出生时间 datetime;
```

（5）单击"执行"按钮。

4.1.3　查看表

在数据库中创建表后，有时需要查看表的结构（如表的属性、列属性和索引等）、查看表中的数据、查看表与其他数据库对象之间的依赖关系等，下面介绍查看表的方法。

1. 查看表的属性

（1）打开"SQL Server Management Studio"，展开服务器，打开学生成绩管理 cjgl 数据库。

（2）用鼠标右键单击要查看的学生表 xs，从弹出的如图 4-9 所示的快捷菜单中选择"属性"选项，打开"表属性"窗口，如图 4-10 所示，其中在"常规"窗口中显示当前连接参数、复制、说明、选项等基本属性；"权限"窗口如图 4-11 所示，在其中可以设置权限；"扩展属性"窗口如图 4-12 所示。

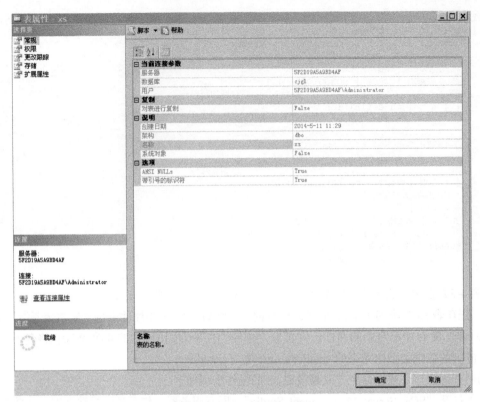

图 4-10　表属性"常规"窗口

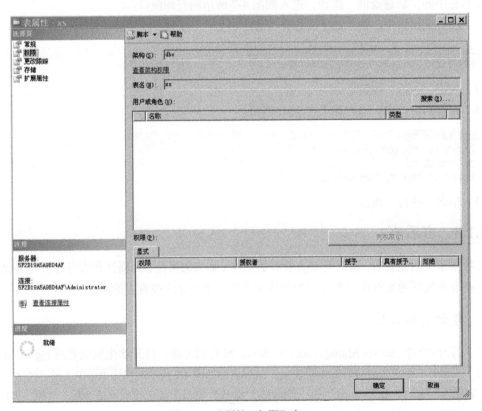

图 4-11　表属性"权限"窗口

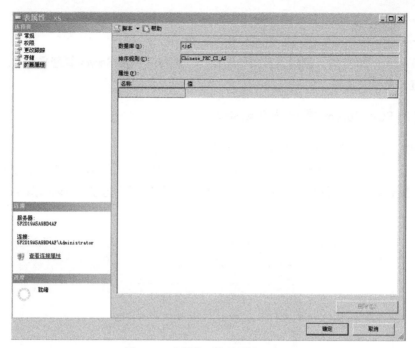

图 4-12 表属性"扩展属性"窗口

2. 查看表中存储的数据

（1）打开"SQL Server Management Studio"，展开服务器，打开学生成绩管理 cjgl 数据库。

（2）查看表中数据。

用鼠标右键单击要查看的表 xs，从弹出的如图 4-9 所示的快捷菜单中选择"选择前 1000 行"选项，就会出现如图 4-13 所示的对话框；也可以选择"编辑前 200 行"选项，在弹出的对话框中，可以浏览和编辑数据。

图 4-13 查看数据对话框

4.1.4　删除表

在 SQL Server 2008 中，删除表有两种途径：一是利用 SQL Server 管理平台，二是通过执行 DROP TABLE 命令来实现。

1. 利用 SQL Server 管理平台删除表

通过 SQL Server 管理平台删除表 xs 的操作步骤如下。

（1）打开"SQL Server Management Studio"，展开服务器，打开学生成绩管理 cjgl 数据库，用鼠标右键单击要删除的表对象，从弹出的快捷菜单中选择"删除"选项，出现如图 4-14 所示的确认删除窗口。

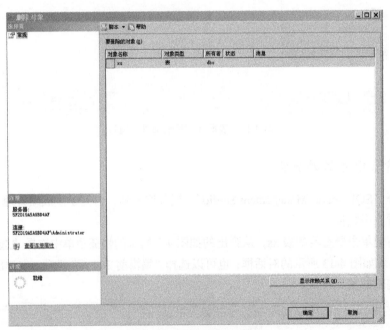

图 4-14　确认删除窗口

（2）单击"确定"按钮，就可将表 xs 从数据库中删除。

2. 利用查询窗口，通过命令方式删除表

在 SQL Server 2008 中，使用 DROP TABLE 语句可以删除一个表和表中的数据及其与表有关的所有索引、触发器、约束、许可对象，其完整语法形式如下：

DROP TABLE table_name

如果要删除的表不在当前数据库中，则应在 table_name 中指明其所属的数据库和用户名。在删除一个表之前要先删除与此表相关联的表中的外键约束。当删除表后，绑定的规则或者默认值会自动松绑。

【例 4-4】在学生成绩管理数据库 cjgl 中，用命令方式删除学生表 xs。

在查询窗口中，输入如下 T-SQL 语句：

```
DROP TABLE xs
```

单击"执行"按钮即可删除学生表 xs。

4.2 表的数据操作

4.2.1 插入记录

在 SQL Server 2008 中，常用的往表中输入数据的方法有 3 种：一是利用 SQL Server 管理平台，二是通过执行 INSERT 命令来实现，三是使用数据导入/导出向导。其中，第一种方法最简单直接。

1. 利用 SQL Server 管理平台插入记录

通过 SQL Server 管理平台插入记录的操作步骤如下。

（1）打开"SQL Server Management Studio"，展开服务器，打开学生成绩管理数据库 cjgl。

（2）用鼠标右键单击要插入数据的表 xs，从弹出的如图 4-9 所示的快捷菜单中选择"编辑前 200 行"选项，就会出现如图 4-15 所示的编辑数据对话框。

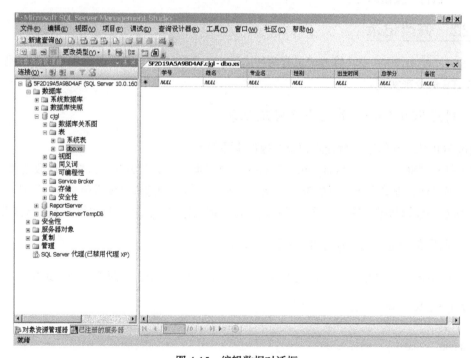

图 4-15 编辑数据对话框

（3）输入数据。在编辑数据对话框的空白列处输入相应的列值，数据行前方的 图标表示该数据行正在被编辑中。若要将新记录添加在表尾，则先将光标定位到当前表尾的下一行，然后逐列输入列的值。

（4）逐行输入完学生表 xs 的各条记录后，单击工具栏中的"保存"按钮保存数据。

2. 利用查询窗口，通过命令方式插入记录

在 SQL Server 2008 中，可以使用 INSERT 语句插入表数据，其简单语法形式如下：

```
INSERT [INTO]  table_name                        /*表名*/
{ [ (column_list)]                                     /*列表*/
  { VALUES ({DEFAULT | NULL |expression} [,…n])   /*列值的构成形式*/
  }
}
```

其中，

DEFAULT：指定为该列的默认值。这要求定义表时必须指定该列的默认值。

NULL：指定该列为空值。

expression：可以是一个常量、变量或一个表达式，其值的数据类型要与列的数据类型一致。注意，表达式中不能有 SELECT 及 EXECUTE 语句。

【例 4-5】在学生成绩管理数据库 cjgl 中，插入如下的一行记录：

001112　刘国梁　计算机应用　0　1/30/1982 0:0:0　46

在查询窗口中，输入如下 T-SQL 语句：

```
INSERT INTO XS
       VALUES('001112', '刘国梁', '计算机应用', 0 , '1/30/1982 0:0:0', 46,NULL)
```

单击"执行"按钮即可。

4.2.2 修改记录

在 SQL Server 2008 中，修改记录有两种途径：一是利用 SQL Server 管理平台，二是通过执行 UPDATE 命令来实现。

1. 利用 SQL Server 管理平台修改记录

通过 SQL Server 管理平台插入记录的操作步骤如下。

（1）打开"SQL Server Management Studio"，展开服务器，打开学生成绩管理数据库 cjgl。

（2）用鼠标右键单击要查看的表 xs，从弹出的快捷菜单中选择"编辑前 200 行"选项，在如图 4-15 所示的编辑数据对话框中选择要修改的行，将光标定位到要修改的数据上进行修改即可。

2. 利用查询窗口，通过命令方式修改记录

在 SQL Server 2008 中，可以使用 UPDATE 语句修改表数据，其简单语法形式如下：

```
UPDATE table_name
SET { column_name = { expression | DEFAULT | NULL }   /*为列重新指定值*/
          }[,…n]
 [ WHERE <search_condition> ]                          /*指定条件*/
```

【例 4-6】在学生成绩管理数据库 cjgl 中，将 xs 表中的所有学生的总学分都增加 10。将学号为 001241 的同学的专业改为"软件技术"。

在查询窗口中，输入如下 T-SQL 语句：

```
UPDATE XS
        SET 总学分 = 总学分+10
GO
UPDATE XS
     SET 专业 = '软件技术',
     WHERE 学号= '001241'
```

单击"执行"按钮即可。

4.2.3 删除记录

当表中的某些记录不再需要时，要将其删除。在 SQL Server 2008 中，删除记录有两种途径：一是利用 SQL Server 管理平台，二是通过执行 DELETE 语句或 TRANCATE TABLE 语句来实现。

1．利用 SQL Server 管理平台删除记录

通过"SQL Server Management Studio"删除记录的操作步骤如下。

（1）打开"SQL Server Management Studio"，展开服务器，打开学生成绩管理数据库 cjgl。

（2）用鼠标右键单击要删除记录的表，从弹出的快捷菜单中选择"编辑前 200 行"选项，打开如图 4-15 所示的编辑数据对话框。

（3）选中欲删除的记录，单击鼠标右键，在弹出的如图 4-16 所示的快捷菜单上选择"删除"选项，出现如图 4-17 所示的确认对话框，单击"是"按钮将删除所选择的记录。

图 4-16 记录操作快捷菜单 　　　　　图 4-17 删除记录对话框

2．利用查询窗口，通过命令方式删除记录

在 SQL Server 2008 中，可以使用 DELETE 语句或 TRANCATE TABLE 语句来删除表数据。

（1）使用 DELETE 语句删除数据

使用 DELETE 语句删除数据的简单语法形式如下：

```
DELETE  [FROM]  table_name
 [ WHERE  <search_condition> ]                    /*指定条件*/
```

【例 4-7】在学生成绩管理数据库 cjgl 中，删除学号为"001112"的记录。

在查询窗口中，输入如下 T-SQL 语句：

```
DELETE  FROM  xs
      WHERE 学号= '001112'
```

单击"执行"按钮即可。

（2）使用 TRUNCATE TABLE 语句删除数据

使用 TRUNCATE TABLE 语句将删除指定表中的所有数据，因此也称其为清除表数据语句。其语法格式为

```
TRUNCATE  TABLE  table_name
```

4.3　索引

4.3.1　索引的概念

索引是对数据库表中的一个或多个列的值进行排序的结构，索引是依赖于表建立的，它提供

了数据库中编排表中数据的内部方法。

数据库的索引就如书籍的目录，可以快速定位所需要的章节及信息，而无须阅读整本书。索引使数据库程序无须对整个表进行扫描就可以快速查找满足条件的记录，提高数据库的查询性能。在数据库中建立索引主要有以下作用。

（1）加快数据查询。在表中创建索引后，SQL Sever 将在数据表中为其建立索引页。每个索引页中的行都含有指向数据页的指针，当进行以索引列为条件的数据查询时，将大大提高查询的速度。因此，经常作为查询条件的列应当为其建立索引。

（2）在使用 ORDER BY、GROUP BY 子句进行数据检索时，利用索引可以减少排序和分组的时间。

（3）实现表与表之间的参照完整性。

但是，并不是任何查询中都需要建立索引。索引带来的查找效率的提高是以占用部分空间为代价的，而且为了维护索引的有效性，往往表格中插入新的数据或者更新数据时，数据库还要执行额外的操作来维护索引。过多的索引不一定能提高数据库性能，所以，必须科学地设计索引，才能带来数据库整个性能的提高。

4.3.2　索引的类型

按照索引值的特点分类，可以将索引分为唯一索引和非唯一索引；按照索引结构的特点分类，可以将索引分为聚集索引和非聚集索引。

1. 唯一索引和非唯一索引

唯一索引要求所有数据行中任意两行中的被索引列或索引列组合不能存在重复值，包括不能有两个空值 NULL。因此，建立唯一索引的字段最好设置为 NOT NULL。

对于已建立了唯一索引的数据表，当向表中添加记录或修改原有记录时，系统将检查添加的记录或修改后的记录是否满足唯一性的要求，如果不满足这个条件，系统会给出信息提示操作失败。

非唯一索引是指不对索引列的值进行唯一性限制的索引。

2. 聚集索引和非聚集索引

聚集索引对表在物理数据页中的数据按列进行排序，然后再重新存储到磁盘上。因此，表中只能有一个聚集索引。聚集索引对表中的数据一一进行排序，因此用聚集索引查找数据很快，但相应地也会增加所占用的空间。实际应用中一般为定义成主键约束的列建立聚集索引。

非聚集索引不会对表进行物理排序，它具有完全独立于数据行的结构，使用非聚集索引不会影响数据表中记录的实际存储顺序。非聚集索引使用索引页存储，它比聚集索引需要较少的存储空间，但检索效率比聚集索引低。由于一个表只能创建一个聚集索引，当用户需要建立多个索引时，就需要使用非聚集索引了。在表中最多可以建立 250 个非聚集索引或者 249 个非聚集索引和 1 个聚集索引。

在创建了聚集索引的表上执行查询操作比在只创建了非聚集索引的表上执行查询速度快，但执行修改操作则比在只创建了非聚集索引的表上执行的速度慢，这是因为表数据的改变需要更多的时间来维护聚集索引。因此在以下情况下，可以考虑使用非聚集索引：

（1）含有大量唯一值的字段；

（2）返回很小的或单行结果级的检索；

（3）使用 ORDER BY 子句的查询。

4.3.3　创建、修改和删除索引

下面以给学生表 xs 创建聚集非唯一索引为例进行简要说明。

1.　利用 SQL Server 管理平台创建、修改和删除索引

（1）打开"SQL Server Management Studio"，展开服务器，打开学生成绩管理数据库 cjgl，展开表 xs，用鼠标右键单击"索引"项，在如图 4-18 所示弹出式菜单中选择"新建索引"选项，得到如图 4-19 所示对话框。选择索引类型为非聚集，单击"添加"按钮，选中需要建立索引的"姓名"字段后单击"确定"按钮，即可完成索引 xs_xm_idx 的创建。

图 4-18

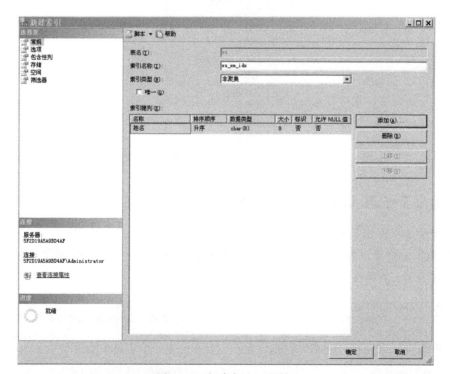

图 4-19　"新建索引"对话框

（2）修改 xs 表中已创建了的索引时，可在表设计器界面上单击鼠标右键，在如图 4-20 所示弹出式菜单中选择"索引/键"选项，得到如图 4-21 所示的对话框，单击"添加"按钮，即可添加新的索引键或直接修改现有索引键。

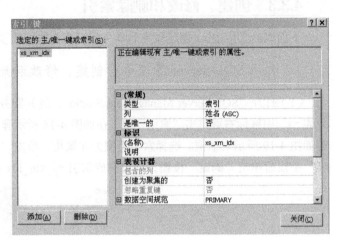

图 4-20　选择"索引/键"选项　　　　　　　　　　　图 4-21　"索引/键"对话框

（3）删除索引时，可直接使用 SQL Server Management Studio 找到需删除的索引，单击鼠标右键在弹出的菜单中选择"删除"选项即可，如图 4-22 所示。

图 4-22　选择"删除"选项

2. 使用 T-SQL 语句创建、修改和删除索引

（1）使用 T-SQL 语句创建索引

使用 SQL 命令可以为指定的表或视图按照指定的列（索引键）、升序或降序，创建唯一、聚集或非聚集索引。创建索引的语法格式为

```
CREATE  [ UNIQUE ]                              /*是否为唯一索引*/
[ CLUSTERED | NONCLUSTERED ]                    /*创建的索引是聚集索引还是非聚集索引*/
INDEX index_name                                /*索引名称*/
ON { table | view } ( column [ ASC | DESC ] [ ,...n ]   /*索引定义的依据*/
[ WITH < index_option > [ ,...n] ]              /*索引选项*/
[ ON filegroup ]                                /*指定索引文件所在的文件组*/
```

其中，

```
< index_option > ::=
  { PAD_INDEX = { ON | OFF }
  | FILLFACTOR = FillFactor                    /*填充因子*/
  | SORT_IN_TEMPDB = { ON | OFF }
  | IGNORE_DUP_KEY = { ON | OFF }
  | STATISTICS_NORECOMPUTE = { ON | OFF }
  | DROP_EXISTING = { ON | OFF }               /*指定是否删除先前存在的并且与创建索引同名的索引*/
}
```

【例 4-8】为 xs 表的姓名列创建名为 xs_xm_idx 的非聚集索引。

在查询窗口中输入并执行如下 SQL 语句：

```
CREATE NONCLUSTERED INDEX xs_xm_idx
ON XS(姓名)
```

【例 4-9】根据 cj 表的学号列和课程号列创建复合索引。

在查询窗口中输入并执行如下 SQL 语句：

```
CREATE INDEX cj_idx ON cj (学号,课程号)
```

（2）使用 T-SQL 语句重新生成或者禁用索引

用 ALTER INDEX 命令可重新生成索引或者禁用索引，其语法格式如下：

```
ALTER INDEX { index_name | ALL } ON <object>
   { REBUILD [ WITH ( <RebuildIndexOption> [ ,...n ] ) ]
   | DISABLE}
```

其中，RebuildIndexOption >同创建索引中的< index_option >。

【例 4-10】将例 4-8 中创建的索引 xs_xm_idx 重新生成。

在查询窗口中输入并执行如下 SQL 语句：

```
ALTER INDEX xs_xm_idx ON xs REBUILD
```

（3）使用 T-SQL 语句删除索引

用 DROP INDEX 命令可以删除一个或者多个当前数据库中的索引，其语法格式如下：

```
DROP INDEX  table_name.index_name | view_name.index_name
```

【例 4-11】删除 xs 表的索引 xs_xm_idx。

在查询窗口中输入并执行如下 SQL 语句：

```
DROP INDEX xs_xm_idx
```

4.4　数据完整性

数据完整性是指数据库中的数据在逻辑上的一致性和准确性，它包括实体完整性、域完整性、参照完整性。使用完整性约束目的是防止不合法的数据进入基表中。

数据库的完整性是通过数据库内容的完整性约束来实现的，用来表明数据库的存在状态是否合理。每一种数据完整性类型，都可以由不同的约束类型来保障。对于数据库的每个操作都要判定其是否符合完整性约束，只有当全部判定无矛盾时才可以执行。

管理员和开发人员可以定义完整性规则，以增强商业规则，限制数据表中的数据。使用完整性约束有以下几个好处：

（1）在数据库应用的代码中增强了商业规则；

（2）使用存储过程，完整控制对数据的访问；

（3）增强了触发存储数据库过程的商业规则。

1. 实体完整性

实体完整性又称行完整性，它要求表中的每一行必须是唯一的。可以通过主键约束、唯一约束、索引或标识属性来实现。

2. 域完整性

域完整性又称列完整性，指定对某一个列的输入是否有效，以保证数据库中的数据取值的合理性。

域完整性的实现方法有：通过定义列的数据类型来限制；通过 CHECK（检查）约束、规则、默认值和非空属性的定义来确定数据的格式及取值范围，来确保有效的数据输入列中。

可以通过企业管理器创建与删除 CHECK 约束，也可以利用 SQL 语句在创建表时创建 CHECK 约束和默认约束，其语法格式如下：

```
CREATE TABLE table_name
(column_name datatype  NOT NULL | NULL           /*指定是否空值*/
[DEFAULT constraint_expression]                   /*缺省值约束表达式*/
[[check_name ] CHECK  ( logical_expression )]     /*CHECK 约束表达式*/
[,…n])
```

对 TimeStamp 和 Identity 两种类型字段不能定义 CHECK 约束。

【例 4-12】定义表 KC 的同时定义学分的约束条件。

在查询窗口中输入并执行如下 SQL 语句：

```
USE XSCJ
CREATE TABLE KC
( 课程号 char(6) NOT NULL,
课程名 char(8) NOT NULL,
开课学期 tinyint NOT NULL DEFAULT 1
CHECK (开课学期>=1 AND 开课学期<=8) NULL,
学时 tinyint NOT NULL,
学分 tinyint CHECK (学分>=0 AND 学分<=10) NULL
)
```

3. 参照完整性

（1）参照完整性的概念

参照完整性又称引用完整性。对相关联的两个表即主表和从表（也称参照表和被参照表）进行数据插入和删除时，可以通过参照完整性保证它们之间数据的一致性。

定义表间参照关系，可先用 PRIMARY KEY 约束定义主表中的主键（不允许为空），再利用 FOREIGN KEY 定义从表的外键。被引用的列或一组列称为父键，父键必须是主键或唯一键，通常父键为主键，主键表是主表。引用父键的一列或一组列称为外键，外键表是子表。如果父键和外键属于同一个表，则称为自参照完整性。子表的外键必须与主表的主键相匹配，只要依赖某一主键的外键存在，主表中包含该主键的行就不能被删除。

例如，对于 xscj 数据库中 xs 表的每一个学号，在 cj 表中都有相关的课程成绩记录，将 xs 作为主表，学号字段定义为主键，cj 作为从表，表中的学号字段定义为外键，从而建立主表和从表之间的联系，实现了参照完整性。

如果定义了两个表之间的参照完整性，则要求：

① 从表不能引用不存在的键值。

② 如果主表中的键值更改了，那么在整个数据库中，对从表中该键值的所有引用要进行一致的更改。

③ 如果主表中没有关联的记录，则不能将记录添加到从表。

④ 如果要删除主表中的某一记录，应先删除从表中与该记录匹配的相关记录。

（2）参照完整性的实现方法

可通过 SQL 命令创建外键的方法来定义表间的参照关系。

① 创建表的同时定义外键约束。

语法格式：

```
CREATE TABLE table_name
 ( column_name datatype [FOREIGN KEY]
 REFERENCES ref_table(ref_column)
  [,…n]
 )
```

【例 4-13】在 xscj 数据库中创建主表 xs，xs.学号为主键，然后定义从表 cj，cj.学号为外键。

首先创建主表：

```
CREATE TABLE XS
( 学号 char(6) NOT NULL CONSTRAINT PK_XH PRIMARY KEY,
姓名 char(8) NOT NULL,
专业名 char(10) NULL,
性别 char(2) NOT NULL,
出生时间 date NOT NULL,
总学分 number(1) NULL,
备注 varchar2(100) NULL );
```

然后创建从表：

```
CRAETE TABLE cj
 ( 学号 char(6) NOT NULL CONSTRAINT FK_XH FOREIGN KEY
             REFERENCES XS(学号),
课程号 char(3) NOT NULL,
成绩 number(2,1)
   );
```

② 通过修改表定义外键约束。

语法格式：

```
ALTER TABLE table_name
ADD CONSTRAINT constraint_name  FOREIGN KEY( column[,…n])
 REFERENCES ref_table(ref_column[,…n])
```

【例 4-14】设 xscj 数据库中 KC 表为主表，KC.课程号字段已定义为主键。cj 表为从表，如下示例用于将 cj.课程号字段定义为外键。

在查询窗口中输入并执行如下 SQL 语句：

```
ALTER TABLE cj
ADD CONSTRAINT FK_KC FOREIGN KEY(课程号)  REFERENCES KC(课程号);
```

（3）删除表间的参照关系

利用 SQL 语句删除表间的参照关系，实际上删除从表的外键约束即可。

【例 4-15】删除上面对 cj.课程号字段定义的 FK_KC 外键约束。

```
ALTER TABLE cj
DROP CONSTRAINT FK_KC;
```

当确定使用哪种方法维护数据完整性时，需要考虑系统开销和功能。一般来说，就系统开销而言，使用约束的系统开销最低，其次为使用默认值和规则的系统，开销最高的是触发器和存储过程；而就功能而言，功能最强的是触发器和存储过程，其次为默认值和规则，最后是约束。因此，使用何种方法，要看具体情况。对于一些基本的完整性逻辑，尽量使用约束或规则，如对字段值的合法性限定等，只有在需要复杂的业务规则时，才使用触发器和存储过程。

小结

表是数据库中最重要的数据库对象，它包含数据库中所有的数据，表创建的好坏直接关系到数据库应用的成功与否。索引是对数据库表中的一个或多个列的值进行排序的结构，通过索引可以快速访问表中的记录，提高数据库的查询性能。数据完整性是指数据库中的数据正确、一致、完整。数据完整性包括实体完整性、域完整性、参照完整性。

本章通过实例详细地介绍了在 SQL Server 2008 中，如何利用 SQL Server Management Studio 的图形界面和 T-SQL 语句操作表和表中的数据。通过本章学习，读者应该掌握在 SQL Server 2008 中，如何创建、修改、查看、删除表和操作表中的数据；应了解索引的类型，掌握索引的创建；了解数据完整性的概念和类型，掌握其实现方法。

习题 4

一、选择题

1. 下面_____语句用来创建数据表。

    A. CREATE DATABASE   B. CREATE TABLE

    C. DELETE TABLE   D. ALTER TABLE

2. 删除表的命令是_____。

    A. DELETE   B. DROP   C. CLEAR   D. REMOVE

3. 在 T-SQL 语言中，修改表结构时，使用的命令是_____。

　　A. UPDATE　　　B. INSERT　　C. ALTER　　　　　D. MODIFY

4. 对表中的数据操作，有以下的_____。

　　A. 添加记录　　　B. 删除记录　　C. 读记录　　　　　D. 修改记录

5. 删除表中数据的命令是_____。

　　A. DELETE　　　B. DROP　　C. CLEAR　　　　　D. REMOVE

6. 以下关于主键的描述正确的是_____。

　　A. 标识表中唯一的实体　　　　B. 创建唯一的索引，允许空值

　　C. 只允许以表中第一字段建立　　D. 表中允许有多个主键

7. 主键约束是非空约束和_____的组合。

　　A. 检查约束　　　　　　　　　B. 唯一性约束

　　C. 空值约束　　　　　　　　　D. 默认约束

二、填空题

1. 数据库中的数据和信息都存储在_____中。

2. 在 SQL Server 2008 中，创建表的方法有_____和_____。

3. 在一个表中可以设置_____个主键，可以定义_____个唯一性约束。

4. 使用 T-SQL 语句管理表中的数据时，插入语句使用_____、修改语句使用_____、删除语句使用_____。

三、简答题

1. 列名的命名要求是什么？

2. 简要说明空值的概念及其作用。

3. 在 SQL Server 2000 企业管理器中对数据进行修改与使用 T-SQL 修改数据，两种方法相比较，哪一种功能更强大、更为灵活？

4. 试述主键约束与唯一性约束的异同点。

5. 索引有何优缺点？

6. 试说明唯一索引和非唯一索引的使用场合。

7. 试说明聚集索引和非聚集索引的使用场合。

8. 试说明数据完整性的种类及其实现方法。

实验 3　创建表和表数据操作

一、实验目的

（1）了解表的结构特点。

（2）掌握利用 SQL Server Management Studio 创建、修改、查看、删除表的操作。

（3）掌握利用 T-SQL 语句创建、修改、查看、删除表的操作。

（4）掌握利用 SQL Server Management Studio 插入、修改、查看、删除记录的操作。

（5）掌握利用 T-SQL 语句插入、修改、查看、删除记录的操作。

（6）掌握实现数据完整性的方法。

二、实验内容

在人力资源数据库 HR 中，有 7 张数据表，它们的表结构如表 4-7～表 4-13 所示，表数据参见附录。本实验要求创建这 7 张表，并输入相关数据，为后面的实验做好准备。

表 4-7　　　　　　　　　　部门表 DEPARTMENTS 的结构

列名	数据类型	长度	是否允许为空值	说明
DEPARTMENT_ID	CHAR	4	×	部门编号，主键
DEPARTMENT_NAME	VARCHAR	30	×	部门名称
MANAGER_ID	CHAR	6	√	经理编号
LOCATION_ID	CHAR	4	√	位置编号

表 4-8　　　　　　　　　　员工表 EMPLOYEES 的结构

列名	数据类型	长度	是否允许为空值	说明
EMPLOYEE_ID	CHAR	6	×	员工号，主键
FIRST_NAME	VARCHAR	20	√	姓
LAST_NAME	VARCHAR	25	×	名
EMAIL	VARCHAR	25	×	电子邮箱
PHONE_NUMBER	VARCHAR	20	√	手机号
HIRE_DATE	SMALLDATETIME		×	聘用日期
JOB_ID	VARCHAR	10	×	工作号
SALARY	DECIMAL	8，2	√	工资
COMMISION_PCT	DECIMAL	2，2	√	佣金比
MANAGER_ID	CHAR	6	√	经理编号
DEPARTMENT_ID	CHAR	4	√	部门编号

表 4-9　　　　　　　　　　工作表 JOBS 的结构

列名	数据类型	长度	是否允许为空值	说明
JOB_ID	VARCHAR	10	×	工作号，主键
JOB_TITLE	VARCHAR	35	×	工作名
MIN_SALARY	NUMBER	6	√	最低工资
MAX_SALARY	NUMBER	6	√	最高工资

表 4-10　　　　　　　　　　工作经历表 JOB_HISTORY 的结构

列名	数据类型	长度	是否允许为空值	说明
EMPLOYEE_ID	CHAR	6	×	员工号，主键
START_DATE	SMALLDATETIME		×	入职时间，主键
END_DATE	SMALLDATETIME		×	离职时间
JOB_ID	VARCHAR	10	×	工作号
DEPARTMENT_ID	CHAR	4	√	部门编号

表 4-11　　　　　　　　　　　　　　　　位置表 LOCATIONS 的结构

列名	数据类型	长度	是否允许为空值	说明
LOCATION_ID	CHAR	4	×	位置号，主键
STREET_ADDRESS	VARCHAR	40	√	街区地址
POSTAL_CODE	VARCHAR	12	√	邮编
CITY	VARCHAR	30	×	城市
STATE_PROVINCE	VARCHAR	25	√	省市
COUNTRY_ID	CHAR	2	√	国家编号

表 4-12　　　　　　　　　　　　　　　　地区表 REGIONS 的结构

列名	数据类型	长度	是否允许为空值	说明
REGION_ID	CHAR	2	×	地区编号，主键
REGION_NAME	VARCHAR	25	√	地区名

表 4-13　　　　　　　　　　　　　　　　国家表 COUNTRIES 的结构

列名	数据类型	长度	是否允许为空值	说明
COUNTRY_ID	CHAR	2	×	国家编号，主键
COUNTRY_NAME	VARCHAR	30	×	国家名
REGION_ID	CHAR	2	×	地区编号

主要业务规则和它们相互间的联系如图 4-23 所示，具体说明如下。

● 每个部门可以雇佣一个或多个雇员。每个雇员被分配到一个（且仅一个）部门。

● 每个职务必须是一个或多个雇员的职务。当前必须已为每个雇员分配了一个（且仅一个）职务。

● 当一个雇员更改了其部门或职务时，JOB_HISTORY 表中的某一条记录会记录下以前分配的开始日期和结束日期。

● JOB_HISTORY 记录由组合主键（PK），即 EMPLOYEE_ID 和 START_DATE 列标识。
实线表示必须使用的外键（FK）约束条件，虚线表示可选的 FK 约束条件。

● EMPLOYEES 表自身也有一个 FK 约束条件。

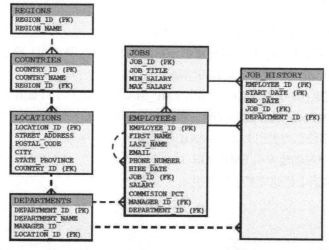

图 4-23　数据表业务规则及相互联系

三、实验步骤

（1）利用 SQL Server Management Studio 创建、修改和查看员工表 EMPLOYEES 的结构。

（2）利用 T-SQL 语句创建和修改部门表 DEPARTMENTS 的结构。

（3）利用 SQL Server Management Studio 向员工表 EMPLOYEES 中插入员工记录。

（4）利用 SQL Server Management Studio 修改、查看和删除员工表 EMPLOYEES 中的记录。
注意在对数据进行操作时 ，必须保持数据的完整性。

（5）利用 T-SQL 语句插入、修改和删除员工表 EMPLOYEES 中的记录。

（6）利用 T-SQL 语句插入、修改和删除部门表 DEPARTMENTS 中的记录。

（7）利用 T-SQL 语句删除部门表 DEPARTMENTS。

（8）依次创建完成其他表。

四、实验报告要求

（1）实验报告分为实验目的、实验内容、实验步骤、实验心得 4 个部分。

（2）把相关的语句和结果写在实验报告上。

（3）写出详细的实验心得。

实验 4　索引

一、实验目的

（1）掌握使用企业管理器创建、修改、查看、删除索引的方法。

（2）掌握利用 T-SQL 语句创建、修改、查看、删除索引的方法。

二、实验内容

根据实验 3 中的员工表 EMPLOYEES，创建并管理索引。

三、实验步骤

（1）对于员工表 EMPLOYEES，完成下列操作。

① 为员工号 EMPLOYEE_ID 字段创建唯一聚集索引 EMP_EMP_ID_PK。

② 为姓名创建非唯一非聚集索引 EMP_NAME_IX。

③ 为 MANAGER_ID 字段创建唯一索引 EMP_MANAGER_IX，并查看、修改、删除该索引。

④ 为 DEPARTMENT_ID 字段创建唯一索引 EMP_DEPARTMENT_IX。

⑤ 为 EMAIL 字段创建索引 EMP_EMAIL_UK。

⑥ 为 JOB_ID 字段创建索引 EMP_JOB_IX。

（2）依次在其他表上创建完成下列索引。

```
COUNTRY_C_ID_PK
DEPT_ID_PK
DEPT_LOCATION_IX
JHIST_DEPARTMENT_IX
JHIST_EMPLOYEE_IX
```

```
JHIST_EMP_ID_ST_DATE_PK
JHIST_JOB_IX
JOB_ID_PK
LOC_CITY_IX
LOC_COUNTRY_IX
LOC_ID_PK
LOC_STATE_PROVINCE_IX
REG_ID_PK
```

四、实验报告要求

（1）实验报告分为实验目的、实验内容、实验步骤、实验心得 4 个部分。

（2）把相关的语句和结果写在实验报告上。

（3）写出详细的实验心得。

使用数据库和表的主要目的是存储数据，以便在需要的时候进行查询、统计和输出，数据库的查询是数据库应用中最核心和最常用的操作。在 SQL Server 2008 中，对数据库的查询使用 SELECT 语句，该语句是 T-SQL 的核心，具有十分强大的功能且使用灵活。本章介绍利用 SELECT 语句对数据库进行各种查询的方法。

SELECT 语句既可以完成简单的单表查询，也可以完成复杂的连接查询和子查询。SELECT 语句比较复杂，下面先给出它的完整的语法格式：

```
SELECT [ ALL | DISTINCT ]
  [TOP expression [PERCENT] [WITH TIES ]]
  < select list >
  [ INTO new table ]
  [ FROM { <table source> } [ ,...n ] ]
  [ WHERE <search condition> ]
  [ GROUP BY [ ALL ] group by expression [ ,...n ]
  [ WITH { CUBE | ROLLUP } ]
  [ HAVING < search condition > ]
  [ORDER BY order expression [ASC|DESC]]
  [ COMPUTE  {{AVG|COUNT|MAX|MIN|SUM} (expression)} [ ,...n ]
  [ BY expression [ ,...n ] ]
```

参数说明如下。

SELECT 子句：用于指定要选择的列或行及其限定，它可以是星号（ * ）、列表、变量、表达式等。

INTO 子句：用于指定结果存入的新表的名称。

FROM 子句：用于指定要查询的表或者视图，最多可以指定 16 个表或者视图，用逗号相互隔开。

WHERE 子句：用于指定查询的范围和条件。可以用来控制结果集中的记录构成。

GROUP BY 子句：用于指定分组表达式。

HAVING 子句：用于指定分组统计条件。GROUP BY 子句、HAVING 子句和集合函数一起可以实现对每个组生成一行和一个汇总值。

ORDER BY 子句：用于指定排序表达式和顺序，即可以根据一个或多个列来排序查询结果，在该子句中，既可以使用列名，也可以使用相对列号。ASC 表示升序排列，DESC 表示降序排列。

COMPUTE 子句：用于使用聚合函数在查询的结果集中生成汇总行。

COMPUTE BY 子句：用于增加各列汇总行。

5.1　单表查询

所谓单表查询是指仅涉及一个表的查询。

5.1.1　选择列

最基本的 SELECT 语句仅有要返回的列和这些列源于的表，这种不使用 WHERE 子句的查询称为无条件查询，也称作投影查询。

通过 SELECT 语句的<select_list>项可以组成结果表的列：

```
<select list>::=
SELECT [ ALL | DISTINCT ] [ TOP n [ PERCENT ] [ WITH TIES ]
  {
    | { table name | view name | table alias }            /*选择当前表或视图的所有列*/
    | { colume name | expression | IDENTITYCOL | ROWGUIDCOL }   /*选择指定的表或视图的所有列*/
    | [ [ AS ] column alias ]                              /*选择指定的列*/
    | column alias = expression                           /*选择指定列并更改列标题*/
  } [ ,…n ]
```

1. 查询表中所有的列

使用 SELECT 语句查询表中所有的列时，不必逐一列出列名，可用"*"代替所有列名。

【例 5-1】在学生成绩管理数据库 cjgl 中，查询学生表 xs 中每位同学的情况。

打开"SQL Server Management Studio"，在查询窗口中输入如下 T-SQL 语句：

```
USE cjgl
SELECT * FROM xs
```

单击"执行"按钮，结果如图 5-1 所示。

图 5-1　例 5-1 运行结果

2. 查询表中指定的列

许多情况下，用户只对表中的部分列感兴趣，查询时，可以使用 SELECT 语句查询表中指定的列，各列名之间要以英文逗号分隔，列的显示顺序可以改变。

为了方便阅读，可以在显示查询结果中的列名或者经过计算的列时使用自定义的列标题，即在列名之后使用 AS 子句来更改查询结果的列标题的名字。但应注意的是，若自定义的列标题中含有空格，则必须使用引号将标题括起来。

【例 5-2】在学生成绩管理数据库 cjgl 中，查询学生表 xs 中每位同学的姓名、学号和专业名。

打开"SQL Server Management Studio"，在查询窗口中输入如下 T-SQL 语句：

```
USE cjgl
SELECT 姓名, 学号,专业名 AS 专业  FROM  xs
```

单击"执行"按钮，结果如图 5-2 所示。

3. 查询经过计算的列

SELECT 子句中的字段列表可以是表达式，如例 5-3 中用到了日期函数 year（），从而可以输出对列值计算后的值。

【例 5-3】在学生成绩管理数据库 cjgl 中，查询学生表 xs 中每位同学的学号、姓名和年龄。

打开"SQL Server Management Studio"，在查询窗口中输入如下 T-SQL 语句：

	姓名	学号	专业
1	王金华	001101	软件技术
2	程周杰	001102	软件技术
3	王元	001103	软件技术
4	严蔚敏	001104	软件技术
5	李伟	001106	软件技术
6	李明	001108	软件技术
7	张飞	001109	软件技术
8	张晓晖	001110	软件技术
9	胡恒	001111	软件技术
10	马可	001113	软件技术
11	王穆祥	001201	网络技术
12	李长江	001210	网络技术
13	孙祥	001216	网络技术
14	廖成	001218	网络技术
15	吴莉丽	001220	网络技术
16	刘敏	001221	网络技术

图 5-2　例 5-2 运行结果

```
USE cjgl
SELECT 学号, 姓名,2012-year(出生时间) AS 年龄 FROM  xs
```

单击"执行"按钮，结果如图 5-3 所示。

	学号	姓名	年龄
1	001101	王金华	22
2	001102	程周杰	21
3	001103	王元	23
4	001104	严蔚敏	22
5	001106	李伟	22
6	001108	李明	22
7	001109	张飞	24
8	001110	张晓晖	22
9	001111	胡恒	22
10	001113	马可	23
11	001201	王穆祥	24
12	001210	李长江	23
13	001216	孙祥	24
14	001218	廖成	22
15	001220	吴莉丽	23
16	001221	刘敏	32

图 5-3　例 5-3 运行结果

4. 消除重复行

只选择表的某些列时，可能会出现重复行的情况，保留字 DISTINCT 可用于消除查询结果中以某列为依据的重复行，以保证行的唯一性。如例 5-4 成绩表中相同学号的记录可能有多行，要查询选修了课程的学生的学号，则只需要保留一条选课记录。

【例 5-4】在学生成绩管理数据库 cjgl 中，查询选修了课程的学生的学号。

打开"SQL Server Management Studio"，在查询窗口中输入如下 T-SQL 语句：

```
USE cjgl
SELECT DISTINCT 学号 FROM  cj
```

单击"执行"按钮，结果如图 5-4 所示。

5. 限制返回行数

保留字 TOP 可用于限制返回查询结果的行数，TOP N（$N>0$）表示返回查询结果集的前 N 行，若带"PERCENT"表示返回查询结果集合的前 n%行。

【例 5-5】在学生成绩管理数据库 cjgl 中，查询选修了课程的前 6 位学生的学号。

打开"SQL Server Management Studio"，在查询窗口中输入如下 T-SQL 语句：

```
USE cjgl
SELECT  TOP  6 学号 FROM  cj
```

单击"执行"按钮，结果如图 5-5 所示。

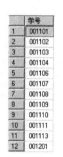

图 5-4　例 5-4 运行结果　　　　图 5-5　例 5-5 运行结果

5.1.2　选择行

当要在表中查找出满足某些条件的行时，需要使用 WHERE 子句指定查询条件，这种查询称为选择查询，其语法格式如下：

```
WHERE  <search_condition>
其中,<search_condition>::=
    { [ NOT ] <precdicate> | (<search_condition> ) }
    [ { AND | OR } [ NOT ] { <predicate> | (<search_condition>) } ]
    } [ ,…n ]
```

predicate 为判定运算，包括比较运算、范围比较、确定集合、模式匹配、空值判断、包含式查询、自由式查询和子查询，运算结果为 True、False 或 Unknown。

1. 表达式比较

比较运算符用于比较两个表达式值。比较运算的语法格式如下：

```
expression { = | < | <= | > | >= | <> | != | !< | !> } expression
```

其中，expression 是除 text、ntext 和 image 类型外的表达式。

【例 5-6】在学生成绩管理数据库 cjgl 中，查询软件技术专业的学生的情况。

打开"SQL Server Management Studio"，在查询窗口中输入如下 T-SQL 语句：

```
USE cjgl
SELECT  *  FROM  xs  WHERE 专业名='软件技术'
```

单击"执行"按钮，结果如图 5-6 所示。

当 WHERE 子句需要指定一个以上的查询条件时，则需要使用逻辑运算符 AND、OR 和 NOT 将其连结成复合的逻辑表达式。其优先级由高到低为 NOT、AND、OR，用户可以使用括号改变优先级。

【例 5-7】在学生成绩管理数据库 cjgl 中，查询软件技术专业的男同学的情况。

打开"SQL Server Management Studio"，在查询窗口中输入如下 T-SQL 语句：

```
USE cjgl
SELECT * FROM xs WHERE 专业名='软件技术' AND 性别=1
```

单击"执行"按钮，结果如图 5-7 所示。

	学号	姓名	专业名	性别	出生时间	总学分	备注
1	001101	王金华	软件技术	1	1990-02-10 00:00:00	50	NULL
2	001102	程周杰	软件技术	1	1991-02-01 00:00:00	50	NULL
3	001103	王元	软件技术	0	1989-10-06 00:00:00	50	NULL
4	001104	严蔚敏	软件技术	1	1990-08-26 00:00:00	50	NULL
5	001106	李伟	软件技术	1	1990-11-20 00:00:00	50	NULL
6	001108	李明	软件技术	1	1990-05-01 00:00:00	50	NULL
7	001109	张飞	软件技术	1	1988-08-11 00:00:00	50	NULL
8	001111	张晓晖	软件技术	0	1991-07-22 00:00:00	50	三好学生
9	001111	胡恒	软件技术	0	1990-03-18 00:00:00	50	NULL
10	001113	马可	软件技术	0	1989-08-11 00:00:00	48	有一门功课不及格

图 5-6　例 5-6 运行结果

	学号	姓名	专业名	性别	出生时间	总学分	备注
1	001101	王金华	软件技术	1	1990-02-10 00:00:00	50	NULL
2	001102	程周杰	软件技术	1	1991-02-01 00:00:00	50	NULL
3	001104	严蔚敏	软件技术	1	1990-08-26 00:00:00	50	NULL
4	001106	李伟	软件技术	1	1990-11-20 00:00:00	50	NULL
5	001108	李明	软件技术	1	1990-05-01 00:00:00	50	NULL
6	001109	张飞	软件技术	1	1988-08-11 00:00:00	50	NULL

图 5-7　例 5-7 运行结果

2. 范围比较

当要查询的条件是某个值的范围时，可以使用关键字 BETWEEN。BETWEEN 运算符用于检查某个值是否在两个值之间（包括等于两端的值），其语法格式为

```
expression [ NOT ] BETWEEN expression1 AND expression2
```

expression1 的值不能大于 expression2 的值。

【例 5-8】在学生成绩管理数据库 cjgl 中，查询 1990 年出生的学生情况。

打开"SQL Server Management Studio"，在查询窗口中输入如下 T-SQL 语句：

```
USE cjgl
SELECT * FROM xs
WHERE 出生时间 BETWEEN '1990-1-1' AND '1990-12-31'
```

单击"执行"按钮，结果如图 5-8 所示。

3. 确定集合

IN 运算符用来查询属性值属于指定集合的元组，主要用于表达子查询，其语法格式为

	学号	姓名	专业名	性别	出生时间	总学分	备注
1	001101	王金华	软件技术	1	1990-02-10 00:00:00	50	NULL
2	001104	严蔚敏	软件技术	1	1990-08-26 00:00:00	50	NULL
3	001106	李伟	软件技术	1	1990-11-20 00:00:00	50	NULL
4	001108	李明	软件技术	1	1990-05-01 00:00:00	50	NULL
5	001111	胡恒	软件技术	0	1990-03-18 00:00:00	50	NULL
6	001218	廖成	网络技术	1	1990-10-09 00:00:00	42	NULL

图 5-8　例 5-8 运行结果

```
expression [NOT] IN ( subquery | expression [,…n] )
```

【例 5-9】在学生成绩管理数据库 cjgl 中，查找选了课程号为"101"或"102"的同学。

打开"SQL Server Management Studio"，在查询窗口中输入如下 T-SQL 语句：

```
USE cjgl
SELECT 学号,课程号 FROM cj
WHERE 课程号 IN ('101','102')
```

由此例可以看出，IN 运算符实际上是多个 OR 运算符的缩写。

4. 模式匹配

当不知道完全精确的值时，可以使用 LIKE 进行部分匹配查询（也称模糊查询）。LIKE 谓词用于指出一个字符串是否与指定的字符串相匹配，其运算对象可以是 char、varchar、text、ntext、datetime 和 smalldatetime 类型的数据，返回逻辑值 True 或 False。LIKE 运算符的一般格式为

```
string_expression [ NOT ] LIKE string_expression [ ESCAPE escape_character ]
```

字符串常量可以包含如表 5-1 所示的通配符。

表 5-1   SQL Server 的通配符

通 配 符	说 明
_	表示任意单个字符
%	表示任意长度的字符串
[ ]	与特定范围（如［a-f］）或特定集（如［abcdef］）中的任意单字符匹配
[^]	与特定范围（如［^a-f］）或特定集（如［^abcdef]）之外的任意单字符匹配

若要匹配用作通配符的字符，可用关键字 ESCAPE，ESCAPE escape_character 表示将字符 escape_character 作为实际的字符对待。

【例 5-10】在学生成绩管理数据库 cjgl 中，查找所有王姓同学的学号和姓名；查询姓名中第 2 个汉字是"长"的同学的学号和姓名。

打开"SQL Server Management Studio"，在查询窗口中输入如下 T-SQL 语句：

```
USE cjgl
SELECT 学号, 姓名 FROM  xs  WHERE 姓名 LIKE '王%'
SELECT 学号, 姓名 FROM  xs  WHERE  姓名 LIKE '_长%'
```

单击"执行"按钮，结果如图 5-9 所示。

5. 空值判断

当需要判定一个表达式的值是否为空值时，使用 IS NULL 关键字，其语法格式为

图 5-9 例 5-10 运行结果

```
expression IS [ NOT ] NULL
```

【例 5-11】在学生成绩管理数据库 cjgl 中，查询没有考试成绩的学生的学号和相应的课程号。

打开"SQL Server Management Studio"，在查询窗口中输入如下 T-SQL 语句：

```
USE cjgl
SELECT 学号, 课程号 FROM  cj
WHERE 成绩 IS  NULL
```

这里的空值条件不能写成"成绩=NULL"。

103

5.1.3 对查询结果进行排序

使用 ORDER BY 子句可以对查询结果进行排序。ORDER BY 子句包括了一个或多个用于指定排序顺序的列名，多个列名间以逗号分隔，查询结果将先按指定的第一列进行排序，然后再按指定的下一列进行排序。排序方式可以指定为降序 DESC 或升序 ASC，缺省为升序。

ORDER BY 子句必须出现在其他子句之后。

【例 5-12】在学生成绩管理数据库 cjgl 中，将软件技术专业的学生按出生时间降序排序。

打开"SQL Server Management Studio"，在查询窗口中输入如下 T-SQL 语句：

```
USE cjgl
SELECT * FROM xs
WHERE 专业名 = '软件技术'
ORDER BY 出生时间 DESC
```

单击"执行"按钮，结果如图 5-10 所示。

	学号	姓名	专业名	性别	出生时间	总学分	备注
1	001110	张晓晖	软件技术	0	1991-07-22 00:00:00	50	三好学生
2	001102	程周杰	软件技术	1	1991-02-01 00:00:00	50	NULL
3	001106	李伟	软件技术	1	1990-11-20 00:00:00	50	NULL
4	001104	严蔚敏	软件技术	1	1990-08-26 00:00:00	50	NULL
5	001108	李明	软件技术	1	1990-05-01 00:00:00	50	NULL
6	001111	胡恒	软件技术	0	1990-03-18 00:00:00	50	NULL
7	001101	王金华	软件技术	1	1990-02-10 00:00:00	50	NULL
8	001103	王元	软件技术	0	1989-10-06 00:00:00	50	NULL
9	001113	马可	软件技术	1	1989-08-11 00:00:00	48	有一门功课不及格
10	001109	张飞	软件技术	1	1988-08-11 00:00:00	50	NULL

图 5-10 例 5-12 运行结果

5.1.4 分组统计查询

在 SELECT 语句中，可以利用聚合函数、GROUP BY 子句和 COMPUTE 子句对查询结果进行分组统计。

1. 聚合函数

聚合函数主要用于对数据集合进行统计，返回单个计算结果，如求总和、平均值、最大值、最小值、行数，一般用于 SELECT 子句、HAVING 子句和 ORDER BY 子句中。

SQL Server 所提供的聚合函数如表 5-2 所示。

表 5-2 聚合函数表

函 数 名	说 明
AVG	求组中值的平均值
BINARY_CHECKSUM	返回对表中的行或表达式列表计算的二进制校验值，可用于检测表中行的更改
CHECKSUM	返回在表的行上或在表达式列表上计算的校验值，用于生成哈希索引
CHECKSUM_AGG	返回组中值的校验值
COUNT	求组中项数，返回 int 类型整数

续表

函 数 名	说 明
COUNT_BIG	求组中项数,返回 bigint 类型整数
GROUPING	产生一个附加的列
MAX	求最大值
MIN	求最小值
SUM	返回表达式中所有值的和
STDEV	返回给定表达式中所有值的统计标准偏差
STDEVP	返回给定表达式中所有值的填充统计标准偏差
VAR	返回给定表达式中所有值的统计方差
VARP	返回给定表达式中所有值的填充的统计方差

下面介绍几个常用的聚合函数。

(1) SUM 和 AVG

SUM 和 AVG 分别用于求表达式中所有值项的总和与平均值,忽略空值。其语法格式为

```
SUM/AVG([ALL|DISTINCT]expression)
```

【例 5-13】在学生成绩管理数据库 cjgl 中,查询学号为 "001101" 的学生的总分和平均分。

打开 "SQL Server Management Studio",在查询窗口中输入如下 T-SQL 语句:

```
USE cjgl
SELECT  SUM(成绩) AS 总分, AVG(成绩) AS 平均分
FROM cj
WHERE 学号= '001101'
```

单击 "执行" 按钮,结果如图 5-11 所示。

(2) MAX 和 MIN

MAX 和 MIN 分别用于求表达式中所有值项的最大值与最小值,忽略空值。其语法格式为

	总分	平均分
1	234	78

图 5-11 例 5-13 运行结果

```
MAX/MIN([ALL|DISTINCT]expression)
```

【例 5-14】在学生成绩管理数据库 cjgl 中,查询选修 206 课程的学生的最高分和最低分。

打开 "SQL Server Management Studio",在查询窗口中输入如下 T-SQL 语句:

```
USE cjgl
SELECT MAX(成绩) AS 最高分 , MIN(成绩) AS 最低分
FROM cj
WHERE 课程号= '206'
```

	最高分	最低分
1	87	60

图 5-12 例 5-14 运行结果

单击 "执行" 按钮,结果如图 5-12 所示。

(3) COUNT

COUNT 用于统计组中满足条件的行数或总行数,COUNT 函数对空值不计算,但对零进行计算。其语法格式为

```
COUNT({[ALL|DISTINCT]expression}|*)
```

【例 5-15】在学生成绩管理数据库 cjgl 中,查询学生的总人数。

打开 "SQL Server Management Studio",在查询窗口中输入如下 T-SQL 语句:

```
USE cjgl
SELECT  COUNT(*) AS  学生总数
FROM xs
```

单击"执行"按钮，结果如图 5-13 所示。

	学生总数
1	16

图 5-13　例 5-15 运行结果

2. GROUP BY 子句

GROUP BY 子句可以将查询结果按列或列的组合在行的方向上
进行分组或分组统计，如对各个分组求总和、平均值、最大值、最小值、行数，每组在列或列组
合上具有相同的聚合值。GROUP BY 子句的语法格式为

```
[ GROUP BY [ ALL ] group by expression [,…n]

        [ WITH { CUBE | ROLLUP } ] ]
```

如果聚合函数没有使用 GROUP BY 子句，则只为 SELECT 语句报告一个聚合值。

> 使用 Group By 子句后，SELECT 子句的列表中只能包含在聚合函数中指定的列
> 或在 Group By 子句中指定的列。

【例 5-16】在学生成绩管理数据库 cjgl 中，查询各专业的学生人数；查询每位学生的学号及
其选课的门数。

打开"SQL Server Management Studio"，在查询窗口中输入如下 T-SQL 语句：

```
USE cjgl
SELECT 专业名, COUNT(*)  AS 学生人数
FROM XS
GROUP BY 专业名
SELECT 学号, COUNT(*)  AS  选课门数
FROM cj
GROUP BY 学号
```

	专业名	学生人数
1	软件技术	10
2	网络技术	6

	学号	选课门数
1	001101	3
2	001102	2
3	001103	3
4	001104	3
5	001106	3
6	001107	3
7	001108	3
8	001109	3
9	001110	2
10	001111	1
11	001113	3
12	001201	2

图 5-14　例 5-16 运行结果

单击"执行"按钮，结果如图 5-14 所示。

在本例中，GROUP BY 子句按"学号"的值分组，所有具有相同
学号的记录为一组，对每一组使用函数 COUNT 进行计算，统计出各
位学生选课的门数。

3. HAVING 子句

使用 GROUP BY 子句和聚合函数对数据进行分组后，还可以使
用 HAVING 子句对分组数据集合进行再筛选。注意：HAVING 子句须
与 GROUP BY 联用，不能单独使用。

【例 5-17】在学生成绩管理数据库 cjgl 中，查询平均成绩大于 85
分的学生学号及平均成绩。

打开"SQL Server Management Studio"，在查询窗口中输入如下 T-SQL 语句：

```
USE cjgl

SELECT 学号, AVG(成绩) AS 平均成绩

FROM cj
```

```
GROUP   BY   学号

HAVING   AVG(成绩)>80
```

单击"执行"按钮,结果如图 5-15 所示。

在包含 GROUP BY 子句的查询中,有时需要同时使用 WHERE
子句和HAVING子句,此时,应注意WHERE、GROUP BY 及 HAVING3
个子句的执行顺序及含义。首先,用 WHERE 子句筛选 FROM 指定的数据,将不符合 WHERE
子句中的条件的行消除;然后,用 GROUP BY 子句对 WHERE 子句的结果分组;最后,HAVING
子句对 GROUP BY 分组的结果再进行筛选。

	学号	平均成绩
1	001110	95
2	001201	85

图 5-15 例 5-17 运行结果

【例 5-18】在学生成绩管理数据库 cjgl 中,查询选课在 3 门以上且各门课程均及格的学生的
学号及其总分。

打开"SQL Server Management Studio",在查询窗口中输入如下 T-SQL 语句:

```
USE cjgl

SELECT  学号, SUM(成绩) AS  总分

FROM  cj

WHERE  成绩>=60

GROUP  BY  学号

HAVING   COUNT(*)>=3
```

	学号	总分
1	001101	234
2	001103	213
3	001104	239
4	001106	216
5	001107	226
6	001108	236
7	001109	219
8	001113	202

单击"执行"按钮,结果如图 5-16 所示。

4. COMPUTE 子句

COMPUTE 子句用于分类汇总,它将产生附加的汇总行。其语法

图 5-16 例 5-18 运行结果　格式为

```
[ COMPUTE { 聚合函数名(expression)} [,…n][BY expression[,…n]]]
```

其中,聚合函数的参数 expression 是列名。

【例 5-19】在学生成绩管理数据库 cjgl 中,查找软件技术专业学生的学号、姓名,并产生一
个学生总人数行。

打开"SQL Server Management Studio",在查询窗口中输入如下 T-SQL 语句:

```
USE cjgl
SELECT  学号,姓名
FROM  xs
WHERE 专业名 = '软件技术'
COMPUTE  COUNT(学号)
```

单击"执行"按钮,结果如图 5-17 所示。

5.1.5 用查询结果生成新表

使用 INTO 子句可以将 SELECT 查询所得的结果保存到一个新建
的表中。INTO 子句的语法格式为

	学号	姓名
1	001101	王金华
2	001102	程周杰
3	001103	王元
4	001104	严朗敏
5	001106	李伟
6	001108	李明
7	001109	张飞
8	001110	张晓晖
9	001111	胡恒
10	001113	马可

	cnl
1	10

```
[ INTO  new_table ]
```

图 5-17 例 5-19 运行结果

107

其中，new_table 是要创建的新表名。

【例 5-20】在学生成绩管理数据库 cjgl 中，由学生表 xs 创建软件技术专业学生表 rjxs，包括学号、姓名和性别。

打开"SQL Server Management Studio"，在查询窗口中输入如下 T-SQL 语句：

```
USE cjgl
SELECT 学号, 姓名, 性别
INTO rjxs FROM xs
WHERE 专业名= '软件技术'
```

单击"执行"按钮，结果如图 5-18 所示。

图 5-18　例 5-20 运行结果

5.1.6　合并结果表

两个或多个 SELECT 查询的结果可以合并到一个表中，并且不需要对这些行进行任何修改，但要求所有查询中的列数和列的顺序必须相同、数据类型必须兼容，这种操作我们称为联合查询，联合查询常用于归档数据。联合查询运算符为 UNION，其语法格式为

```
{ <query specification> | (<query expression> ) }
UNION [ ALL ] <query specification> | (<query expression> ) [···n] ]
```

其中，query specification 和 query expression 都是 SELECT 查询语句。

【例 5-21】在学生成绩管理数据库 cjgl 中，新建两个表软件技术专业学生表 rjxs、网络技术专业学生表 wlxs，分别存储两个专业的学生情况，表结构与学生表 xs 相同，将这两个表的数据合并到学生表 xs 中。

打开"SQL Server Management Studio"，在查询窗口中输入如下 T-SQL 语句：

```
USE cjgl
SELECT *   FROM xs
UNION ALL
SELECT *
  FROM rjxs
UNION ALL
SELECT *
  FROM wlxs
```

可以看到查询结果中出现了重复的行。不使用关键字 ALL，则不会出现重复行。

5.2　连接查询

前面的查询都是针对一个表进行的。当查询同时涉及两个以上的表时，则称为连接查询。连接查询中用来连接两个表的条件叫做连接条件或连接谓词，其一般格式为

```
[<表名1>.] <列名1> <比较运算符> [<表名2>.] <列名2>
```

其中，比较运算符主要有：=、>、<、> =、< =、! =。连接条件中的列名称为连接字段。

连接查询的目的就是通过加在连接字段的条件将多个表连接起来，以便从多个表中查询数据。连接查询是关系数据库中最主要的查询，包括等值连接查询、自然连接查询、非等值连接查询、自身连接查询、外连接查询和复合连接条件查询。

5.2.1　等值与非等值连接查询

1. 交叉连接查询

连接运算有两种特殊的情况，一种是广义笛卡尔积（也称为交叉连接），另一种是自然连接。

交叉连接实际上是将两个表进行笛卡尔积运算，结果表是由第 1 个表的每行与第 2 个表的每一行拼接后形成的表，因此，结果表的行数等于两个表行数之积。这种运算往往产生一些没有意义的元组，一般很少用。其一般格式为

```
SELECT 列名 FROM 表名1 CROSS JOIN 表名2
```

交叉连接不能有条件，不能带 WHERE 子句。

【例 5-22】在学生成绩管理数据库 cjgl 中，列出学生所有可能的选课情况。
其语法格式如下：

```
SELECT 学号，姓名，课程号，课程名
FROM xs CROSS JOIN kc
```

2. 等值与非等值连接查询

当连接运算符为"＝"时，连接运算称为等值连接，其他情况称为非等值连接。
【例 5-23】在学生成绩管理数据库 cjgl 中，查找每个学生的情况以及选修的课程情况。
打开"SQL Server Management Studio"，在查询窗口中输入如下 T-SQL 语句：

```
USE cjgl
SELECT xs.*, cj.*
FROM xs, cj
WHERE xs.学号= cj.学号
```

单击"执行"按钮，结果如图 5-19 所示。

	学号	姓名	专业名	性别	出生时间	总学分	备注	学号	课程号	成绩
1	001101	王金华	软件技术	1	1990-02-10 00:00:00	50	NULL	001101	101	80
2	001101	王金华	软件技术	1	1990-02-10 00:00:00	50	NULL	001101	102	78
3	001101	王金华	软件技术	1	1990-02-10 00:00:00	50	NULL	001101	206	76
4	001102	程周杰	软件技术	1	1991-02-01 00:00:00	50	NULL	001102	102	78
5	001102	程周杰	软件技术	1	1991-02-01 00:00:00	50	NULL	001102	206	78
6	001103	王元	软件技术	0	1989-10-06 00:00:00	50	NULL	001103	101	62
7	001103	王元	软件技术	0	1989-10-06 00:00:00	50	NULL	001103	102	70
8	001103	王元	软件技术	0	1989-10-06 00:00:00	50	NULL	001103	206	81
9	001104	严蔚敏	软件技术	1	1990-08-26 00:00:00	50	NULL	001104	101	90
10	001104	严蔚敏	软件技术	1	1990-08-26 00:00:00	50	NULL	001104	102	84
11	001104	严蔚敏	软件技术	1	1990-08-26 00:00:00	50	NULL	001104	206	65
12	001106	李伟	软件技术	1	1990-11-20 00:00:00	50	NULL	001106	101	65
13	001106	李伟	软件技术	1	1990-11-20 00:00:00	50	NULL	001106	102	71
14	001106	李伟	软件技术	1	1990-11-20 00:00:00	50	NULL	001106	206	80
15	001108	李明	软件技术	1	1990-05-01 00:00:00	50	NULL	001108	101	85
16	001108	李明	软件技术	1	1990-05-01 00:00:00	50	NULL	001108	102	64
17	001108	李明	软件技术	1	1990-05-01 00:00:00	50	NULL	001108	206	87
18	001109	张飞	软件技术	1	1988-08-11 00:00:00	50	NULL	001109	101	66
19	001109	张飞	软件技术	1	1988-08-11 00:00:00	50	NULL	001109	102	83
20	001109	张飞	软件技术	1	1988-08-11 00:00:00	50	NULL	001109	206	70
21	001110	张晓晖	软件技术	0	1991-07-22 00:00:00	50	三...	001110	101	95
22	001110	张晓晖	软件技术	0	1991-07-22 00:00:00	50	三...	001110	102	95
23	001111	胡恒	软件技术	0	1990-03-18 00:00:00	50	NULL	001111	206	76
24	001113	马可	软件技术	0	1989-08-11 00:00:00	48	有...	001113	101	63
25	001113	马可	软件技术	0	1989-08-11 00:00:00	48	有...	001113	102	79
26	001113	马可	软件技术	0	1989-08-11 00:00:00	48	有...	001113	206	60

图 5-19 例 5-23 运行结果

3. 自然连接查询

若在等值连接中把目标列中重复的属性去掉，则为自然连接。

【例 5-24】在学生成绩管理数据库 cjgl 中，查找每个学生的情况以及选修的课程情况。

打开 "SQL Server Management Studio"，在查询窗口中输入如下 T-SQL 语句：

```
USE cjgl
SELECT xs.*, cj.课程号, cj.成绩
FROM xs, cj
WHERE xs.学号 = cj.学号
```

单击 "执行" 按钮，结果如图 5-20 所示。

	学号	姓名	专业名	性别	出生时间	总学分	备注	课程号	成绩
1	001101	王金华	软件技术	1	1990-02-10 00:00:00	50	NULL	101	80
2	001101	王金华	软件技术	1	1990-02-10 00:00:00	50	NULL	102	78
3	001101	王金华	软件技术	1	1990-02-10 00:00:00	50	NULL	206	76
4	001102	程周杰	软件技术	1	1991-02-01 00:00:00	50	NULL	102	78
5	001102	程周杰	软件技术	1	1991-02-01 00:00:00	50	NULL	206	79
6	001103	王元	软件技术	0	1989-10-06 00:00:00	50	NULL	101	62
7	001103	王元	软件技术	0	1989-10-06 00:00:00	50	NULL	102	70
8	001103	王元	软件技术	0	1989-10-06 00:00:00	50	NULL	206	81
9	001104	严蔚敏	软件技术	1	1990-08-26 00:00:00	50	NULL	101	90
10	001104	严蔚敏	软件技术	1	1990-08-26 00:00:00	50	NULL	102	84
11	001104	严蔚敏	软件技术	1	1990-08-26 00:00:00	50	NULL	206	65
12	001106	李伟	软件技术	1	1990-11-20 00:00:00	50	NULL	101	65
13	001106	李伟	软件技术	1	1990-11-20 00:00:00	50	NULL	102	71
14	001106	李伟	软件技术	1	1990-11-20 00:00:00	50	NULL	206	80
15	001108	李明	软件技术	1	1990-05-01 00:00:00	50	NULL	101	85
16	001108	李明	软件技术	1	1990-05-01 00:00:00	50	NULL	102	64
17	001108	李明	软件技术	1	1990-05-01 00:00:00	50	NULL	206	87
18	001109	张飞	软件技术	1	1988-08-11 00:00:00	50	NULL	101	66
19	001109	张飞	软件技术	1	1988-08-11 00:00:00	50	NULL	102	83
20	001109	张飞	软件技术	1	1988-08-11 00:00:00	50	NULL	206	70
21	001110	张晓晖	软件技术	1	1991-07-22 00:00:00	50	三...	101	95
22	001110	张晓晖	软件技术	1	1991-07-22 00:00:00	50	三...	102	95
23	001111	胡恒	软件技术	0	1990-03-18 00:00:00	50	NULL	206	76
24	001113	马可	软件技术	0	1989-08-11 00:00:00	48	有...	101	63
25	001113	马可	软件技术	0	1989-08-11 00:00:00	48	有...	102	95
26	001113	马可	软件技术	0	1989-08-11 00:00:00	48	有...	206	60

查询已成功执行。　5F2D19A5A9BD4AF (10.0 RTM)　5F2D19A5A9BD4AF\Admini...　cjgl　00:00:00　28 行

图 5-20　例 5-24 运行结果

【例 5-25】在学生成绩管理数据库 cjgl 中，查询学生王元所选修的课程。

打开 "SQL Server Management Studio"，在查询窗口中输入如下 T-SQL 语句：

```
USE cjgl
SELECT xs.学号, 姓名, 课程号
FROM xs, cj
WHERE  xs.学号 = cj.学号  AND  姓名 = '王元'
```

单击 "执行" 按钮，结果如图 5-21 所示。

【例 5-26】在学生成绩管理数据库 cjgl 中，查找选修了 "C 程序设计" 课程且成绩在 80 分以上的学生学号、姓名、课程名及成绩。

打开 "SQL Server Management Studio"，在查询窗口中输入如下 T-SQL 语句：

```
USE cjgl
SELECT xs. 学号, 姓名, 课程名, 成绩
FROM xs, cj, kc
WHERE  xs.学号 = cj.学号 AND  kc.课程号 = cj.课程号  AND  课程名= 'C 程序设计'  AND  成绩 >=80
```

单击 "执行" 按钮，结果如图 5-22 所示。

	学号	姓名	课程号
1	001103	王元	101
2	001103	王元	102
3	001103	王元	206

图 5-21　例 5-25 运行结果

	学号	姓名	课程名	成绩
1	001104	严蔚敏	C程序设计	84
2	001109	张飞	C程序设计	83
3	001110	张晓晖	C程序设计	95
4	001201	王穆祥	C程序设计	90

图 5-22　例 5-26 运行结果

5.2.2　自身连接查询

连接操作不仅可以在两个表之间进行，也可以是一个表与其自身进行连接，此连接称为表的自身连接。

> 使用自身连接时，必须为表取两个别名。

【例 5-27】在学生成绩管理数据库 cjgl 中，查找选修了两门以上课程的学生学号和课程号。

打开"SQL Server Management Studio"，在查询窗口中输入如下 T-SQL 语句：

```
USE cjgl
SELECT  A.学号，A.课程号
FROM  cj AS A JOIN cj AS B
      ON  A.学号= B.学号  AND  A.课程号=B.课程号
```

单击"执行"按钮，结果如图 5-23 所示。

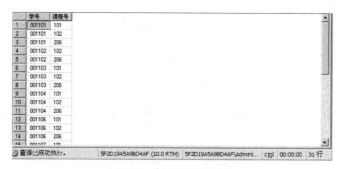

图 5-23　例 5-27 运行结果

5.2.3　外连接查询

在通常的连接操作中，只有满足连接条件的元组才能作为结果输出。但有时也需要使一个或两个表中的不满足连接条件的记录也出现在结果中，这就需要用到外连接。外连接包括左外连接、右外连接和完全外连接 3 种。

① 左外连接（LEFT OUTER JOIN）是指结果表中除了包括满足连接条件的行外，还包括左表的所有行。

② 右外连接（RIGHT OUTER JOIN）是指结果表中除了包括满足连接条件的行外，还包括右表的所有行。

③ 完全外连接（FULL OUTER JOIN）是指结果表中除了包括满足连接条件的行外，还包括两个表的所有行。

> 外连接只能对两个表进行，OUTER 关键字可以省略。

【例 5-28】在学生成绩管理数据库 cjgl 中，查找所有学生情况及他们选修的课程号，若学生未选修任何课，也要包括其情况。

打开 "SQL Server Management Studio", 在查询窗口中输入如下 T-SQL 语句:

```
USE cjgl
SELECT xs.* , 课程号
FROM xs LEFT OUTER JOIN cj ON XS.学号 = cj.学号
```

单击 "执行" 按钮, 结果如图 5-24 所示。

	学号	姓名	专业名	性别	出生时间	总学分	备注	课程号
1	001101	王金华	软件技术	1	1990-02-10 00:00:00	50	NULL	101
2	001101	王金华	软件技术	1	1990-02-10 00:00:00	50	NULL	102
3	001101	王金华	软件技术	1	1990-02-10 00:00:00	50	NULL	206
4	001102	程周杰	软件技术	1	1991-02-01 00:00:00	50	NULL	102
5	001102	程周杰	软件技术	1	1991-02-01 00:00:00	50	NULL	206
6	001103	王元	软件技术	0	1989-10-06 00:00:00	50	NULL	101
7	001103	王元	软件技术	0	1989-10-06 00:00:00	50	NULL	102
8	001103	王元	软件技术	0	1989-10-06 00:00:00	50	NULL	206
9	001104	严朋敏	软件技术	1	1990-08-26 00:00:00	50	NULL	101
10	001104	严朋敏	软件技术	1	1990-08-26 00:00:00	50	NULL	102
11	001104	严朋敏	软件技术	1	1990-08-26 00:00:00	50	NULL	206
12	001106	李伟	软件技术	1	1990-11-20 00:00:00	50	NULL	101
13	001106	李伟	软件技术	1	1990-11-20 00:00:00	50	NULL	102
14	001106	李伟	软件技术	1	1990-11-20 00:00:00	50	NULL	206
15	001108	李明	软件技术	1	1990-05-01 00:00:00	50	NULL	101
16	001108	李明	软件技术	1	1990-05-01 00:00:00	50	NULL	102
17	001108	李明	软件技术	1	1990-05-01 00:00:00	50	NULL	206
18	001109	张飞	软件技术	1	1988-08-11 00:00:00	50	NULL	101
19	001109	张飞	软件技术	1	1988-08-11 00:00:00	50	NULL	102
20	001109	张飞	软件技术	1	1988-08-11 00:00:00	50	NULL	206
21	001110	张晓晖	软件技术	0	1991-07-22 00:00:00	50	三...	101
22	001110	张晓晖	软件技术	0	1991-07-22 00:00:00	50	三...	102
23	001111	胡恒	软件技术	0	1990-03-18 00:00:00	50	NULL	206
24	001113	马可	软件技术	0	1989-08-11 00:00:00	48	有...	101
25	001113	马可	软件技术	0	1989-08-11 00:00:00	48	有...	102
26	001113	马可	软件技术	0	1989-08-11 00:00:00	48	有...	206

查询已成功执行。　5F2D19A5A9BD4AF (10.0 RTM)　5F2D19A5A9BD4AF\Admini...　cjgl　00:00:00　33 行

图 5-24　例 5-28 运行结果

【例 5-29】在学生成绩管理数据库 cjgl 中, 查找被选修了的课程的选修情况和所有开设的课程名。

打开 "SQL Server Management Studio", 在查询窗口中输入如下 T-SQL 语句:

```
USE cjgl
SELECT cj.* , 课程名
FROM cj RIGHT JOIN kc ON cj.课程号 = kc.课程号
```

单击 "执行" 按钮, 结果如图 5-25 所示。

	学号	课程号	成绩	课程名
1	001101	101	80	计算机基础
2	001103	101	62	计算机基础
3	001104	101	90	计算机基础
4	001106	101	65	计算机基础
5	001107	101	78	计算机基础
6	001108	101	85	计算机基础
7	001109	101	66	计算机基础
8	001110	101	95	计算机基础
9	001113	101	63	计算机基础
10	001201	101	80	计算机基础
11	001101	102	78	C程序设计
12	001102	102	78	C程序设计
13	001103	102	70	C程序设计
14	001104	102	84	C程序设计
15	001106	102	71	C程序设计
16	001107	102	80	C程序设计
17	001108	102	64	C程序设计
18	001109	102	83	C程序设计
19	001110	102	95	C程序设计
20	001113	102	79	C程序设计
21	001201	102	90	C程序设计
22	001101	206	76	高等数学
23	001102	206	78	高等数学
24	001103	206	81	高等数学
25	001104	206	65	高等数学

查询已成功执行。　5F2D19A5A9BD4AF (10.0 RTM)　5F2D19A5A9BD4AF\Admini...　cjgl　00:00:00　37 行

图 5-25　例 5-29 运行结果

5.2.4 复合连接条件查询

复合连接条件查询是指 WHERE 子句中包含多个连接条件的查询。

【例 5-30】在学生成绩管理数据库 cjgl 中，查找学号、姓名、选修的课程名及成绩。

打开 "SQL Server Management Studio"，在查询窗口中输入如下 T-SQL 语句：

```
USE cjgl
SELECT  xs.学号, 姓名, 课程名, 成绩
FROM xs, cj, kc
WHERE  xs.学号 = cj.学号  AND  cj.课程号 = kc.课程号
```

单击"执行"按钮，结果如图 5-26 所示。

	学号	姓名	课程名	成绩
1	001101	王金华	计算机基础	80
2	001101	王金华	C程序设计	78
3	001101	王金华	高等数学	76
4	001102	程周杰	C程序设计	78
5	001102	程周杰	高等数学	78
6	001103	王元	计算机基础	62
7	001103	王元	C程序设计	70
8	001103	王元	高等数学	81
9	001104	严蔚敏	计算机基础	90
10	001104	严蔚敏	C程序设计	84
11	001104	严蔚敏	高等数学	65
12	001106	李伟	计算机基础	65
13	001106	李伟	C程序设计	71
14	001106	李伟	高等数学	80
15	001108	李明	计算机基础	85
16	001108	李明	C程序设计	64
17	001108	李明	高等数学	87
18	001109	张飞	计算机基础	66
19	001109	张飞	C程序设计	83
20	001109	张飞	高等数学	70
21	001110	张晓晖	计算机基础	95
22	001110	张晓晖	C程序设计	95
23	001111	胡恒	高等数学	76

查询已成功执行。　　5F2D19A5A9BD4AF (10.0 RTM)　5F2D19A5A9BD4AF\Admini...　cjgl　00:00:00　28 行

图 5-26　例 5-30 运行结果

5.3　子查询

在查询条件中，可以使用另一个查询的结果作为条件的一部分（即在 WHERE 子句中包含一个形如 SELECT-FROM-WHERE 的查询块），作为查询条件一部分的查询称为子查询或嵌套查询，包含子查询的语句称为父查询或外层查询。嵌套查询可以让我们用多个简单的查询构成复杂的查询，从而增强 SQL 的查询能力。

T-SQL 语言允许多层嵌套查询，即一个子查询中还可以嵌套其他子查询。

嵌套查询的求解方法是由里向外处理，即先求解子查询，然后将子查询的结果用于建立其父查询的查询条件。

子查询通常与 IN、EXIST 谓词及比较运算符结合使用。

5.3.1　带 IN 谓词的子查询

在嵌套查询中，子查询的结果往往是一个集合。IN 子查询用于判断一个给定值是否在子查询结果集中，其语法格式为

```
Expression [NOT] IN ( subquery )
```

其中，subquery 是子查询。

【例 5-31】在学生成绩管理数据库 cjgl 中，查找选修了课程号为 206 的课程的学生的情况。

打开 "SQL Server Management Studio"，在查询窗口中输入如下 T-SQL 语句：

```
USE cjgl
SELECT *
FROM xs
WHERE 学号 IN
         ( SELECT 学号 FROM cj WHERE 课程号 = '206' )
```

单击 "执行" 按钮，结果如图 5-27 所示。

	学号	姓名	专业名	性别	出生时间	总学分	备注
1	001101	王金华	软件技术	1	1990-02-10 00:00:00	50	NULL
2	001102	程周杰	软件技术	1	1991-02-01 00:00:00	50	NULL
3	001103	王元	软件技术	0	1989-10-06 00:00:00	50	NULL
4	001104	严蔚敏	软件技术	1	1990-08-26 00:00:00	50	NULL
5	001106	李伟	软件技术	1	1990-11-20 00:00:00	50	NULL
6	001108	李明	软件技术	1	1990-05-01 00:00:00	50	NULL
7	001109	张飞	软件技术	1	1988-08-11 00:00:00	50	NULL
8	001111	胡恒	软件技术	0	1990-03-18 00:00:00	50	NULL
9	001113	马可	软件技术	0	1989-08-11 00:00:00	48	有一门功课不及格

图 5-27　例 5-31 运行结果

IN 和 NOT IN 子查询只能返回一列数据。

【例 5-32】在学生成绩管理数据库 cjgl 中，查找未选修 "C 程序设计" 的学生的情况。

打开 "SQL Server Management Studio"，在查询窗口中输入如下 T-SQL 语句：

```
USE cjgl
SELECT *
FROM xs
WHERE 学号 NOT IN
              (SELECT 学号
               FROM cj
               WHERE 课程号 IN
                        (SELECT 课程号
                         FROM kc
                         WHERE  课程名 = 'C 程序设计'
                         )
              )
```

单击 "执行" 按钮，结果如图 5-28 所示。

	学号	姓名	专业名	性别	出生时间	总学分	备注
1	001111	胡恒	软件技术	0	1990-03-18 00:00:00	50	NULL
2	001210	李长江	网络技术	1	1989-05-01 00:00:00	44	已提前修完一每门课
3	001216	孙祥	网络技术	1	1988-03-09 00:00:00	42	NULL
4	001218	廖成	网络技术	1	1990-10-09 00:00:00	42	NULL
5	001220	吴莉丽	网络技术	0	1989-11-12 00:00:00	42	NULL
6	001221	刘敏	网络技术	0	1990-03-18 00:00:00	42	NULL

图 5-28　例 5-32 运行结果

5.3.2　带比较运算符的子查询

带比较运算符的子查询是指父查询与子查询之间用比较运算符进行连接，可以认为是 IN 子

查询的扩展，当子查询的返回值只有一个时，可以使用比较运算符将父查询和子查询连接起来。其语法格式为

```
expression{<|<=|=|>|>=|!=|<>|!<|!>}{ALL|SOME|ANY} (subquery)
```

其中，ALL 的含义为全部。

【例 5-33】在学生成绩管理数据库 cjgl 中，查找比所有软件技术专业学生年龄都大的学生。

打开"SQL Server Management Studio"，在查询窗口中输入如下 T-SQL 语句：

```
USE cjgl
SELECT *
FROM  xs
WHERE  出生时间 <ALL
                  ( SELECT 出生时间
                    FROM xs
                    WHERE 专业名 = '软件技术'
                  )
```

单击"执行"按钮，结果如图 5-29 所示。

【例 5-34】在学生成绩管理数据库 cjgl 中，查找课程号为 206 的成绩不低于课程号为 101 的最低成绩的学生的学号。

打开"SQL Server Management Studio"，在查询窗口中输入如下 T-SQL 语句：

```
USE cjgl
SELECT 学号
FROM cj
WHERE 课程号 = '206' AND 成绩 !< ANY
                         ( SELECT 成绩
                           FROM cj
                           WHERE 课程号 ='101'
                         )
```

单击"执行"按钮，结果如图 5-30 所示。

	学号	姓名	专业名	性别	出生时间	总学分	备注
1	001201	王豫祥	网络技术	1	1988-06-10 00:00:00	42	NULL
2	001216	孙祥	网络技术	1	1989-03-09 00:00:00	42	NULL
3	001221	刘敏	网络技术	0	1980-03-18 00:00:00	42	NULL

图 5-29　例 5-33 运行结果

	学号
1	001101
2	001102
3	001103
4	001104
5	001106
6	001107
7	001108
8	001109
9	001111

图 5-30　例 5-34 运行结果

5.3.3　带 EXIST 谓词的子查询

EXISTS 谓词表示存在量词，带有 EXISTS 的子查询不返回任何实际数据，用于测试子查询的结果是否为空表，若子查询的结果集不为空，则 EXISTS 返回 True，否则返回 False。EXISTS 还可与 NOT 结合使用，即 NOT EXISTS，其返回值与 EXIST 刚好相反。

其语法格式为

```
[NOT] EXISTS (subquery)
```

【例 5-35】在学生成绩管理数据库 cjgl 中，查找选修 101 号课程的学生姓名。

打开"SQL Server Management Studio"，在查询窗口中输入如下 T-SQL 语句：

```
USE cjgl
SELECT 姓名
FROM  xs
WHERE  EXISTS
              ( SELECT *
                FROM  cj
                WHERE 学号 = xs.学号 AND 课程号 = '101'
              )
```

	姓名
1	王金华
2	王元
3	严蔚敏
4	李伟
5	李明
6	张飞
7	张晓晖
8	马可
9	王稼祥

单击"执行"按钮，结果如图 5-31 所示。

图 5-31　例 5-35 运行结果

小结

查询是数据库的最重要的功能，可以用于检索数据和更新数据。在 SQL Server 2008 中，SELECT 语句是实现数据库查询的基本手段，其主要功能是从数据库中查找出满足指定条件的记录，要用好 SELECT 语句，必须熟悉 SELECT 语句各种子句的用法，尤其是目标列和条件的构造，其中，SELECT 子句用于指定输出列，INTO 子句用于指定存入结果的新表，FROM 子句用于指定查询的数据源，WHERE 子句用于指定对记录进行过滤的条件，GROUP BY 子句用来对查询到的记录进行分组，HAVING 子句用于指定分组统计条件，ORDER BY 子句用于对查询到的记录排序，COMPUTE 子句用于使用聚合函数在查询的结果集中生成汇总行。

连接查询和子查询可能都要涉及两个或多个表，但它们是有区别的，连接查询可以合并两个或多个表中的数据，带子查询的 SELECT 语句的结果只能来自一个表，子查询的结果是用来作为选择结果数据时进行参照的。有的查询既可以使用连接查询，也可以使用子查询。使用连接查询执行速度快，使用子查询可以将一个复杂的查询分解为一系列的逻辑步骤，条理较清晰。一般尽量使用连接查询。

本章是全书的重点和难点，通过本章学习，读者应该掌握在 SQL Server 2008 中如何使用 SELECT 语句对数据库进行各种查询的方法。

习题 5

一、选择题

1. 在 SQL 中，SELECT 语句的"SELECT　DISTINCT"表示查询结果中_____。

A. 属性名都不相同　　　　　　　　　B. 去掉了重复的列

C. 行都不相同　　　　　　　　　　　D. 属性值都不相同

2. 与条件表达式"成绩 BETWEEN 0 AND 100"等价的条件表达式是_____。

A. 成绩 > 0 AND 成绩 < 100　　　　　B. 成绩 > = 0 AND 成绩 < = 100

C. 成绩 > = 0 AND 成绩 < 100　　　　D. 成绩 > 0 AND 成绩 < = 100

3. 表示职称为副教授同时性别为男的表达式为_____。

A. 职称='副教授' OR 性别='男'   B. 职称='副教授' AND 性别='男'

C. BETWEEN '副教授' AND '男'   D. IN（'副教授','男'）

4. 要查找课程名中含"基础"的课程名，不正确的条件表达式是_____。

A. 课程名 LIKE '%［基础］%'   B. 课程名='%［基础］%'

C. 课程名 LIKE '%［基］础%'   D. 课程名 LIKE '%［基］［础］%'

5. 模式查找 LIKE '_a%'，下面_____结果是可能的。

A. aili   B. bai   C. bba   D. cca

6. SQL 中，下列涉及空值的操作，不正确的是_____。

A. age IS NULL   B. age IS NOT NULL

C. age = NULL   D. NOT（age IS NULL）

7. 查询学生成绩信息时，结果按成绩降序排列，正确的是_____。

A. ORDER BY 成绩   B. ORDER BY 成绩 desc

C. ORDER BY 成绩 asc   D. ORDER BY 成绩 distinct

8. 下列聚合函数中正确的是_____。

A. SUM（*）   B. MAX（*）   C. COUNT（*）   D. AVG（*）

9. 在 SELECT 语句中，下面_____子句用于对分组统计进一步设置条件。

A. ORDER BY 子句   B. INTO 子句

C. HAVING 子句   D. ORDER BY 子句

10. 在 SELECT 语句中，下面_____子句用于将查询结果存储在一个新表中。

A. FROM 子句   B. ORDER BY 子句

C. HAVING 子句   D. INTO 子句

二、填空题

1. WHERE 子句后面一般跟着_____。

2. 用 SELECT 进行模糊查询时，可以使用 LIKE 或 NOT LIKE 匹配符，但要在条件值中使用_____或_____等通配符来配合查询。

3. 在课程表 kc 中，要统计开课总门数，应执行语句 SELECT_____FROM kc。

4. SQL Server 聚合函数有最大、最小、求和、平均和计数等，它们分别是 MAX、_____、_____、AVG 和 COUNT。

5. HAVING 子句与 WHERE 子句很相似，其区别在于：WHERE 子句作用的对象是_____，HAVING 子句作用的对象是_____。

6. 连接查询包括_____、_____、_____、_____、_____和_____。

7. 当使用子查询进行比较测试时，其子查询语句返回的值是_____。

三、简答题

1. 试说明 SELECT 语句的 FROM 子句、WHERE 子句、ORDER BY 子句、GROUP BY 子句、HAVING 子句和 INTO 子句的作用。

2. LIKE 可以与哪些数据类型匹配使用？

3. 简述 COMPUTE 子句和 COMPUTE BY 子句的差别。

4. 什么是子查询？子查询包含几种情况？

实验 5　数据库的单表查询

一、实验目的

（1）掌握 SELECT 语句的基本语法。

（2）掌握单表查询的表示方法。

（3）掌握数据汇总的方法。

二、实验内容

根据实验 3 中的员工表 EMPLOYEES，查找并统计员工的有关信息。

三、实验步骤

对于员工表 EMPLOYEES，完成下列操作。

（1）查找每位员工的所有信息。

（2）查找所有名为"John"的员工的员工号、姓名、部门号。

（3）查找每位员工的员工号、姓名、部门编号、工作号、聘用日期、工资。

（4）列出所有工资在 6000～10000 元的员工的员工号、姓名、部门编号和工资额，并按照工资由高到低进行排序。

（5）求员工总人数。

（6）求各个部门的员工数。

（7）计算员工的总收入和平均收入。

（8）计算各个部门员工的总收入和平均收入。

（9）找出各个部门员工的最高和最低工资收入。

四、实验报告要求

（1）实验报告分为实验目的、实验内容、实验步骤、实验心得 4 个部分。

（2）把相关的语句和结果写在实验报告上。

（3）写出详细的实验心得。

实验 6　数据库的连接查询和子查询

一、实验目的

（1）掌握 SELECT 语句的基本语法。

（2）掌握连接查询的表示方法。

（3）掌握子查询的表示方法。

二、实验内容

根据实验 3 中的员工表 EMPLOYEES 和部门表 DEPARTMENTS，查找并统计员工的有关信息。

三、实验步骤

对于员工表 EMPLOYEES 和部门表 DEPARTMENTS，完成下列操作。

（1）查找每位员工的基本信息和其部门名称。

（2）查找 IT 部收入在 6000～10000 元的员工的员工号、姓名和工资额，并按照工资由高到低进行排序。

（3）求 IT 部员工的平均收入。

（4）求 IT 部的员工人数。

（5）查找比 IT 部员工收入都高的员工的员工号、姓名和其部门名称。

四、实验报告要求

（1）实验报告分为实验目的、实验内容、实验步骤、实验心得 4 个部分。

（2）把相关的语句和结果写在实验报告上。

（3）写出详细的实验心得。

第6章

视图

视图作为一种基本的数据库对象，是查询一个表或多个表的一种方法，通过将预先定义好的查询作为一个视图对象存储在数据库中，就可以在查询语句中像使用表一样调用它。

6.1 视图概述

视图是一种数据库对象，用于间接地访问其他表或视图中的数据，我们可以将其看作是一个或多个表（或视图）查询的结果。

视图是虚拟的表。与表不同的是，视图本身并不存储数据，视图是由表派生的。通常，我们把视图所依赖的表（或视图）称为基表（或基视图）。

以下数据构成视图的数据集合：

（1）表的记录或字段集合；

（2）多个记录集合的联合；

（3）多个表的合并；

（4）表的汇总数据集合；

（5）其他视图或视图与表的组合。

在 SQL Server 2008 中，当创建了数据库以后，可以根据用户的实际需要创建视图。使用视图有很多优点，主要优点如下。

（1）可以屏蔽数据的复杂性，通过使用视图，用户可以不必了解数据库的结构，就可以方便地使用和管理数据，从而简化了用户对数据的操作。

（2）可以让不同的用户以不同的方式看到不同或者相同的数据集，可以使用户的注意力仅放在他们所需要的数据上。

（3）在某些情况下，由于表中数据量太大，因此在表的设计时常将表进行水平或者垂直分割，但表的结构的变化会对应用程序产生不良的影响。而使用视图可以重新组织数据，从而使外模式保持不变，原有的应用程序仍可以通过视图来重载数据。

（4）提供了一个简单而有效的安全机制，可以定制不同用户对数据的访问权限。

6.2 创建视图

在 SQL Server 2008 中创建视图可以有 3 种方法：SQL Server 管理平台（SQL Server Management Studio）创建视图、用 Transact-SQL 语句中的 CREATE VIEW 命令创建视图、利用创建视图向导来创建视图。

创建视图时应该注意以下情况。

（1）只能在当前数据库中创建视图，在视图中最多只能引用 1 024 列，视图中记录的数目限制只由其基表中的记录数决定。

（2）如果视图引用的基表或者视图被删除，则该视图不能再被使用，直到创建新的基表或者视图。

（3）如果视图中某一列是函数、数学表达式、常量或者视图中来自多个表的列名相同，则必须为列定义名称。

（4）不能在视图上创建索引，不能在规则、默认、触发器的定义中引用视图。

（5）当通过视图查询数据时，SQL Server 要检查以确保语句中涉及的所有数据库对象存在，每个数据库对象在语句的上下文中有效，而且数据修改语句不能违反数据完整性规则。

（6）视图的名称必须遵循标识符的规则，且对每个用户必须是唯一的。此外，该名称不得与该用户拥有的任何表的名称相同。

1. 用 SQL Server 管理平台创建视图

通过 SQL Server 管理平台创建视图的操作步骤如下。

（1）打开"SQL Server Management Studio"，展开服务器，打开学生成绩管理数据库 cjgl，用鼠标右键单击视图对象，弹出如图 6-1 所示的快捷菜单，从中选择"新建视图"选项，得到"添加表"对话框，如图 6-2 所示。

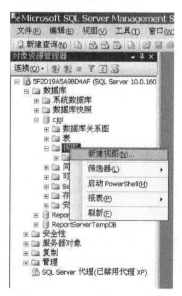

图 6-1 "新建视图"快捷菜单

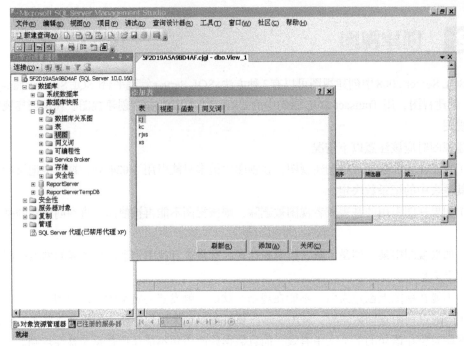

图 6-2 "添加表"对话框

（2）在新建视图对话框中，添加视图所需用到的表、视图或函数。选择添加表 cj、xs，单击"添加"按钮，结果如图 6-3 所示。

（3）关闭添加表对话框，进入视图窗口。如图 6-4 所示，视图窗口自上而下分为 4 个窗格，依次显示关系图、条件、SQL 和结果。

图 6-3 为新建视图添加表、视图或函数

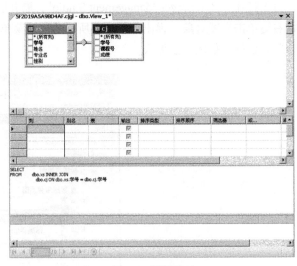

图 6-4 视图窗口

（4）在关系图窗格中单击字段前的选择框即可将该字段添加为视图显示字段，如图 6-5 所示。在条件窗格可对所需显示字段进行别名、排序等设置。在 SQL 窗格可以使用 SQL 语句创建和修改视图。

（5）在视图窗口，单击鼠标右键，选择"执行 SQL"选项，如图 6-6 所示，得到视图结果，如图 6-7 所示。

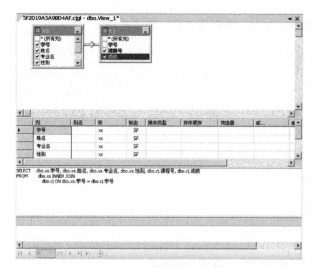

图 6-5　为视图添加显示字段　　　　　　　图 6-6　"执行 SQL"快捷菜单

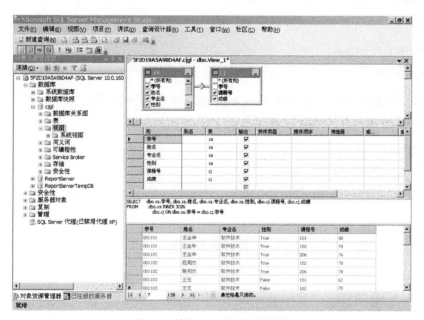

图 6-7　执行 SQL 后显示的结果

（6）单击"保存"按钮，弹出对话框如图 6-8 所示，输入视图名"成绩"后单击"确定"按钮，即完成了视图"成绩"的设计。

图 6-8　保存视图对话框

2. 用 CREATE VIEW 语句创建视图

可以使用 Transact-SQL 语句中的 CREATE VIEW 创建视图，其语法格式如下：

```
CREATE VIEW [schema name.] view_ name [(column [,...n])]
  [WITH <view_attribute> [,...n]]
  AS
  select_statement
  [WITH CHECK OPTION]
  < view_attribute > ::=
  {ENCRYPTION|SCHEMABINDING|VIEW_METADATA}
```

【例 6-1】创建学生视图，查看各学生的基本情况。

在查询窗口中输入并执行如下 SQL 语句：

```
CREATE VIEW 学生
  AS
  SELECT  *
    FROM xs
```

【例 6-2】创建男生视图，查看全体男生的学号、姓名、专业名。

在查询窗口中输入并执行如下 SQL 语句：

```
CREATE VIEW 男生
  AS
  SELECT 学号,姓名,专业名
    FROM  xs
    WHERE 性别 = 1
```

【例 6-3】创建学生平均成绩的视图 cj_avg，包括学号和平均成绩。

在查询窗口中输入并执行如下 SQL 语句：

```
CREATE VIEW cj avg(学号,平均成绩)
  AS
  SELECT 学号,AVG(成绩)
    FROM cj
    GROUP BY 学号
```

6.3 查看、重命名和修改视图

6.3.1 查看视图

1. 利用 SQL Server 管理平台查看视图的输出数据

在 SQL Server 管理平台中，用鼠标右键单击某个视图的名称，从弹出的快捷菜单中选择"打开视图"选项，在 SQL Server 管理平台中就会显示该视图的输出数据。

2. 利用 SELECT 语句查看视图的输出数据

【例 6-4】要查看全体男生信息，可查询男生视图，只需执行语句：

```
SELECT  *  FROM 男生
```

6.3.2 重命名视图

1. 使用 SQL Server 管理平台重命名视图

在 SQL Server 管理平台中，选择要修改名称的视图，用鼠标右键单击该视图，从弹出的快捷菜单中选择"重命名"选项。此时该视图的名称变成可输入状态，可以直接输入新的视图名称。

2. 使用系统存储过程 sp_rename 重命名视图

使用系统存储过程 sp_rename 来修改视图的名称，其语法格式如下：

```
sp_rename old_name, new_name
```

【例 6-5】把男生视图重命名为计算机系男生视图。

在查询窗口中输入并执行如下 SQL 语句：

```
sp_rename 男生, 计算机系男生
```

6.3.3 修改视图

1. 使用 SQL Server 管理平台修改视图

在 SQL Server 管理平台中，展开服务器，打开学生成绩管理数据库 cjgl，展开视图对象，选择要修改的视图，单击鼠标右键，从弹出的快捷菜单中选择"设计"选项，如图 6-9 所示，出现视图修改对话框。该对话框与创建视图时的对话框相同，可以按照创建视图的方法修改视图。

图 6-9 修改视图快捷菜单

2. 使用 ALTER VIEW 语句修改视图

可以使用 ALTER VIEW 语句修改视图，但首先必须拥有使用视图的权限，该语句的语法结构如下：

```
ALTER VIEW view_name
[(column[,...n])]
[WITH ENCRYPTION]
AS
select_statement
[WITH CHECK OPTION]
```

6.4 更新视图

1. 可更新视图

要通过视图更新基本表数据，必须保证视图是可更新视图。

一个可更新视图可以是以下情形之一。

（1）满足以下 3 个条件的视图：

① 创建视图的 SELECT 语句中没有聚合函数，且没有 TOP、GROUP BY、UNION 子句及 DISTINCT 关键字；

② 创建视图的 SELECT 语句中不包含从基本表列通过计算所得的列；

③ 创建视图的 SELECT 语句的 FROM 子句中至少要包含一个基本表。

（2）是可更新的分区视图。

（3）是通过 INSTEAD OF 触发器创建的可更新视图。

2. 插入数据

【例 6-6】向学生视图中插入一条记录。

（'001222'，'石毅'，'计算机信息管理'，1，'1993-3-2'，50，NULL）

在查询窗口中输入并执行如下 SQL 语句：

```
INSERT  INTO 学生
    VALUES( '001222' , '石毅', '计算机信息管理', 1,'1993-3-2', 50 , NULL )
```

使用 SELECT 语句查询学生视图依据的基本表 xs，将会看到 xs 表已添加了这条记录。

3. 修改数据

【例 6-7】将学生视图中所有学生的总学分增加 8。

在查询窗口中输入并执行如下 SQL 语句：

```
UPDATE 学生
    SET 总学分 = 总学分+ 8
```

4. 删除数据

【例 6-8】删除学生视图中男同学的记录。

在查询窗口中输入并执行如下 SQL 语句：

```
DELETE  FROM 学生
    WHERE 性别 = 1
```

使用视图修改数据时，要注意以下几点。

（1）修改视图中的数据时，不能同时修改两个或者多个基表，可以对基于两个或多个基表或者视图的视图进行修改，但是每次修改都只能影响一个基表。

（2）如果在创建视图时指定了 WITH CHECK OPTION 选项，那么使用视图修改数据库信息时，必须保证修改后的数据满足视图定义的范围。

（3）如果视图引用多个表时，无法用 DELETE 命令删除数据，若使用 UPDATE 命令则应与 INSERT 操作一样，被更新的列必须属于同一个表。

6.5 删除视图

删除视图的方法很简单，只是在删除时需要注意依赖关系。

1. 使用 SQL Server 管理平台删除视图

删除视图的具体操作如下。

打开"SQL Server Management Studio"，展开服务器，打开学生成绩管理数据库 cjgl，展开视图对象，找到需要删除的视图，单击鼠标右键选择"删除"（也可以按【Delete】键或选择菜单"编辑"→"删除"命令），如图 6-10 所示，得到对话框如图 6-11 所示，单击"确定"按钮即可删除所选定的视图。

图 6-10　删除视图快捷菜单

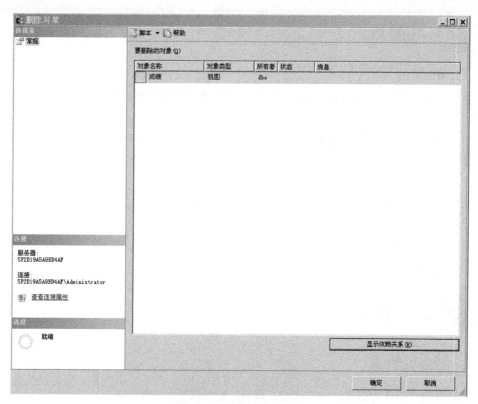

图 6-11　删除确认对话框

2. 使用 DROP VIEW 语句删除视图

删除视图的语法格式如下：

```
DROP VIEW { view_name } [ , …n ]
```

【例 6-9】要删除成绩视图，只需执行语句：

```
DROP  VIEW 成绩
```

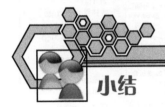

小结

　　视图作为一种基本的数据库对象，是查询一个表或多个表的一种方法，通过将预先定义好的查询作为一个视图对象存储在数据库中，就可以在查询语句中像使用表一样调用它。通过本章学习，读者应掌握视图的创建、修改、删除操作方法。

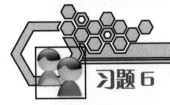

习题6

一、填空题

　　1. ＿＿＿＿＿是为了确保数据表的安全性和提高数据的隐蔽性从一个或多个表（或视图）使用 SELECT 语句导出的虚表。

　　2. 数据库中只存放视图的定义，而不存放视图对应的数据，其数据仍存放在＿＿＿＿中，对视图中数据操作实际上仍是对组成视图的＿＿＿＿的操作。

　　3. 视图是从＿＿＿＿和＿＿＿＿使用 SELECT 语句导出的虚表。

　　4. 创建视图时使用＿＿＿＿关键字，删除视图的 T-SQL 语句是＿＿＿＿。

二、简答题

　　1. 视图和数据表之间的区别是什么？

　　2. 举例说明使用视图有哪些优缺点。

实验7　视图

一、实验目的

　　（1）掌握使用企业管理器创建、修改、查看、删除视图的方法。

　　（2）掌握利用 T-SQL 语句创建、修改、查看、删除视图的方法。

二、实验内容

根据实验 3 中的员工表 EMPLOYEES，创建并管理视图 EMP_DETAILS_VIEW。

三、实验步骤

对于员工表 EMPLOYEES，完成下列操作：

（1）利用 SQL Server 管理平台创建视图 EMP_DETAILS_VIEW。

（2）利用 SQL Server 管理平台修改视图 EMP_DETAILS_VIEW。

（3）利用 SQL Server 管理平台删除视图 EMP_DETAILS_VIEW。

（4）利用 T-SQL 语句中的 CREATE VIEW 命令创建视图 EMP_DETAILS_VIEW。

（5）利用 T-SQL 语句修改视图 EMP_DETAILS_VIEW。

（6）利用 T-SQL 语句删除视图 EMP_DETAILS_VIEW。

（7）利用创建视图向导创建视图 EMP_DETAILS_VIEW。

四、实验报告要求

（1）实验报告分为实验目的、实验内容、实验步骤、实验心得 4 个部分。

（2）把相关的语句和结果写在实验报告上。

（3）写出详细的实验心得。

第7章

SQL Server 安全管理

数据库及服务器的安全管理功能是 DBMS 必备的重要组成部分。SQL Server 作为大型数据库服务器，提供了强大的安全管理功能。

7.1 SQL Server 安全管理概述

国际标准化组织（ISO）将信息安全定义为为数据处理系统建立和采取的技术与管理方面的安全保护，保护计算机硬件、软件和数据不因偶然和恶意的原因而遭到破坏、更改和泄露。

数据库是整个计算机信息系统的组成部分，因此，其安全实现是整个计算机系统安全实现的重要组成部分。数据库的安全性是指保护数据库，以防止不合法的使用造成的数据泄密、更改或破坏。安全保护措施是否有效是衡量数据库系统的主要性能指标之一。

7.1.1 信息安全基础概述

典型的数据库系统安全模型如图 7-1 所示。

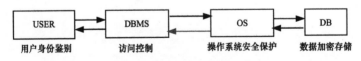

图 7-1 数据库系统典型安全模型

其中，数据库以文件的形式保存在外存上。操作系统（OS）管理计算机上所有资源，因此，第一层的安全保障由操作系统提供。由于对数据库的操作访问都必须通过 DBMS，因此，DBMS 要提供对数据库的访问控制。

在信息系统中，被访问操作的对象称之为客体（Object），发起访问或操作客体的活动实体称为主体（Subject）。主体和客体是相对的，如系统内代表用户进行数据操作的程序或进程是主体，但该程序是由一个用户发起执行的，这里用户是主体，程序是客体。

在实用的信息系统中，安全管理的核心思想是用户身份识别、权限管理和数据加密。

1. 用户身份识别

用户身份识别是所有安全系统都要解决的问题，其目的是阻止非法用户进入系统内部。在计算机系统中，首先由操作系统实施，以识别是否为计算机的合法用户。其次，对于计算机的合法用户，还要确认其是否为数据库系统的合法用户。

用户身份识别实际上也是一种访问控制，它是对系统外部的一种控制。

通常用户身份由两个部分组成：用户身份识别符和用户身份验证信息。前者是非机密的，而后者只能由合法的用户掌握，是秘密的。

对用户身份识别有多种方法，目前比较实用的有以下几类。

（1）根据用户知道的信息验证身份。如借助口令（Password）验证。这是目前应用最广泛的身份验证方法，简单易行。其中，防止口令泄露是这一方法中的关键问题。口令一般是由字母、数字、特殊字符等组成的具有一定长度的字符串，其基本设置原则包括：用户容易记忆；难于被别人猜中或发现；抗分析能力强；限制使用期限，可经常更换。

另外，可通过提问进行验证。系统存储初次定义用户时提出的一系列问题及用户回答的答案。以后每当该用户访问系统时，系统提问，并根据他回答的情况来认定其身份。

（2）根据用户拥有的实物验证身份。如目前广泛使用的磁卡、IC 卡、U-Key 等。

（3）根据用户的生理或行为特征验证身份。如指纹、视网膜、声音等。

2. 访问控制模型

DBMS 的访问控制机制实现权限的授予与管理，是数据库安全系统中的核心技术。为了从整体上维护系统的安全，访问控制应遵循最小特权原则，即用户和代表用户的进程只应拥有完成其职责的最小的访问权限集合，系统不应给用户超过执行任务所需权限以外的特权。

访问控制机制主要包括两部分：定义权限和权限检查。权限是指用户对于数据对象能够进行的操作种类。权限检查是指检查是否允许主体对客体的访问。

从一般安全理论上讲，常见的访问控制模型包括如下 3 类。

（1）自主访问控制（DAC）

DAC（Discretionary Access Control）是一种通用访问控制策略。其思想是每个对象都有所有者，用户只有事先获得所有者的相应授权，才能访问该对象，否则拒绝其访问。对象所有者有权制定该对象的保护策略。根据所有者管理对象权限的程度，可以分为 3 类。第 1 类策略是严格的自主访问控制策略，所有者不允许其他用户代理管理权，即只有所有者才可以授予或收回对象权限；第 2 类策略是自由的自主访问控制策略，所有者可以授予或收回对象权限，也可以将对象管理权让其他用户代理，甚至还可以传递代理，不过所有权不能转让；第 3 类策略是对象的所有权可以转让的自主访问控制策略，如某系统删除了某个用户，但保留该用户创建的对象，这时将对象所有权转让给其他用户。用户自主访问控制的主要缺点是较难控制已被赋予出去的访问权限，这使得自主访问控制易遭受特洛伊木马的恶意攻击。

（2）强制访问控制（MAC）

MAC（Mandatory Access Control）将所有权限都由系统集中管理。在 MAC 中，每一个数据对象被标以一定的安全级别；每一个用户也被授予某一个级别的安全许可。用户在访问数据时只有具有合法许可才可以访问操作数据。一般情况下，一般用户或程序不能改变系统授权状态，只有具有特定系统权限的管理员才能根据实际需要来修改系统的授权状态。

（3）基于角色访问控制（RBAC）

RBAC（Role-Based Access Control）是由美国 George Mason 大学 Ravi Sandhu 于 1994 年提出的，它解决了具有大量用户、数据库客体和各种访问权限的系统中的授权管理问题。其中主要涉及用户、角色、访问权限、会话等概念。角色是访问权限的集合。当用户被赋予一个角色时，用户具有这个角色所包含的所有访问权限。

7.1.2　SQL Server 安全管理机制

在 SQL Server 中，针对有关安全性问题，提供了相应的解决方法。

1.　用户身份管理

在 SQL Server 中第一个安全性问题：当用户登录数据库系统时，如何识别并保证只有合法的用户才能登录到系统中。

在 SQL Server 中，通过定义主体和身份验证模式解决身份识别的问题。主体是请求使用系统资源的对象。例如，数据库用户是一种主体，他需要在数据库中执行操作和使用相应的数据。SQL Server 有多种不同的主体，不同主体之间的关系是典型的层次结构关系，位于不同层次上的主体在系统中影响的范围也是不同的。位于层次比较高的主体，其作用范围也比较大；位于层次比较低的主体，其作用范围也比较小。

SQL Server 把主体的层次分为 3 个级别，即 Windows 级别、SQL Sever 服务器级别和数据库级别。

（1）Windows 级别主体包括 Windows 组、Windows 域用户名和 Windows 本地用户名，这些级别的主体作用范围是整个 Windows 操作系统，SQL Server 只是 Windows 操作系统中的一个部分。

（2）SQL Server 级别的主体包括 SQL Server 登录名和固定服务器角色。这两种主体的作用范围是整个 SQL Server 服务器。这样，该层次上的主体可针对所有数据库。

（3）数据库级别的主体作用范围是所在数据库，包括数据库用户、数据库角色、应用程序角色。这些主体可以请求数据库内的各种资源。

较低层次的主体，必须首先是较高层次的主体，然后通过定义和映射，转换为较低层次的主体。例如，要成为数据库用户，必须首先具有 SQL Server 登录名；而 SQL Server 登录名作为 SQL Server 级主体，必须首先是 OS 的用户。

所以，在计算机系统中，一个 OS 用户要访问 SQL Serve 数据库，需要先定义为 SQL Server 登录名；一个 SQL Server 登录名需要访问数据库时，需要先定义为所访问数据库的用户。由于 SQL Server 登录所处的层次高于数据库用户主体，因此，一个 SQL Server 登录名可以访问多个不同的数据库。

一个已经定义为 SQL Server 登录名的 OS 用户，每次访问 SQL Server 服务器，必须由服务器验证其身份。SQL Server 提供了两种身份验证模式，Windows 身份验证模式和 SQL Server 验证模式。由于 SQL Server 设计为 C/S 工作模式，故身份验证模式也是 SQL Server 验证客户端和服务器之间连接的方式。

在 Windows 身份验证模式中，SQL Server 在定义登录名时存放用户的 Windows 账户名。当用户登录时，SQL Server 直接确认用户在 Windows 操作系统中进行的账户验证。

使用 SQL Server 验证模式，SQL Server 在定义登录名时存放用户的登录名和密码。当用户登录时，SQL Server 使用所保存的登录名和密码验证用户的合法性。

Windows 身份验证模式是 SQL Server 默认的身份验证模式，它有较高的安全性，可以充分运用 Windows 安全机制。Windows 身份验证模式使用 Kerberos 安全协议，通过强密码的复杂性验证提供密码策略强制、账户锁定支持、支持密码过期等。

若用户需要使用 SQL Server 验证模式，则需要将服务器设置为混合验证模式。混合验证模式在客户端连接到服务器时，允许用户既可以采取 Windows 身份验证，也可以采取 SQL Server 身份验证。

2. 权限管理

SQL Server 的第二个安全性问题：当用户通过登录，合法进入系统中，他可以执行哪些操作、使用哪些对象和资源。

在 SQL Server 中，通过安全对象和权限设置来解决此问题。主体访问操作的客体在 SQL Server 中称为 "安全对象"。安全对象是 SQL Server 控制对其进行访问的资源总称。SQL Server 通过权限设置保护分层安全对象集合。主体要操作某个安全对象需要事先获得相应的权限。SQL Server 通过验证主体是否已经获得适当的权限来控制主体对安全对象的各种操作。

安全对象之间的关系类似层次结构关系。SQL Server 将安全对象分为 3 个层次，即服务器安全对象、数据库安全对象和架构安全对象。

① 服务器安全对象包括端点、SQL Server 登录名、数据库。可以在 SQL Server 服务器级别上设置这些安全对象的权限，这些设置将对整个服务器范围产生影响。例如，如果为主体授予了创建数据库的权限，那么该主体创建数据库之后就可以作为数据库所有者在数据库中执行各种操作了。

② 数据库安全对象包括数据库用户、应用程序角色、数据库角色、程序集、消息类型、路由、服务、远程服务绑定、全文目录、证书、非对称密钥、对称密钥、约定、架构等。可以在数据库中控制对这些资源的访问。

③ 架构安全对象包括自定义数据类型、XML 架构集合、聚合、约束、函数、过程、队列、统计信息、同义词、表、视图等。这些安全对象都由架构拥有。

SQL Server 中主体与安全对象相互关系如图 7-2 所示。

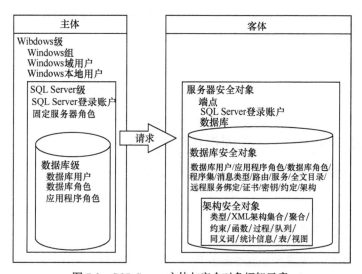

图 7-2　SQL Server 主体与安全对象框架示意

主体和安全对象之间通过权限关联。主体发出访问操作安全对象请求，主体能否对安全对象执行访问操作，需要判断主体是否拥有访问安全对象的权限。

为了管理权限，SQL Server 在不同的层次事先定义了多种系统角色和系统用户，设置了完整的权限分配和管理框架。在 SQL Server 服务器上，系统管理员具有最高的权限，可以授予其他登录用户不同的权限。在数据库上，数据库所有者拥有数据库的全部权限，并可进行权限分配。

3. 架构

根据访问控制模型理论，客体对象应该有一个所有者。在 SQL Server 中第三个安全性问题：数据库中的对象由谁所有？如果由数据库用户所有，那么当用户被删除时，其所拥有的对象怎么办呢？数据库对象可以没有所有者吗？

在 SQL Server 中通过引入架构（Schema），通过用户和架构分离来解决上述问题。用户并不直接拥有数据库对象，而架构拥有数据库对象，用户通过架构来使用数据库对象——这种机制使得删除用户时不必修改数据库对象的所有者，提高了数据库对象的可管理性。这样，在 SQL Server 中，数据库级的安全对象就分为架构对象和非架构对象。传统上属于用户的客体对象，转变为属于架构的对象。

数据库对象、架构和用户之间的这种关系示意图如图 7-3 所示。可以看出，用户不直接拥有数据库对象，数据库对象的直接所有者是架构，用户通过架构拥有数据库对象。

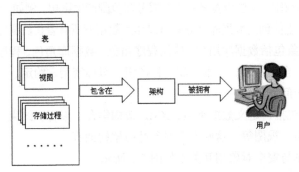

图 7-3 SQL Server 中数据库对象、架构和用户的关系示意

4. 数据加密存储

所有的权限都可以由 GRANT 语句来授予，并且增强了加密和密钥管理功能，大大提高了系统的安全性。

7.1.3 SQL Server 安全管理操作过程

分析上述安全机制，可以归纳出用户通过客户端访问 SQL Server 数据库的安全管理操作过程如下。

1. 创建登录账户及授权

任何计算机用户必须先成为 SQL Server 用户，才能使用 SQL Server。

在安装 SQL Server 时会自动定义管理员登录账户。管理员首先登录服务器，进行相应设置和处理。

（1）设置登录账户的身份验证模式为 Windows 验证模式或混合验证模式（即同时允许 Windows 验证和 SQL Server 验证）。

（2）为网络客户端用户创建登录账户。

（3）如果需要，可授予登录账户服务器级的操作权限。SQL Server 服务器操作权限通过固定服务器角色分配，也可以为登录账号授权。

（4）如果登录账户拥有创建数据库的权限，可以创建自己的数据库，并自动成为数据库的用户和所有者，可以在所拥有的数据库上进行任何操作。

（5）如果登录账户需要访问非自己拥有的数据库，必须首先由该数据库中具有创建用户权限的用户将登录账户创建为数据库用户，然后该登录账户才可访问数据库。

（6）若用户需要在数据库中进行操作，授予其相应的权限。

（7）不再需要或允许访问数据库的用户，可以禁用或删除用户。不再需要或允许访问 SQL Server 服务器的登录账户也可以禁用或删除。

2．用户访问服务器和数据库

网络用户访问 SQL Server 和数据库，都必须经过如下 3 个安全性验证阶段。

第一个阶段是服务器身份验证阶段，此时使用登录账户来标识用户并只验证用户连接 SQL Server 的资格，即验证该用户是否具有“连接权”。如果身份验证获得成功，用户就可以连接到 SQL Server。

第二个阶段是访问数据库权限验证（即授权）阶段，验证该登录账户是否具有“访问权”，用户必须成为数据库用户，才能对数据库进行操作。

第三个阶段是具体权限的识别阶段。只有登录账户或数据库用户且被授予相应的操作权限，才可以执行合法的操作。

7.2　SQL Server 服务器安全管理

7.2.1　SQL Server 身份验证模式管理

SQL Server 提供两种身份验证模式：Windows 身份验证和 SQL Server 身份验证。

使用 Windows 身份验证模式，登录账户的登录名是与 Windows 操作系统中相同的账号。这样，当一个网络用户尝试连接时，SQL Server 直接使用 Windows 账户验证信息。

对于 SQL Server 来说，Windows 身份验证是首选的安全验证模式，因为这种安全模式能够与 Windows 安全系统集成在一起，从而提供更高的安全性。采用这种安全验证要求用户运行环境是 Windows，用户的网络安全特性在网络登录时建立并通过 Windows 的域控制器进行验证。

使用 SQL Server 身份验证模式，登录账户的登录名和密码保存在 SQL Server 服务器上，这时对用户运行环境没有要求。

默认情况下，采用 Windows 身份验证模式。若需要使用 SQL Server 身份验证模式，必须将 SQL Server 服务器的身份验证模式设为混合验证模式，即“SQL Server 和 Windows 身份验证模式”。

设置或更改服务器验证模式的操作方法如下。

（1）在 SSMS 的对象资源管理器中选中服务器单击鼠标右键，在快捷菜单中选择"属性"选项，弹出服务器属性窗口，选择"安全性"选项卡，如图 7-4 所示。

图 7-4　SQL Server 服务器属性窗口的"安全性"选项卡

（2）在"服务器身份验证"区域中，选择"SQL Server 和 Windows 身份验证模式"选项。这样，服务器既可接受 SQL Server 验证的用户，也可接受 Windows 验证的用户。否则，只能接受用户使用 Windows 身份验证连接到 SQL Server。

（3）在"登录审核"区域中选择"仅限失败的登录"（即在 SQL Server 错误日志中记录的用户访问 SQL Server）：如果不执行审核，则选择"无"选项，这是默认设置；选择其他项，将会在 SQL Server 错误日志中进行相应的记录。

（4）设置完成，单击"确定"按钮。必须重新启动 SQL Server 服务器，新设置才会生效。在重新启动之前，SQL Server 将继续在原来的设置下运行。

在使用客户应用程序连接 SQL Server 服务器时，如果没有传送来登录名和密码，SQL Server 将自动认定用户是要使用 Windows 身份验证模式，并在这种模式下对用户进行认证。如果用户传送来了一个登录名和密码，则 SQL Server 就认为用户是要使用 SQL Server 身份验证模式并将所传来的登录信息与存储在系统表中的数据进行比较，如果匹配，就允许用户连接到服务器，否则拒绝连接。

7.2.2　登录账户管理

登录账户也称登录标识符（Login ID），它是控制访问 SQL Server 的账户。如果事先没有指定有效的登录账户，用户将不能连接到 SQL Server 服务器。

与身份验证模式对应，在 SQL Server 中有两类登录账户：一类是采用 SQL Server 验证模式的登录账户；另一类是登录到 SQL Server 的 Windows 网络账户，可以是组账户或用户账户，使用这些账户进行登录时，SQL Server 将"相信"Windows 操作系统已经验证了用户身份而不再进行密码验证。

1.　系统内置登录账户

SQL Server 安装完成时，SQL Server 会自动创建一些系统登录账户。在 SSMS 的对象资源管理器窗格展开"安全性"节点及"登录名"子节点，可以看到系统内置登录账户，如图 7-5 所示。

在这些内置账户中，"域名\Administrator"是 Windows 管理员的登录账户。当 Windows 用户以管理员身份启动系统后，可以以该登录账户连接 SQL Server，并拥有服务器管理员的权限。

"sa"账户是采用 SQL Server 验证模式的 SQL Server 系统管理员登录账户，该账户拥有最高的管理权限，可以执行服务器范围内的所有操作。安装时设置初始密码，以后可以更改密码。sa 账户不能删除，但可以禁用。

图 7-5　SQL Server 内置的登录账户

【例 7-1】若 sa 账户初始密码为"sa"，登录状态为"禁用"。将其密码改为"sa123456"，状态改为"启用"，然后以 sa 账户登录服务器。

（1）以 Administrator 的身份连接服务器。

（2）在如图 7-5 所示的对象资源管理器中选择 sa，单击鼠标右键，在快捷菜单中选择"属性"选项，弹出 sa 的"属性"窗口，如图 7-6 所示。

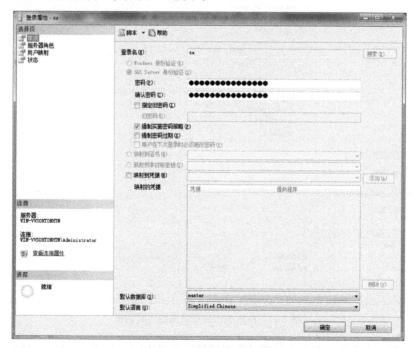

图 7-6　sa 登录账户设置窗口

（3）在常规选项卡中密码栏和确认密码栏中输入 sa123456。选择"状态"选项卡单击，在状态选项卡页面中将登录改为"启用"。

（4）单击"确定"按钮，设置完毕。

（5）以 sa 身份登录，首先要确定 SQL Server 服务器目前的身份验证模式是混合验证。若不是混合验证，则进行服务器安全性属性的设置。然后，在图 7-5 所示的对象资源管理器中，单击工具栏的"连接"按钮，在下拉列表中选择"数据库引擎"，弹出连接对话框。在"身份验证"中选择"SQL Server 身份验证"，在用户栏中输入 sa。在密码栏输入 sa123456，单击"连接"按钮，以 sa 身份登录服务器。

 　　sa 是系统内置管理员登录账户，首次使用应立即更改其密码。另外，日常管理中最好不使用 sa 登录。只有当其他系统管理员不可用或忘记了密码，无法登录到 SQL Server 时，才使用 sa 这个特殊的登录账户。

2. 交互式创建登录账户

在 SSMS 中可以交互方式或使用 Transact-SQL 语句创建登录账户。采用交互方式添加一个登录账户的操作步骤如下。

（1）在如图 7-5 所示对象资源管理器中用鼠标右键单击登录名，在快捷菜单中选择"新建登录名"，弹出如图 7-7 所示"登录名-新建"窗口。

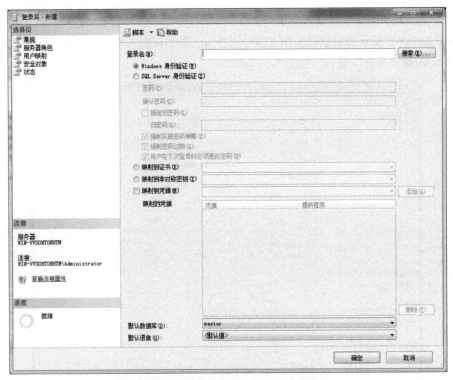

图 7-7 "SQL Server 登录属性"对话框

（2）在常规选项卡中，首先选择登录账户要使用的身份验证模式。若使用"Windows 身份验证"模式，则登录名必须是 Windows 操作系统的账号；若使用"SQL Server 身份验证"模式，则登录名由管理员设定。

（3）若采用"SQL Server 身份验证"模式，在登录名栏输入登录名，在密码栏和确认密码栏输入相同的密码。因为 SQL Server 只安装在 Windows 系统上，所以 SQL Server 验证的登录账户也可以运用 Windows 安全机制。创建用户可以设置"强制实施密码策略"等选项，条件是 SQL Server 所在的 Windows 系统必须启用安全机制。若安全机制没有被启用，则这些安全机制不能设置。启用安全机制会提升系统安全性，但对性能有所影响。

（4）若采用"Windows 身份验证"模式，登录账户名要采用"域名\用户名"或"计算机名\用户名"的形式输入一个 Windows 网络用户账号。可以单击"登录名"栏右边的"搜索"按钮，弹出如图 7-8 所示对话框，继续单击"高级"按钮，弹出如图 7-9 所示对话框。设置查找位置，单击"立即查找"按钮，可查找本地组或网络上的用户。

图 7-8　选择用户或组对话框 1

图 7-9　选择用户或组对话框 2

选中用户后，单击"确定"按钮，确定登录名。该登录名不需输入密码。

（5）在"默认数据库"栏中输入或选择登录的默认数据库，默认为 master，也可以根据需要选择其他用户数据库。

（6）单击"确定"按钮，登录账户创建完成。

此时，可以在登录名列表中看到刚创建的登录账户。不过该登录尚未授予任何权限。

3. 用 Transact-SQL 语句创建登录账户

创建登录账户语句的基本语法如下。

方法一：

```
CREATE LOGIN <登录名> FROM WINDOWS [ WITH DEFAULT_DATABASE=数据库名 ]
```

说明：

此账户为采用 Windows 身份验证的登录名。登录名应该是 Windows 系统中的用户账号。登

录名格式为<登录名>::[域名或计算机名\Windows 用户账号]

如果登录对应的 Windows 账号名不存在，则不能在 SQL Server 创建登录名。

WITH DEFAULT_DATABASE 子句指定默认数据库。当用户连接到 SQL Server 时，需要直接连接某个数据库，即默认数据库，默认数据库是 master。

方法二：

```
CREATE LOGIN 登录名 WITH PASSWORD='密码'[,DEFAULT_DATABASE=数据库名 ]
```

说明：

此账户为采用 SQL Server 身份验证的登录名，需要设置该登录名密码及密码策略。登录名和登录密码可以包含 1～128 个字符，包括字母、汉字、符号和数字，但不能含有反斜线（\）、系统登录名（如 sa）或已有登录名，不能是空字符串（"）或 NULL。

SQL Server 使用 Windows 密码策略。当基于 Windows 验证创建登录名时，虽然不需要设置密码，但是 Windows 账户本身有 Windows 密码，因此系统自动使用了 Windows 的密码策略。若在创建 SQL Server 登录名时依然希望使用 Windows 密码策略，则需要使用一些关键字来明确指定。Windows 密码策略包括密码复杂性和密码过期两大特征。

① 密码复杂性是指通过增加更多可能的密码数量来阻止攻击。密码复杂性策略遵循下面一些原则：

a. 密码不应该包含全部或部分登录名；

b. 密码长度至少为 6 个字符，不能太短；

c. 密码应该至少包含 4 类字符中的 3 类：英文大写字母（A～Z）、英文小写字母（a～z）、数字（0～9）和非字母数字（!、$、#、%等）。

② 密码过期策略是指管理密码的使用期限。在创建 SQL Server 登录名时，如果使用密码过期策略，那么系统将提醒用户及时更改旧密码和登录名，并且禁止使用过期的密码。

在创建 SQL Server 验证的登录名时，为了实施上述密码策略，可以指定 HASHED、MUST_CHANGE、CHECK_EXPIRATION、CHECK_PLICY 等关键字。

① HASHED 关键字用于对密码进行哈希运算，若在 PASSWORD 关键字后面使用 HASHED 关键字，则表示在作为密码的字符串存储到数据库之前，要对其进行哈希运算。

② MUST_CHANGE 关键字表示在首次使用新登录名时提示用户输入新密码。

③ CHECK_EXPIRATION 关键字表示是否对该登录名实施密码过期策略。

④ CHECK_PLICY 关键字表示对该登录名强制实施 Windows 密码策略。

密码复杂性的实施必须启用 Windows 的密码策略（在"管理工具"中启用）。

创建登录的用户必须具有相应的权限。只有 sysadmin 和 securityadmin 固定服务器角色的成员才可以执行创建操作。

SQL Server 早期版本使用系统存储过程创建登录账户，创建 Windows 验证的登录的基本语法格式如下：

```
sp_grantlogin '登录名称','默认数据库','默认语言'
```
创建 SQL Server 验证的登录的基本语法格式如下：
```
sp_addlogin '登录名称','登录密码','默认数据库','默认语言'
```

【**例 7-2**】为计算机 XYZ 上 USER1 用户创建采用 Windows 身份验证的登录名。

在查询窗口中输入并执行如下 SQL 语句：

```
CREATE LOGIN [XYZ/USER1]
```

【**例 7-3**】创建一个名称为 LOG_ZHANGSAN、密码为 "123456"，默认数据库为 "cjgl" 的登录账户。

在查询窗口中输入并执行如下 SQL 语句：

```
CREATE LOGIN  LOG_ZHANGSAN
WITH  PASSWORD='123456', DEFAULT_DATABASE= cjgl
```

4. 登录账户管理

登录账户创建之后，可以查看登录账户信息，可以根据需要修改登录账户的名称、密码、密码策略、默认的数据库等信息，可以禁用或启用登录账户，也可以删除登录账户。

在 SQL Server 中，可以使用 SELECT 语句通过安全性目录视图查看登录名、权限、证书等有关安全性的信息。例如，sys.Server_principals 目录视图可以查看有关服务器级的主体信息，sys.sql_logins 目录视图提供了有关 SQL Server 登录名信息。这些信息包括名称、主体标示符、SID（安全性标识符）、类型、类型描述、创建日期、最后修改日期、默认数据库、默认语言等。

修改一个已经存在的登录账户，与创建登录账户类似。

① 采用 Transact-SQL 修改登录名，使用 ALTER LOGIN 语句。修改登录名与删除再重建登录名是不同的。在 SQL Server 中，登录名的标识符是 SID，登录名只是一个逻辑上使用的名称。修改登录名称时，由于该登录名的 SID 不变，因此系统依然把这种修改前后的登录名作为同一个登录对待，与该登录名有关的密码、权限等不会发生任何变化。但是，如果删除再重建登录名之后，虽然登录的逻辑名称可能相同，但是由于该登录名重建前后的 SID 不同，因此这种登录名是不同的。

② 使用 ALTER LOGIN 语句也可以修改登录名的密码和密码策略。这种修改不需要指定旧密码，直接指定新密码即可。只有 SQL Server 验证的登录可以改密码，登录用户可以更改自己的登录密码。只有 sysadmin 角色成员（如 sa）可以更改其他用户的登录密码。

需要特别指出的是，使用 ALTER LOGIN 语句可以禁用或启用指定的登录名。禁用登录名与删除登录名是不同的。禁用登录名时，登录名的所有信息依然存在于系统中，但是却不能正常使用。只有被重新起用，该登录名才可以发挥作用。实际上，禁用登录名是一种临时的禁止登录名起作用的措施。

修改、禁用和启用登录等几种常见语句的基本语法如下。

修改登录名的基本语法如下：

```
ALTER LOGIN 老登录名 WITH NAME=新登录名
```

修改登录密码的基本语法如下：

```
ALTER LOGIN 登录名 WITH PASSWORD=新密码
```

禁用或启用登录的基本语法如下：

```
ALTER LOGIN 登录名 { DISABLE| ENABLE }
```

如果某个登录名不再需要，那么可以删除该登录名。删除登录语句的基本语法如下：

DROP LOGIN 登录名

删除登录名表示删除该登录名的所有信息。需要注意的是，正在使用的登录名不能被删除，拥有任何安全对象、服务器级别的对象或代理作业的登录名也不能被删除。

不能删除下面这些登录账户：系统管理员（sa）；拥有现存数据库的登录账户；在 MSDB 数据库中拥有作业的登录账户；当前连接到 SQL Server 正在使用登录的账户。只有 sysadmin 和 securityadmin 固定服务器角色的成员才能执行相关的账户禁用和删除操作。

在 SSMS 中修改登录名或删除登录的步骤如下。

（1）要修改登录名的属性，在对象资源管理器中选中登录名，单击鼠标右键，在快捷菜单中选择"属性"选项，在弹出的属性窗口中进行修改设置即可。若仅修改登录名，只需选中登录名单击，即可进行重命名。

（2）若选择快捷菜单中"删除"选项，则可删除该登录。

SQL Server 早期版本使用存储过程 sp_password 改密码、sp_denylogin 禁用登录、sp_grantlogin 启用登录、sp_droplogin 删除登录。

7.2.3　SQL Server 固定服务器角色管理

用户通过登录账号可以连接 SQL Server 服务器，但若不授权，登录后将不能管理服务器或进行任何操作。SQL Server 服务器使用角色（Role）进行权限管理。SQL Server 将服务器的权限进行了划分，设置了 9 个固定角色，除 public 角色外，其他每个角色都是事先规定的权限的集合，不可更改和删除。

在对象资源管理中展开服务器下"安全性"→"服务器角色"节点，可以看到角色名列表，如图 7-10 所示。

图 7-10　固定服务器角色

1. 固定服务器角色

固定服务器角色也是服务器级别的主体，它们的作用范围是整个服务器。固定服务器角色已经具备了执行规定操作的权限，可以把登录名作为成员添加到固定服务器角色中，这样该登录名就继承拥有了固定服务器角色的权限。因此，服务器角色既是权限的集合，也是登录名的集合。

SQL Server 的 9 个固定服务器角色名称和权限如表 7-1 所示。

在这些角色中，sysadmin 服务器角色拥有最高权限，可以执行系统中所有操作。系统内置的 sa 登录账户和 Windows 验证的 Administrator 登录账户自动成为该角色成员。public 角色是特殊的服务器角色。所有登录自动作为该角色的成员，而其角色的权限可以设置。

表 7-1　　　　　　　　　　　　　　服务器角色名称及权限

服务器角色	权 限 描 述
sysadmin	可在 SQL Server 中执行任何活动，其权限跨越所有其他服务器角色
serveradmin	可以设置服务器范围的配置选项，关闭服务器
setupadmin	可以添加和删除链接服务器，并执行某些系统存储过程

续表

服务器角色	权限描述
securityadmin	可以管理登录，授予、禁止和撤销权限服务器级别的权限，更改密码
processadmin	可以管理在 SQL Server 中运行的进程
dbcreator	可以创建、更改、删除和还原数据库
diskadmin	可以管理磁盘文件
bulkadmin	可以执行 BULK INSERT 语句
public	可设置和更改权限。所有登录自动成为该角色成员

2. 使用 Transact-SQL 语句管理服务器角色

一个登录账户若添加为某个服务器角色的成员，就获得该角色的权限。在 Transact-SQL 中，可使用系统存储过程添加、查看和删除服务器角色成员。

添加登录到服务器角色中的存储过程基本语法如下：

```
SP_ADDSRVROLEMEMBER 登录名 ,角色名
```

删除服务器角色中的成员的存储过程基本语法如下：

```
SP_DROPSRVROLEMEMBER 登录名 ,角色名
```

删除服务器角色成员并不删除登录本身。

查看服务器角色成员的存储过程基本语法如下：

```
SP_HELPSRVROLEMEMBER 角色名
```

另外，可以使用 IS_SRVROLEMEMBER 函数判断指定的登录名是否是某个固定服务器角色。函数基本格式如下：

```
IS_SRVROLEMEMBER('角色名'[,'登录名'])
```

该函数返回 1 时，表示指定登录或当前登录（缺省登录名时）的登录账户是指定角色的成员；返回 0 时，表示不是成员；其他值则表示指定的服务器角色名称是错误的。

【例 7-4】将登录 LOG_ZHANGSAN 加入 securityadmin 角色中。

在查询窗口中输入并执行如下 SQL 语句：

```
EXECUTE SP_ADDSRVROLEMEMBER LOG_ZHANGSAN ,securityadmin
```

【例 7-5】查看服务器角色 sysadmin 中的成员。

在查询窗口中输入并执行如下 SQL 语句：

```
EXECUTE SP_HELPSRVROLEMEMBER 'sysadmin'
```

3. 在 SSMS 中管理服务器角色

在对象资源管理器"安全性"节点下"服务器角色"对象列表中选择某个角色名，单击鼠标右键，然后从弹出的快捷菜单中选择"属性"选项，弹出该角色的属性窗口，可以在该窗口中添加、查看和删除角色成员。

【例 7-6】查看服务器角色 dbcreator 中的成员，添加登录 LOG_ZHANGSAN 为 dbcreator 角色成员。

（1）在如图 7-10 所示的对象资源管理器中用鼠标右键单击"dbcreator"，在弹出的快捷菜单

中选择"属性"选项，弹出 dbcreator 角色的属性窗口，可查看服务器角色已有成员。

（2）单击"添加"按钮，弹出"选择登录名"对话框。在对话框中单击"浏览"按钮，弹出"查找对象"对话框，如图7-11 所示。在对话框中找到并选中"LOG_ZHANGSAN"登录，单击"确定"按钮。

（3）在如图 7-12 所示的"选择登录名"对话框中单击"确定"按钮，这样，在 dbcreator 角色的属性窗口就添加了 LOG_ZHANGSAN 登录作为角色成员，如图 7-13 所示。

图 7-11　查找登录名对话框

图 7-12　选择登录名对话框

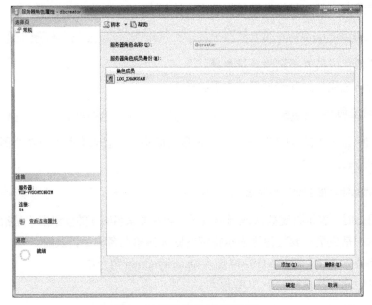
图 7-13　服务器角色属性窗口

（4）单击"确定"按钮，添加完成。

若要删除已有成员，在属性窗口中选中登录，单击"删除"按钮，然后单击"确定"按钮即可。

在执行相关操作时，要注意操作限制。已经是某个服务器角色的成员可以将其他登录账号添加到该服务器角色中，但不能添加到其他角色。sysadmin 角色成员可以将一个登录账户添加到任何服务器角色中。删除角色成员的规定与添加成员相同。

7.3　数据库用户及架构管理

数据库用户是数据库级的主体，是登录名在数据库中的映射，是在数据库中访问操作的执行者。一般来说，一个登录账户只有成为某个数据库的用户才可以访问该数据库。一个登录账户在每个数据库中只能对应一个用户，可以映射为多个数据库中的用户。

数据库用户管理包括创建用户、查看用户信息、修改用户、删除用户等操作。

7.3.1　创建数据库用户

1. 自动生成的用户

当一个登录账户创建一个数据库后，会自动生成几个用户。在对象资源管理器中展开数据库"安全性"→"用户"节点，可以看到自动生成的用户，如图 7-14 所示。自动生成的用户不能删除。

dbo 是数据库所有者用户。dbo 用户拥有在数据库中所有权限。创建数据库的登录账户作为所创建数据库的 dbo 用户。此外，固定服务器角色 sysadmin 中的所有成员（如 sa 登录）都自动映射到各数据库中的 dbo 用户。

guest 用户是数据库创建时自动生成的一个用户。guest 用户初始拥有的权限是数据库中 public 角色所拥有的权限，其权限可以根据需要添加和更改。guest 用户的作用是自动对应到所有的登录。这样，那些即使没有在数据库中创建用户的登录，都可以通过 guest 访问数据库。这种方式为数据库的使用增加了极大的灵活性。

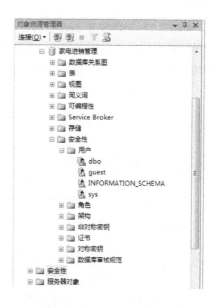

图 7-14　数据库用户节点

当数据库刚创建时，guest 用户处于被禁用状态，若要使 guest 用户发挥作用必须激活该用户。

使用 GRANT 语句激活数据库用户的基本语法如下：

```
GRANT CONNECT TO 用户名
```

使用 DENY 语句禁用用户的基本语法如下：

```
DENY CONNECT TO 用户名
```

2. 使用 Transact-SQL 语句创建用户

在 SSMS 中，可以使用 Transact-SQL 语句或以可视交互方式创建数据库用户。

可以使用 CREATE USER 语句在指定数据库中创建用户。由于用户是登录名在数据库的映射，因此在创建用户时需要指定登录名。语句基本语法如下：

```
CREATE USER 用户名 [ FROM LOGIN 登录名 ] [WITH DEFAULT_SCHEMA = 架构名]
```

其中，CREATE USER 语句创建的数据库用户名既可以和登录名相同，也可以不同。如果用户名与登录名相同，可以省略 FROM LOGIN 关键字，即当 CREATE USER 语句中没明确地指定登录名时，表示将创建一个与登录名完全一样的数据库用户。

架构是数据库对象的容器。用户若要操作架构对象，必须引用架构名。在创建用户时可以使用 DEFAULT_SCHEMA 子句来指定一个默认架构，当该用户操作对象省略架构时，就使用该默认架构。如果在 CREATE USER 语句中没有明确指定架构，那么所创建用户的默认架构是 dbo 架构。在创建数据库用户时可以指定当前不存在的架构为默认架构，以后再创建该架构，这样就提高了创建数据库用户的灵活性。

> 在数据库中创建用户，必须拥有创建用户的权限。

【例 7-7】创建 SQL Server 验证的登录账户 LOG_LISI，密码与用户名相同，然后将其创建为成绩管理数据库中的同名用户，采用默认架构。将登录 LOG_ZHANGSAN 创建为成绩管理数据库中的 U_CZY1 用户，默认架构为 S_CZY。

在查询窗口中输入并执行如下 SQL 语句：

```
CREATE LOGIN LOG_LISI WITH PASSWORD=' log_lisi'
USE cjgl
GO
CREATE USER LOG_LISI
CREATE USER U_CZY1 FROM LOGIN LOG_ZHANGSAN WITH DEFAULT_SCHEMA = S_CZY
```

【例 7-8】激活成绩管理数据库中 guest 用户。

在查询窗口中输入并执行如下 SQL 语句：

```
USE cjgl
GO
GRANT CONNECT TO quest
```

3. 使用交互方式创建用户

（1）在如图 7-14 所示的对象资源管理器中选择"用户名"并单击鼠标右键，在弹出的快捷菜单中选择"新建用户名"选项，弹出"数据库用户-新建"窗口，如图 7-15 所示。

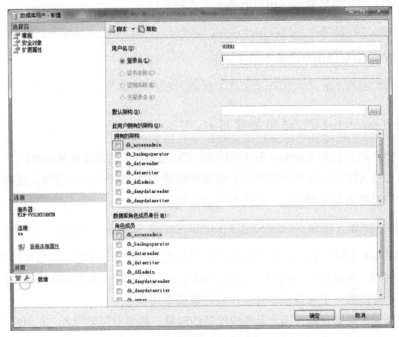

图 7-15　数据库用户新建窗口

（2）在用户名栏中输入数据库用户名，在登录名栏中输入登录名。也可以单击右边的▦按钮，弹出"选择登录名"对话框进行登录名查找和确定操作。

（3）在默认架构栏中输入默认架构，缺省即为 dbo 架构。

窗口下部用于选择拥有的架构和为数据库添加角色成员。左边有"安全对象"和"扩展属性"选项卡做进一步设置。最后，单击"确定"按钮，用户创建完成。

7.3.2　管理数据库用户

1.　查看用户

如果希望查看数据库用户及角色的有关信息，可以使用 sys.Database_principals 目录视图。该目录视图包含了有关数据库用户及角色的名称、ID、类型、默认的架构、创建日期、最后修改日期等信息。

【例 7-9】查看成绩管理数据库的用户及角色信息。

在查询窗口中输入并执行如下 SQL 语句：

```
SELECT * FROM sys.Database_cjgl
```

还可以使用系统存储过程 SP_HELPUSER 列出当前数据库中包含的所有用户。基本语法如下：

```
SP_HELPUSER ['数据库用户名']
```

若要了解特定用户，将用户名添加在存储过程后即可。

【例 7-10】查看成绩管理数据库的用户名。

在查询窗口中输入并执行如下 SQL 语句：

```
EXECUTE SP_HELPUSER
```

执行这个语句时，将列出该数据库用户的下列信息：UserName（用户名）、GroupName（所属角色名）、LoginName（对应的登录账户）等。

另外，也可以通过对象资源管理器查看数据库用户名称，如图 7-14 所示。

2.　修改用户

可以使用 ALTER USER 语句修改用户。修改用户包括两个方面，即重命名用户名和修改用户的默认架构。

重命名用户语句的基本语法如下：

```
ALTER USER 老用户名 WITH NAME=新用户名
```

修改用户名仅仅是名称的改变，不是用户与登录账户对应关系的改变，也不是用户与架构关系的变化。

交互方式也可以更改用户名，在 SSMS 中单击用户名，就可以直接改名了。

修改用户默认架构语句的基本语法如下：

```
ALTER USER 用户名 WITH DEFAULT_SCHEMA = 架构名
```

3.　禁用、激活及删除用户

若一个数据库用户不允许其使用，但不删除，可使用 DENY CONNECT TO 语句禁用，禁用后对应登录就不能以该用户身份访问数据库了。

要使已禁用的用户重新可用，可使用 GRANT CONNECT TO 语句激活用户。

彻底不再使用的用户应将其删除。删除用户语句的基本语法如下：

```
DROP USER 用户名[ , … n]
```

从当前数据库中删除一个用户，就是删除一个登录账户在当前数据库中的映射，该登录将不能以原数据库用户名访问数据库。但若数据库的 guest 用户是激活的，则该登录能够以 guest 用户名访问数据库。也可以交互方式删除用户。在 SSMS 中选中用户名，单击鼠标右键，在弹出的快捷菜单中选择"删除"选项，即可删除用户。

> 若用户拥有架构，则用户不能被删除。

SQL Server 早期版本使用系统存储过程创建和删除用户，基本语法格式如下：

```
sp_grantdbaccess '登录账户名' , '数据库用户名'
sp_ revokedbaccess '数据库用户名'
```

7.3.3 架构

1．理解架构

在 SQL Server 2000 及以前的版本中，数据库用户直接拥有表、视图等对象，这样当用户被删除时，用户所创建的对象就成为"没有所有者的孤儿"。从 SQL Server 2005 之后，数据库用户不再直接拥有数据库对象，而是通过架构拥有这些对象。

架构是形成单个命名空间的数据库实体的集合，是数据库级的安全对象，是数据库中表、视图、存储过程等对象的容器。一个数据库中可以有很多架构。事实上，当创建一个数据库后，数据库中已经自动建立多个架构。在对象资源管理器中展开数据库安全性下"架构"节点，可以看到数据库中已创建的架构，如图 7-16 所示。

在 SQL Server 中，用户的默认架构和用户所拥有的架构是不同的概念。用户默认架构表示当用户访问表、视图等架构对象时，若不指明架构，则操作默认架构中的对象。一个用户只有一个默认架构。一个架构可以是多个用户的默认架构。系统指定的默认架构是 dbo。用户拥有的架构表示用户是架构中对象的所有者，拥有这些对象的控制权。一个架构只有一个拥有者。

图 7-16　数据库架构节点

将所有权与架构分离具有以下重要的意义。

（1）架构的所有权和架构范围内的安全对象可以转移。对象可以在架构之间移动。

（2）一个用户可以拥有多个架构。多个数据库用户可以使用同一个默认架构。

（3）使用架构，使得对架构和架构中的对象的权限管理变得更加精细。用户在对架构对象进行某些操作时，不仅需要获得对象操作权限，还获得了架构操作权限。

（4）架构可以由任何数据库主体拥有，其中包括角色和应用程序角色。可以删除数据库用户而不删除相应架构中的对象，删除用户并不会造成对架构和架构中对象的影响。

2. 创建架构

使用 CREATE SCHEMA 语句不仅可以创建架构，而且在创建架构的同时还可以创建该架构所拥有的表、视图等，并且可以对这些对象设置权限。创建架构的用户必须拥有 CREATE SCHEMA 权限。CREATE SCHEMA 语句基本语法如下：

```
CREATE SCHEMA <架构名子句> [ <架构元素> [ , … n ] ]
<架构名子句> ::= { 架构名 | AUTHORIZATION 所有者名  | 架构名 AUTHORIZATION 所有者名 }
<架构元素> ::= { 表定义语句 | 视图定义语句 | 授权语句 | 撤销授权语句 | 禁止权限语句 }
```

其中，AUTHORIZATION 子句指定拥有架构的数据库级主体名称，此主体还可以拥有其他架构，并且可以不使用当前架构作为其默认架构。新架构的拥有者可以是数据库用户、数据库角色或应用程序角色。在架构内创建的对象由架构所有者拥有。架构所包含对象的所有权可转让给任何数据库主体，但架构所有者始终保留对此架构内对象的 CONTROL 权限。如果在 CREATE SCHEMA 语句中未指定所有者，当前用户将作为架构所有者。

如果在创建架构时，同时希望创建该架构所拥有的表、视图等数据库对象，那么可以在 CREATE SCHEMA 语句中使用表定义、视图定义语句。执行 CREATE TABLE 的主体必须在当前数据库中具有 CREATE TABLE 的权限，执行 CREATE VIEW 的主体必须具有 CREATE VIEW 权限。

授权语句指定可对除新架构外的任何安全对象授予权限的 GRANT 语句。撤销语句指定可对除新架构外的任何安全对象撤销权限的 REVOKE 语句。禁止语句指定可对除新架构外的任何安全对象拒绝授予权限的 DENY 语句。

CREATE SCHEMA 语句本身是一个事务，在执行过程中若出现任何错误，则该语句被撤销，该语句创建的所有对象以及执行的所有权限管理也都被取消。

在 SSMS 中可以通过交互方式创建架构。在如图 7-16 所示的对象资源管理器中选中"架构"节点并单击鼠标右键，在弹出快捷菜单中选择"新建架构"选项，即弹出新建架构窗口。用户进行有关设置操作，然后单击"确定"按钮即可。

【例 7-11】在成绩管理数据库中创建 S_CZY 架构，所有者 U_CZY1。

在查询窗口中输入并执行如下 SQL 语句：

```
USE cjgl
CREATE SCHEMA S_CZY AUTHORIZATION U_CZY1
```

3. 修改架构

修改架构是指将特定架构中的对象转移到其他架构中。修改架构转移对象并不会改动对象本身。需要注意的是，由于对象的权限是与所属的架构紧密关联的，当将对象转移到新架构时，与该对象关联的所有权限都被删除。

可以使用 ALTER SCHEMA 语句完成对架构的修改，其基本语法如下：

```
ALTER SCHEMA 目标架构名 TRANSFER 原架构名.对象名
```
可以使用 ALTER AUTHORIZATION 语句修改架构的所有者，其基本语法如下：
```
ALTER AUTHORIZATION ON [ <实体类型> ::] 实体名
     TO { SCHEMA OWNER | 主体名 }
<对象类型> ::= { Object | Type | XML Schema Collection | Fulltext Catalog
              | Fulltext Stoplist | Schema | Assembly | Role | Message Type
              | Contract | Service | Remote Service Binding | Route
              | Symmetric Key | Endpoint | Certificate | Database }
```

ALTER AUTHORIZATION 语句不仅可修改架构的所有者，还可以修改其他类型对象的所有者。

【例 7-12】将成绩管理数据库中学生表 xs 转移到 S_CZY 架构下。

在查询窗口中输入并执行如下 SQL 语句：

```
USE cjgl
ALTER SCHEMA S_CZY TRANSFER dbo.xs
```

从某个架构中转移对象，一般不会影响所转移对象的定义，如生产商表与其他表的外键关系，但是会对某些对象有影响，例如，如果将原表之间的关系保存为关系图，那么架构的转换会使关系图存放的信息发生变化，影响到关系图的内容。

【例 7-13】将成绩管理数据库中 SC1 架构的所有者改为 dbo 用户。

在查询窗口中输入并执行如下 SQL 语句：

```
USE cjgl
ALTER AUTHORIZATION ON SCHEMA::S_CZY TO dbo
```

4. 查看架构信息及删除架构

如果希望查看数据库中的架构信息，可以使用 sys.schemas 架构目录视图。该视图包含了数据库中架构的名称、架构的标识符、架构所有者的标识符等信息。

【例 7-14】在成绩管理数据库中查看架构的用户及角色信息。

在查询窗口中输入并执行如下 SQL 语句：

```
USE 成绩管理
SELECT * FROM sys.schemas
```

如果架构已经没有存在的必要了，可以使用 DROP SCHEMA 语句删除架构，其基本语法如下：

```
DROP SCHEMA 架构名
```

删除架构时需要注意，如果架构中包含有任何对象，那么删除操作失败。只有当架构中不再包含有对象时，才可以被删除。

7.4　数据库角色

数据库用户只有获得授权，才能对数据库对象进行相应的访问操作。数据库中使用数据库角色和授权语句实现权限管理的功能。

7.4.1　固定数据库角色

数据库角色是数据库级别的主体。数据库角色分为固定数据库角色和用户定义的数据库角色。

1. 固定数据库角色

SQL Server 设置了 9 个固定数据库角色。固定数据库角色具有预先定义好的权限，不能为这些角色增加或删除权限。也不能更改和删除这些角色。可以将数据库用户添加到角色中，成为数据库角色的用户自动继承角色所拥有的权限。因此，角色是权限的集合，也是用户的集合。

在 SSMS 对象资源管理器中，展开数据库下"安全性"→"角色"→"数据库角色"节点，可以看到所有数据库角色的列表，如图 7-17 所示。其中，db_owner 是数据库所有者角色，dbo 用户即是该角色的成员，该角色具有数据库中全部的权限。db_accessadmin 是访问管理员角色，如果某个用户希望拥有将登录账户创建为数据库用户的权限，那么成为该角色的成员即可。

图 7-17　数据库角色

所有固定数据库角色的名称及所具有的权限描述如表 7-2 所示。

表 7-2　　　　　　　　　　　　　　固定数据库角色名称及权限描述

角　色　名	权　限　描　述
db_owner	数据库拥有者。可对数据库和其对象进行所有管理工作。此角色的权限包括其他角色的权限
db_accessadmin	可以为登录名创建数据库用户，以及删除用户
db_datareader	可查看数据库中所有用户表的数据
db_datawriter	可以添加、修改、删除数据库中所有用户表内的数据
db_ddladmin	数据定义管理，可以在数据库中运行任何 DDL 语句
db_securityadmin	可管理数据库内的权限控制。如管理数据库的角色和角色内的成员，管理数据库内对象的访问控制
db_backupoperator	具有备份数据库的权限
db_denydatareader	不能读取数据库中任何用户表中的数据
db_denydatawriter	不能添加、修改、删除数据库中任何用户表内的数据

2. public 角色

除了前面介绍的固定数据库角色之外，数据库中还有一个特殊角色即 public 角色。

public 角色有两大特点：第一，数据库创建时自动生成，初始时没有权限，但可以为 public 角色授予权限；第二，所有的数据库用户自动都是它的成员。

由于所有用户都是 public 角色成员，因此数据库中所有用户都会自动继承角色的权限。当为 public 角色授予权限时，实际上就是为所有数据库用户授权。

不能删除 public 角色，也无法再将用户或组指派给该角色，它们默认属于该角色。

7.4.2　用户定义数据库角色

由于固定数据库角色权限不能更改，而 public 角色又包括所有用户，因此仅有固定数据库角色不能满足用户要求。但用户可以根据需要自定义角色。

角色是用户的集合，而自定义角色可以根据需要授权，给角色授权即同时给角色的所有成员授予相同权限，因此角色为权限管理提供了极大的灵活性。有了角色，就不用直接管理各个用户的权限，而只需要在角色之间移动用户就行了。当用户工作职能发生变化时，只需要转换角色或更改角色的权限，就可使更改自动应用于角色的所有成员，操作起来十分方便。

用户定义的数据库角色应用包括创建角色、给角色添加成员、给角色授权或撤销授权、删除角色成员、删除角色等。

1. 创建数据库角色

创建角色的基本语法如下：

```
CREATE ROLE 角色名 [ AUTHORIZATION 所有者名 ]
```

其中，AUTHORIZATION 子句指定角色的所有者，若缺省则当前用户默认为该角色的所有者。

在当前数据库中只有 db_securityadmin 和 db_owner 固定数据库角色的成员才能创建角色。当一个角色刚创建时，没有任何角色成员，也没有授予权限。

在 SSMS 中，也可以交互方式创建角色，操作方法与其他对象类似。

2. 查看、修改和删除数据库角色

可以使用 sys.database_principals 安全性目录视图查看当前数据库中所有数据库角色信息，使用 sys.database_role_members 安全性目录视图查看当前数据库中所有数据库角色和其成员的信息。

使用系统存储过程 SP_HELPROLE 可以列出当前数据库中的所有数据库角色的名称及 ID，包括固定数据库角色和自定义数据库角色。

可以使用 ALTER ROLE 语句修改数据库角色名称，基本语法如下：

```
ALTER ROLE 原角色名 WITH NAME = 新角色名
```

应当从数据库中删除不再需要的数据库角色，其基本语法如下：

```
DROP ROLE 角色名 [, … n]
```

若角色中存在数据库用户，则该角色不可删除。

【例 7-15】在成绩管理数据库中创建 ROLE_CZY 角色。

在查询窗口中输入并执行如下 SQL 语句：

```
USE cjgl
CREATE ROLE ROLE_CZY
```

【例 7-16】在当前数据库中查看所有角色信息。

在查询窗口中输入并执行如下 SQL 语句：

```
SELECT * FROM sys.database_principals
```

可以查看所有角色即其他主体的名称、主体 ID、类型（角色类型为 R）等信息。

在 SSMS 中，还可以在对象资源管理器中使用交互方式更改数据库角色名称和删除数据库角色。操作方法与操作用户等对象相似。

早期 SQL Server 版本使用系统存储过程创建和删除数据库角色，基本语法如下：

```
sp_addrole'数据库角色名'
sp_droprole'数据库角色名'
```

7.4.3　添加或删除数据库角色成员

1. 添加数据库角色成员

可以使用系统存储过程 SP_ADDROLEMEMBER 向数据库角色中添加一个成员。存储过程的基本语法如下：

```
SP_ADDROLEMEMBER
    [@rolename=]'数据库角色名',[@membername=]'用户名或用户定义数据库角色名'
```

使用该存储过程可以将当前数据库中的数据库用户、用户定义的数据库角色添加到指定的数据库角色中。

数据库角色可以包括其他的数据库角色作为成员，但是数据库角色不能包含自己作为成员。无论是直接作为成员包含自身，还是通过其他数据库角色间接地包含自身，这种操作都是无效的。

只有 db_owner 数据库角色中的成员，才能执行系统存储过程 sp_addrolemember，将数据库用户或用户定义角色添加到固定数据库角色中。

而数据库角色的所有者可以执行该存储过程将数据库用户或用户定义角色添加到自己所拥有的任何数据库角色中。db_securityadmin 固定数据库角色的成员可以将用户添加到任何用户定义的角色中。

2. 删除数据库角色成员

使用系统存储过程 SP_DROPROLEMEMBER 可以从数据库角色中删除一个成员。存储过程的基本语法如下：

```
SP_DROPROLEMEMBER
    [@rolename=] '数据库角色名',[@membername = ]'成员名称'
```

其中，只有 db_owner 和 db_securityadmin 固定数据库角色的成员才能执行该存储过程。只有 db_owner 固定数据库角色的成员才可以从固定数据库角色中删除用户。

【例 7-17】在成绩管理数据库中将 ROLE_CZY 角色和 U_CZY1 用户都加入固定服务器角色 db_accessadmin 中。

在查询窗口中输入并执行如下 SQL 语句：

```
USE cjgl
GO
EXEC SP_ADDROLEMEMBER 'db_accessadmin','ROLE_CZY'
EXEC SP_ADDROLEMEMBER 'db_accessadmin','U_CZY1'
```

在 SSMS 中，可以通过交互方式添加或删除数据库角色的成员。在对象资源管理器中，选中数据库角色名，单击鼠标右键，在弹出的快捷菜单中选中"属性"选项，弹出数据库角色的属性窗口，在窗口中执行相应的添加或删除操作即可。

另外，若要将某个用户添加到角色或从角色中删除，可以选中该用户，单击鼠标右键，在弹出的快捷菜单中选择"属性"选项，弹出数据库用户的属性窗口，在窗口中执行相应的添加或删除操作即可。

7.5 权限管理

权限是执行操作、访问数据的通行证。只有拥有了针对某种安全对象的指定权限，才能对该对象执行相应的操作。简单而言，权限就是规定用户可以做什么，不能做什么。

7.5.1 权限概述

SQL Server 将安全对象进行了分层，依次分为服务器级、数据库级和架构级安全对象。因此，服务器是服务器安全对象的容器，数据库是数据库安全对象的容器，架构是架构安全对象的容器。依据包含范围的大小，每一级都包括了下一级。

因此，从权限设置角度看，用户权限可以分为以下 3 类：

① 操作服务器的权限；

② 访问指定数据库的权限；

③ 在指定数据库上对特定对象执行特定行为的权限。

其中，操作服务器权限限定于登录账户，访问指定数据库的权限通过用户体现。

对于安全对象的操作权限，除固定服务器角色和数据库角色对于权限的规定外，SQL Server 还设置了多种权限，每个权限都有特定的名称及相关规定。

在 SQL Server 中，按照权限是否与特定安全对象相关，可以分为针对所有对象权限和针对特定对象权限。针对所有对象的权限，包括 CONTROL、ALTER、ALTER ANY、TAKE OWNERSHIP、IMPERSONATE、CREATE、VIEW DEFINITION 等。

① CONTROL 权限。为被授权者授予类似所有权的功能，被授权者拥有对安全对象所定义的所有权限。在 SQL Server 中安全设置是分层的，因此 CONTROL 权限在特定范围内隐含着对该范围内的所有安全对象的 CONTROL 权限。例如，如果某个用户对某个架构拥有 CONTROL 权限，那么该用户对架构下所有表、视图、存储过程等都拥有 CONTROL 权限。对一个表拥有 CONTROL 权限意味着该用户对表有查询、修改和删除的权限。

② ALTER 权限。为被授权者授予更改特定安全对象属性的权限（所有权除外）。该权限比 CONTROL 权限范围要小。当授予用户对某个范围的 ALTER 权限时，也就授予了更改、删除或创建该范围内包含的任何安全对象的权限。例如，若授予对表的 ALTER 权限，就包括插入、删除和修改该表数据的权限，但不包括 SELECT 权限。

③ ALTER ANY 权限。与 ALTER 权限不同，ALTER 权限需要指定具体的安全对象，但是 ALTER ANY 权限则是与特定安全对象类型相关的权限，不针对某个具体的安全对象。其格式为 "ALTER ANY <服务器安全对象>" 和 "ALTER ANY <数据库安全对象>"。例如，如果授予某个登录 ALTER ANY LOGIN 权限，表示可以执行创建、更改、删除 SQL Server 实例中任何登录名的权限。如果授予某个用户拥有 ALTER ANY SCHEMA 权限，表示可以执行创建、更改、删除数据库中任何架构的权限。

④ TAKE OWNERSHIP 权限。允许被授权者获得所授予的安全对象的所有权，被授权者可以执行针对该安全对象的所有权限。TAKE OWNERSHIP 权限与 CONTROL 权限是不同的，TAKE

OWNERSHIP 权限是通过所有权的转移实现的，CONTROL 权限则仅仅是拥有类似所有权的操作。

⑤ IMPERSONATE 权限。可以使被授权者模拟指定的登录名或指定的用户执行各种操作。如果拥有 IMPERSONATE <登录名>权限，表示被授权者可以模拟指定的登录名执行操作。如果是 IMPERSONATE <用户>权限，表示被授权者可以模拟指定的用户执行操作。这种模拟只是一种临时的权限获取方式。

⑥ CREATE 权限可以使被授权者获取创建服务器安全对象、数据库安全对象、架构内的安全对象的权限。格式为"CREATE <服务器安全对象>"、"CREATE <数据库安全对象>"和"CREATE <包含在架构内的安全对象>"。不过，要在架构内创建安全对象，还必须使该架构拥有 ALTER 权限。

⑦ VIEW DEFINITION 权限。使被授权者具有查看 SQL Server 或数据库元数据的权限。

在 SQL Server 中，常用的针对特殊对象的权限包括：SELECT、UPDATE、REFERENCES、INSERT、DELETE 及 EXECUTE 等。

① SELECT 权限。对指定安全对象中数据进行检索操作的权限，这些安全对象包括同义词、表和列、表值函数、视图和列等。

② UPDATE 权限。对指定安全对象中数据进行更新操作的权限，这些安全对象包括同义词、表和列、图和列等。

③ REFERENCES 权限。对指定安全对象进行引用操作权限，这些安全对象包括标量函数、聚合函数、队列、表和列、表值函数、视图和列等。

④ INSERT 权限。对指定安全对象进行数据插入操作的权限，这些安全对象包括同义词、表和列、视图和列等。

⑤ DELETE 权限。对指定安全对象进行删除数据操作的权限，这些安全对象包括同义词、表和列、视图和列等。

从对象的角度看，不同安全对象设置有不同的权限。常见安全对象上的常用权限如表 7-3 所示。

表 7-3　　　　　　　　　　常见安全对象具有的常用权限

安 全 对 象	常 用 权 限
数据库	BACKUP DATABASE、BACKUP LOG、CREATE DATABASE、CREATE DEFAULT、CREATE FUNCTION、CREATE PROCEDURE、CREATE RULE、CREATE TABLE、CREATE VIEW
表	SELECT、UPDATE、INSERT、DELETE、REFERENCES
视图	SELECT、UPDATE、INSERT、DELETE、REFERENCES
表值函数	SELECT、UPDATE、INSERT、DELETE、REFERENCES
标量函数	EXECUTE、REFERENCES
存储过程	EXECUTE、SYNONYM

7.5.2　权限管理

权限管理包括授予权限、收回权限和拒绝权限。

① 授予（GRANT）权限。即允许指定安全主体在指定安全对象上获得给定的权限，以便可以执行某种操作或某个语句。

② 收回（REVOKE）权限。即不允许指定的安全主体在指定安全对象上获得指明的权限；或者收回曾经授予的某种权限，这与授予权限正好相反。

③ 拒绝（DENY）访问权限。即拒绝指定的安全主体在指定安全对象上拥有指明的权限。即使主体被授予这种权限，或者由于继承而获得这种权限，但仍然不允许这些权限生效。

1. 使用 Transact-SQL 语句管理权限

管理权限的 Transact-SQL 语句是 GRANT、REVOKE 和 DENY 语句。

（1）GRANT 语句实现授权，其语法非常复杂，有多种格式。常用的基本语法格式如下：

```
GRANT { ALL [PRIVILEGES] } | 权限名 [( 列名 [ ,…n ])][ ,…n ] }
    [ ON [ class :: ] 安全对象 ] TO 安全主体 [ ,…n ]
    TO 安全主体 [ ,…n ]
    [ WITH GRANT OPTION ] [ AS 安全主体 ]
```

其中，

ALL [PRIVILEGES]：不推荐使用此选项，保留此选项仅用于向后兼容。使用该选项不会授予所有可能的权限。对于不同的安全对象，使用 ALL 参数授予权限含义不同，具体含义如下。

① 安全对象为数据库，则表示 BACKUP DATABASE、BACKUP LOG、CREATE DATABASE、CREATE DEFAULT、CREATE FUNCTION、CREATE PROCEDURE、CREATE RULE、CREATE TABLE 和 CREATE VIEW。

② 安全对象为标量函数，则表示 EXECUTE 和 REFERENCES。

③ 安全对象为表值函数，则表示 DELETE、INSERT、REFERENCES、SELECT 和 UPDATE。

④ 安全对象是存储过程，则表示 EXECUTE。

⑤ 安全对象为表，则表示 DELETE、INSERT、REFERENCES、SELECT 和 UPDATE。

⑥ 安全对象为视图，则表示 DELETE、INSERT、REFERENCES、SELECT 和 UPDATE。

权限名：表明要授予的权限。

列名：指明权限涉及的表或视图特定列的名称。需要使用括号 "( )"。

对象类名（class）：指定将授予其权限的安全对象的类。需要范围限定符 "::"。

安全对象：指定将授予其权限的安全对象。

安全主体：指明主体的名称。可为其授予安全对象权限的主体随安全对象而异。

GRANT OPTION：允许被授权者在获得指定权限的同时还可以将指定权限授予其他主体。

AS 安全主体：明确一个主体，说明执行本语句的主体是从该主体获得授予该权限的权利。

授权者（或用 AS 选项指定的主体）必须拥有带 GRANT OPTION 的相同权限，或拥有隐含所授予权限的更高权限。对象所有者可以授予其所拥有的对象的权限。对某安全对象拥有 CONTROL 权限的主体可以授予对该安全对象的权限。被授予 CONTROL SERVER 权限的用户（例如，sysadmin 固定服务器角色的成员）可以授予相应服务器中任一个安全对象的任意权限。被授予某一数据库 CONTROL 权限的用户（如 db_owner 固定数据库角色的成员）可以对该数据库中的任意安全对象授予任何权限。被授权 CONTROL 权限的用户可以授予对相应架构中任一个对象的任意权限。

（2）REVOKE 语句用于撤销对主体的授权，其语法也很复杂。基本语法格式如下：

```
REVOKE [ GRANT OPTION FOR ]
    { ALL [PRIVILEGES] } | 权限名 [( 列名 [ ,…n ])][ ,…n ] }
    [ ON [ class :: ] 安全对象
```

```
    { TO | FROM 安全主体 [ ,…n ]
    [ CASCADE] [ AS 安全主体 ]
```

GRANT OPTION FOR 必须与 CASCADE 子句同时使用，表示在撤销主体所获得的指定权限同时，撤销该主体授予其他主体的权限。

（3）DENY 语句用于拒绝主体有关的权限。基本语法格式如下：

```
DENY { ALL [PRIVILEGES] } | 权限名 [( 列名 [ ,…n ])][ ,…n ] }
    [ ON [ class :: ] 安全对象 ] TO 安全主体 [ ,…n ]
    [ CASCADE ] [ AS 安全主体 ]
```

在使用 GRANT 和 DENY 语句时，执行 GRANT 语句授予权限将取消对所指定安全对象的相应权限的 DENY 操作。如果在包含该安全对象的更高级别拒绝了相同的权限，则 DENY 操作优先。但是，在更高级别撤销已授予权限的操作并不优先。

REVOKE 语句撤销主体通过 GRANT 语句获得的权限，但主体通过角色继承的权限依然有效。DENY 语句拒绝主体的指定权限，无论是授予的还是继承的。

【例 7-18】授予登录 LOG_ZHANGSAN 创建数据库的权限。

授予登录账户创建数据库的权限，方法之一是添加为 dbcreator 角色成员。另一种方法，就是授予其 CREATE DATABSE 的权限。

若要获得授权，必须作为 master 数据库的用户。

在查询窗口中输入并执行如下 SQL 语句：

```
USE master
CREATE USE LOG_ZHANGSAN                    ——与登录同名
GRANT CREATE DATABASE TO LOG_ZHANGSAN
```

然后登录 LOG_ZHANGSAN 通过 master 用户身份就可以创建数据库。当前数据库必须是 master。

【例 7-19】比较 REVOKE 和 DENY 语句对相同权限限制的区别。

收回上例授予 master 数据库的用户 LOG_ZHANGSAN 创建数据库的权限，命令如下：

```
REVOKE CREATE DATABASE FROM LOG_ZHANGSAN
```

则对应的登录不能创建数据库。但是，若该登录通过添加为固定服务器角色 dbcreator 成员继承了创建数据库的权限，则不受 REVOKE 语句影响，依然可以创建数据库。

拒绝 master 用户 LOG_ZHANGSAN 创建数据库的权限，命令如下：

```
DENY CREATE DATABASE TO LOG_ZHANGSAN
```

则该用户对应的 LOG_ZHANGSAN 登录不能创建数据库，其通过 dbcreator 角色获得的创建权限也被禁止。

【例 7-20】根据例 7-7 创建的用户，授予 LOG_LISI 创建表的权限、修改 dbo 架构的权限。

在查询窗口中输入并执行如下 SQL 语句：

```
USE cjgl
GRANT CREATE TABLE TO LOG_LISI
GRANT ALTER ON::SCHEMA DBO TO LOG_LISI
```

【例 7-21】拒绝用户 U_CZY1 修改学生表中姓名、专业名的操作权限。

其语法格式如下：

```
USE 成绩管理
DENY UPDATE(姓名,专业名) ON xs TO U_CZY1
```

2. 以交互方式管理权限

除了命令授权外，还可以在 SSMS 中使用交互方式授权。

【例 7-22】授予用户 U_CZY1 创建存储过程、函数和架构的权限，并允许转授创建过程的权限。

创建对象的权限属于语句权限，在数据库属性中设置。在对象资源管理器中选中成绩管理数据库，单击鼠标右键，在弹出的快捷菜单中选择"属性"选项，弹出属性窗口，选择权限选项卡，如图 7-18 所示。

图 7-18　数据库权限属性窗口

在"用户或角色"窗格中选中 U_CZY1 用户，在"U_CZY1 的权限"窗格中选中"创建过程、创建函数、创建架构"的"授予"复选框，选中"创建过程"的"具有授予权限"复选框，单击"确定"按钮。设置完成。

7.6　加密存储数据概述

在数据库安全管理中，保护敏感数据的最后一个安全屏障通常是数据加密。加密是一种帮助保护数据的机制，它通过特定的算法将数据打乱。当原始数据（称为明文）与称为密钥的值一起经过一个或多个数学公式处理后，数据就完成了加密。此过程使原始数据转为不可读形式。获得的加密数据称为密文。为使此数据重新可读，数据接收方需要使用相反的数学过程以及正确的密钥将数据解密。只有经过授权的人员才能访问和读取数据。

在加密领域，根据加密密钥和解密密钥是否相同，一般分为以下两种主要加密类型：

① 对称加密，此种加密类型又称共享密钥加密。

② 非对称加密，此种加密类型又称两部分加密或公共密钥加密。

对称加密使用相同的密钥加密和解密数据，其处理示意如图 7-19 所示。非对称加密使用两个具有数学关系的不同密钥加密和解密数据，这两个密钥分别称为私钥和公钥，合称密钥对，其加密解密的过程如图 7-20 所示。

图 7-19　对称加密方法示意

图 7-20　非对称加密方法示意

对称加密使用的算法比采用非对称加密的算法简单。由于这些算法更简单以及数据的加密和解密都使用同一个密钥，所以对称加密比非对称加密的速度要快得多。因此，对称加密适合大量数据的加密和解密。常用的对称加密算法有：RC2（128 位）、3DES 和 AES 等。非对称加密被认为比对称加密更安全，因为数据的加密密钥与解密密钥不同。但是，由于非对称加密使用的算法比对称加密更复杂，并且还使用了密钥对，因此当组织使用非对称加密时，其加密过程比使用对称加密慢很多。常用的非对称加密算法有：RSA 和 DSA。

加密时需要执行某种算法，该过程会增加计算机处理器时间，加密后的密文一般会比明文数据大，密文的存储也需要更多的空间。加密后数据大小取决于使用的算法、密钥的大小和明文的大小。较长的加密密钥比较短的加密密钥更有助于提高密文的安全性。不过，较长的加密密钥的加密/解密运算更加复杂，占用的处理器时间也比较短的加密密钥长。

SQL Server 2008 提供了内置的数据加密功能，并支持以下 3 种加密类型，每种类型使用一种不同的密钥，并且具有多个加密算法和密钥强度。

① 对称加密。SQL Server 2008 中支持 RC4、RC2、DES 和 AES 系列加密算法。

② 非对称加密。SQL Server 2008 支持 RSA 加密算法以及 512 位、1 024 位和 2 048 位的密钥强度。

③ 证书。使用证书是非对称加密的另一种形式。一个组织可以使用证书并通过数字签名将一组公钥和私钥与其拥有者相关联。SQL Server 2008 支持"因特网工程工作组"（IETF）.509 版本 3（X.509v3）规范。一个组织可以对 SQL Server 使用外部生成的证书，或者使用 SQL Server 生成证书，证书可以以独立文件的形式备份，然后在 SQL Server 中进行还原。

采用对称加密方法对数据库中数据加密的基本步骤如下。

① 创建数据库主创建数据库主密钥。数据库主密钥又称服务主密钥，为 SQL Server 加密层次的根。只有创建服务主密钥的 Windows 服务账户或有权访问服务账户名称和密码的主体能够打开服务主密钥。SQL Server 中的数据库级别加密功能依赖于数据库主密钥。创建数据库时不会自动生成该密钥，必须由系统管理员创建。每个数据库只需要创建一次主密钥即可。

② 创建一个证书。SQL Server 2008 使用证书加密数据或对称密钥。公钥证书（通常称为证书）是一个数字签名语句，它将公钥的值绑定到拥有对应私钥的人员、设备或服务的标识上。证书是由证书颁发机构（CA）颁发和签名的。从 CA 处接收证书的实体是该证书的主体。证书中通常包括主题的公钥、主题的标识符信息、证书的有效期、颁发者标识符信息、颁发者的数字签名。

③ 创建一个对称密钥，以加密目标数据。使用第②步中创建的证书、其他对称密钥或用户提供的密码加密此对称密钥。

④ 打开对称密钥将数据加密或解密。

⑤ 若要向表中插入数据，使用 EncryptByKey（ ）函数加密数据。EncryptByKey（ ）函数的语法格式如下：

```
EncryptByKey(key_GUID,'明文')
```

其中，key_GUID（ ）为密钥的 GUID 值。可以通过函数 KEY_GUID（'密钥名'）获取。

至此，该数据在数据库中加密存储为二进制大对象（BLOB）。

若要读取表中加密过的数据，使用 DecryptByKey（ ）函数解密数据。

⑥ 关闭对称密钥。

【例 7-23】 采用对称加密方法对数据库中数据加密。

设有数据库 TESTDB，其中有表 T1。T1 表的字段如下。

```
T1(CID INT, CNAME CHAR(20), PSWORD VARBINARY(500))
```

其中，PSWORD 为需要加密存储的账户密码。那么，加密的过程及脚本如下。

```
USE TESTDB
GO
CREATE MASTER KEY ENCRYPTION BY PASSWORD='X123@456'        —① 创建主密钥
  —每个数据库创建一个主密钥。PASSWORD 子句为创建主密钥时对主密钥副本进行加密的密码
CREATE CERTIFICATE TESTDBCERT                              —② 创建证书
  WITH SUBJECT= 'To Encrytpt t1(column 3)',               —主题
  EXPIRY_DATE='2012-12-31'                                 —到期日期
CREATE SYMMETRIC KEY COL3KEY                               —③ 创建对称密钥
  WITH ALGORITHM =AES_256                                  —使用 AES 256 加密算法
  ENCRYPTION BY CERTIFICATE TESTDBCERT                     —使用加密证书
OPEN SYMMETRIC KEY COL3KEY                                 —④ 打开对称密钥
  DECRYPTION BY CERTIFICATE TESTDBCERT
INSERT INTO T1                                             —⑤ 插入数据存储时加密
VALUES(1,'张三',ENCRYPTBYEY(KEY_GUID('COL3KEY'),'X123'))    —密码明文 X123
CLOSE SYMMETRIC KEY COL3KEY                                —⑥ 关闭对称密钥
```

至此，向表 T1 中插入了一行有字段加密的数据行。若要读取该数据，使用以下命令将得不到密码值。看到的是加密过的值。

```
SELECT * FROM T1
要读取解密后的该数据，必须使用以下脚本。
OPEN SYMMETRIC KEY COL3KEY                                 —④ 打开对称密钥
  DECRYPTION BY CERTIFICATE TESTDBCERT
SELECT CID,CNAME,CONVERT(CHAR(10),DECRYPTBYKEY(PSWORD))    —⑤ 读取加密数据
 FROM T1
```

以上通过示例简要介绍了 SQL Server 中的一种数据加密存储的方法。更完整的加密理论和应用请参阅其他有关资料。

小结

SQL Server 提供强大而灵活的安全功能，可以满足多种情况下的安全需求。本章介绍了数据库

安全的基本概念和理论，介绍了 SQL Server 安全管理的应用。

安全管理将涉及的实体分为主体和客体，核心是身份识别、权限管理和数据加密。SQL Server 基于 Windows 安全管理，将数据库系统安全分为 SQL Server 服务器级的安全管理和数据库级的安全管理。

服务器级安全管理的主体身份识别采用登录账户。一个计算机用户必须成为 SQL Server 登录账户才能连接访问服务器。SQL Server 为验证登录账户的身份，提供了 Windows 验证和 SQL Server 验证两种模式。服务器级的权限管理主要基于服务器角色。服务器角色是权限的划分，登录账户通过成为角色成员而获得权限。

数据库级安全管理的身份识别采用数据库用户。一个登录账户成为数据库用户，才能访问操作数据库。为方便登录账户，SQL Server 特别设计了 guest 账户。

数据库级的权限管理通过固定数据库角色、用户定义角色、授权机制等方法实现。为了实现安全对象的灵活管理，将主体与客体分离，采用了架构的机制。

因此，为保证数据库系统安全，一个用户使用 SQL Server 数据库要通过 3 层验证：第一层是验证用户是否是合法的服务器登录账户；第二层是验证用户是否是要访问数据库的合法用户；第三层是验证用户是否具有合法的操作权。

最后，SQL Server 内置了数据加密存储的功能。

习题 7

一、简答题

1. 简述信息的安全性的含义。

2. 什么是主体？什么是客体？在 SQL Server 中，客体又称什么？

3. 安全管理的核心包括哪几个方面？

4. 简述 DAC、MAC 和 RBAC 的含义及主要内容。

5. SQL Server 安全管理将主体分为哪些安全级别？

6. 什么是 SQL Server 登录账户？有哪两种身份验证模式？各有什么特点？

7. 什么是数据库用户？有什么特点？dbo 是什么用户？guest 是什么用户？

8. 什么是架构？其作用是什么？与用户有什么关系？

9. 角色的用途是什么？服务器角色与数据库角色各有什么特点？public 角色有什么特点？

10. 什么是权限？与权限有关的操作有哪些？

11. 为什么要加密存储数据？SQL Server 有几类加密方法？

实验 8　数据库的访问许可

一、实验目的

掌握建立管理账户与设定相应权限的方法。

二、实验内容

假设在一家 HR 服务器的默认实例中已经建立了一个数据库 Tariffsmall 用来存储通话计费信息，现在需要加强数据链路的安全，以保障系统的正常运行。通过适当的权限分配，授予或撤销用户的访问数据库及其对象的权限。

三、实验步骤

（1）设置 SQL Sever 身份验证模式。

（2）新建 Windows 登录账户，分别创建 A 组、B 组和 C 组，并建立与 SQL Sever 账户对应关系（分别在 SQL Sever 上创建 3 个和组同名的账户）。

① A 组的设置选项为 Windows 身份验证模式，默认数据库为 Tariffsmall。

② B 组的设置选项为 Windows 身份验证模式，默认数据库为 Tariffsmall。

③ C 组的设置选项为 Windows 身份验证模式，默认数据库为 Master。

（3）新建 SQL 登录用户 yue 和 yezi 并设置密码。

（4）密码验证策略。

（5）如果提示错误，则证明设置正确，如果是在工作组上安装的数据库，一定要保证本地策略已经启用了强密码策略才会有效。

（6）将登录账户加入服务器角色，主要将 C 组加入 dbcreater 角色中，并验证 C 组的权限。

（7）创建 jim 用户，并将 jim 加入 C 组，用 jim 登录。

（8）创建数据库 test，验证创建的效果。

（9）给 yue 账户分配权限。

（10）在"登录属性"对话框的"安全对象"选项页中，添加 yezi 用户授予其 Alter 权限。

（11）验证 yue 是否可以改变 yezi 的密码，利用 yue 账户修改 yezi 的密码（需要旧密码）。

（12）建立数据库用户映射 Windows 登录账户，将 A 组和 B 组映射到 Tariffsmall 数据库。

（13）建立数据库用户映射单独的 Windows 用户，将 jim 和 tom 两个用户增加到 Tariffsmall 的数据库节点下。

（14）建立数据库用户映射到 SQL Sever 登录账户。新建 yezi 登录账户到 Tariffsmall 数据库节点下。

（15）添加用户到数据库角色，将用户 jim 添加到 db_datareader 角色。

（16）验证 yezi 的权限。以 yezi 身份登录。查询 Tariffsmall 数据库表里面的数据。

（17）验证 jim 的权限，用 jim 登录，尝试备份数据库，提示备份正常。

（18）验证 tom 的权限。用 tom 登录，查询 Tariffsmall 数据表里面的数据，会返回错误提示。

四、实验报告要求

（1）实验报告分为实验目的、实验内容、实验步骤、实验心得 4 个部分。

（2）把相关的语句和结果写在实验报告上。

（3）写出详细的实验心得。

实验 9 数据库的用户管理

一、实验目的

（1）掌握 SQL Sever 身份验证模式。

（2）掌握常见登录账户、数据库用户的方法。

（3）掌握使用数据库角色实现数据安全的方法。

（4）掌握权限的分配。

二、实验内容

（1）设置 Windows 身份验证模式和混合身份验证模式。

（2）创建一个登录账户，它使用 SQL Sever 身份验证，能否访问 pubs 数据库和 sales 数据库？为什么？

（3）创建一个用户，使其仅能访问 sales 数据库下的 Customer 表，且对该表仅有 SELECT 权限。

（4）假设有 8 个用户：A1、A2、B1、B2、C1、C2、D1、E1。现要求登录账户 A1、A2 对 sales 数据库中的 Customer 和 Products 两表有查询权限；登录账户 B1、B2 对表 Customers 有查询权限；登录账户 C1、C2 对表 Products 有查询权限；登录账户 D1 需要拥有管理登录账户的权限；登录账户 E1 需要有管理用户账户的权限。

三、实验步骤

（1）设置 Windows 身份验证模式和混合身份验证模式。

（2）创建一个登录账户，检验它能否使用 SQL Sever 身份验证访问 pubs 数据库和 sales 数据库？为什么？

（3）创建一个用户，使其仅能访问 sales 数据库下的 Customer 表，且对该表仅有 SELECT 权限。

（4）设置登录账户 A1、A2 对 sales 数据库中的 Customer 和 Products 两表的查询权限；设置登录账户 B1、B2 对表 Customers 的查询权限；设置登录账户 C1、C2 对表 Products 的查询权限；设置登录账户 D1 管理登录账户的权限；设置登录账户 E1 管理用户账户的权限。

（5）思考：登录账户和数据库用户的关系如何？

四、实验报告要求

（1）实验报告分为实验目的、实验内容、实验步骤、实验心得 4 个部分。

（2）把相关的语句和结果写在实验报告上。

（3）写出详细的实验心得。

第8章

数据库的备份与还原

　　数据库的日常维护工作中最重要的就是数据库的备份与还原。虽然 SQL Server 2008 提供了各种安全措施用于保证数据库的安全性和可靠性，但故障仍不可避免。例如，计算机硬件故障、软件错误、操作失误、病毒攻击和自然界不可抗力等。这些故障轻则造成运行事务非正常中断，影响数据库中数据的正确性，重则破坏数据库，造成数据损失甚至服务器崩溃。因此，SQL Server 2008 制订了一个良好的备份还原策略，定期将数据库进行备份以保护数据库，以便在事故发生后能够还原数据库。

　　本章将重点介绍备份与还原的概念，以及 SQL Server 2008 数据库如何进行备份和还原。

8.1　数据库备份的策略

　　数据库备份就是制作数据库中数据结构、对象和数据等的副本，将其存放在安全可靠的位置，在遇到故障时能利用这个副本恢复数据库。

　　SQL Server 2008 针对不同用户的业务需求，提供了以下 4 种数据库备份类型。

1．完整备份

　　完整备份是指将数据库中的所有对象进行备份，包含所有数据页和结构。数据库的第一次备份应该是完整数据库备份，这是任何备份策略中都要求完成的第一种备份类型，其他所有的备份都依赖于完整备份。它通常需要花费很多的时间、占用很多的空间。完整备份不需要经常进行。对于数据量较少或者变动较小且不需要经常备份的数据库而言，可以选择这种备份方式。

2．差异备份

　　差异备份仅仅备份自上次完整备份后更改过的数据。如果之前做了数据库的完整备份后又做了差异备份，那么恢复数据库时只要先恢复完整备份，再恢复最近一次差异备份即可。差异备份速度比较快，占用空间比较少，可以简化频繁的备份操作，减少数据丢失的风险。对于数据量大且需要经常备份的数据库，使用差异备份可以减少数据库备份的负担。

3. 事务日志备份

事务日志备份只备份数据库的事务处理记录。当执行完整备份后，可执行事务日志备份。事务日志备份比完整备份节约时间和空间，而且利用事务日志备份进行还原时，可以指定还原到某一个事务。但是，用事务日志备份恢复数据库需要花费很长的时间。

4. 文件和文件组备份

文件和文件组备份是以文件和文件组作为备份的对象，针对数据库特定的文件或特定的文件组内的所有成员进行数据备份。这种备份方式弹性很大，在恢复时可以仅仅针对受损的数据库文件做恢复，不过在使用这种备份方式时，应该搭配事务日志备份一起使用。因为在恢复部分文件或者文件夹后，必须恢复自数据库文件或者文件夹备份后所做的所有事务日志备份，否则会造成数据库的不一致性。因此，建议在做完文件或文件夹备份后最好立刻做一份事务日志备份。由于此备份方式比较麻烦，因此不推荐用户采用这种方式。

8.2　执行数据库备份与还原

在规划数据库的备份和还原时，必须将两者结合起来考虑。一般来说，用户设计的操作方案将受到数据库运行的实际情况和可利用的数据库备份资源的限制。但无论如何，数据的价值应是放在第一位考虑的因素。根据数据的价值，用户可以预测自己所能承受的数据损失，从而选择合适的还原方案，并根据还原方案设计出合理的备份方案。

一般来说，规划数据库备份应该按照下面的步骤进行。

（1）预测自己的数据库系统可能遇到的数据库意外事故。

（2）针对不同的意外事故制订一一对应的还原方案。在进行恢复方案设计的时候，必须综合考虑数据的价值和事故可能造成的最大损失，以及恢复系统所能承受的时间限制。

（3）针对还原方案设计可行的备份方案。

（4）在一定备份资源和时间限制内对设计的方案进行测试。

8.2.1　备份数据库

1. 创建数据库备份设备

在数据库备份之前需要创建备份设备。创建备份设备就是把一个磁盘文件指定成备份设备，给出一个设备名，以后做备份时可以只使用这个设备名而不用每次使用具体的磁盘文件名了。其操作步骤如下。

（1）打开 SQL Server Management Studio，展开"服务器对象"节点。

（2）用鼠标右键单击"备份设备"节点，在弹出的快捷菜单中选择"新建备份设备"选项。如图 8-1 所示。

图 8-1　"新建备份设备"快捷菜单

（3）单击"新建备份设备"后，在弹出的对话框中输入设备名称和一个完整的文件路径（一般默认为安装的路径），如图 8-2 所示。

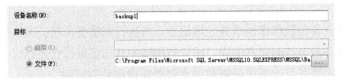

图 8-2 "备份设备"参数设置对话框

（4）单击下方"确定"按钮，完成备份设备的创建。

2. 使用 SQL Server Management Studio 进行数据库备份

（1）打开 SQL Server Management Studio，展开服务器节点。

（2）展开数据库节点，右键单击要备份的数据库。在弹出的快捷菜单中选择"任务"→"备份"命令，如图 8-3 所示。

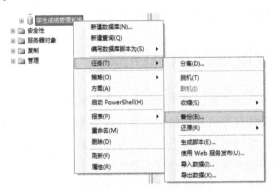

图 8-3 "备份"快捷菜单

（3）在如图 8-4 所示的"备份数据库"窗口的"备份类型"下拉列表框中选择备份类型（完整、差异、事务日志），"名称"文本框中有一个默认的备份的名称，可以修改，在"目标"栏，也有一个默认的磁盘文件。如果使用另外一个磁盘文件或备份设备，可以单击右边的"删除"按钮删除这个对象，再单击"添加"按钮在"选择备份目标"对话框选择一个自己指定的对象作为备份设备，如图 8-5 所示。

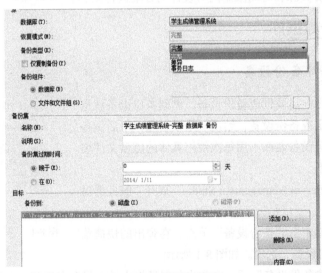

图 8-4 "备份数据库"窗口

图 8-5 "选择备份目标"对话框

（4）在"备份数据库"窗口中单击"确定"按钮完成备份工作。

3. 使用 T-SQL 语句进行数据库备份

使用 BACKUP DATABASE 命令备份整个数据库或备份一个文件或多个文件或文件组，其语法格式如下：

```
BACKUP DATABASE database_name
TO backup_device_name [,…n]
[WITH DIFFERENTIAL]
```

其中，

backup_device_name：数据库备份设备的逻辑名称。

WITH DIFFERENTIAL：表示差异备份。

另外，使用 BACKUP LOG 命令在完整恢复模式或大容量日志模式下备份事务日志，其语法格式如下：

```
BACKUP LOG database_name
{TO backup_device_name [,…n]
[WITH NO_TRUNCATE]}
```

其中，

WITH NO_TRUNCATE 表示完成事务日志备份后，并不清空原有日志的数据。这个选项可用在当数据库遭到损坏或数据库被标识为可疑时进行日志的备份。

【例 8-1】通过磁盘备份设备 backup1 对学生成绩管理系统数据库进行整体备份。

在查询窗口中输入并执行如下 SQL 语句：

```
BACKUP DATABASE  学生成绩管理系统
TO backup1
```

【例 8-2】通过磁盘备份设备 backup1 对学生成绩管理系统数据库进行事务日志备份。

在查询窗口中输入并执行如下 SQL 语句：

```
BACKUP LOG  学生成绩管理系统
TO backup1
```

8.2.2 还原数据库

当数据库出现故障时，要使用还原功能从数据库的备份中及时地还原数据库。在进行数据库还原之前最好以追加的方式进行一次数据库的事物日志备份，以便记录数据库的最新消息。

1. 使用 SQL Server Management Studio 进行数据库还原

进行数据还原的步骤如下。

（1）打开 SQL Server Management Studio，展开服务器节点。

（2）展开数据库节点，右键单击要还原的数据库。在弹出的快捷菜单中选择"还原"→"数据库"命令，如图 8-6 所示。

图 8-6 "还原"数据库快捷菜单

（3）在弹出的"还原数据库"窗口的"选择用于还原的备份集"中，选择最近的完整备份、差异备份和事务日志备份，如图 8-7 所示。

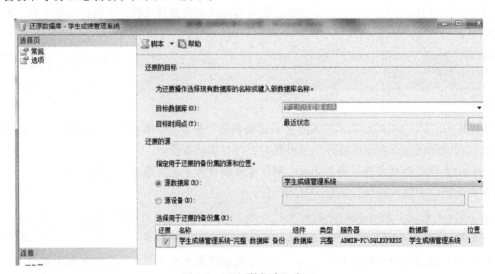

图 8-7 "还原数据库"窗口

（4）单击"确定"按钮，完成还原操作。

2. 使用 T-SQL 语句进行数据库还原

（1）利用完整备份、差异备份进行还原

在查询窗口中输入并执行如下 SQL 语句：

```
RESTORE DATABASE database_name
[FROM backup_device_name [,…n]
]
WITH
[[,]{NORECOVERY|RECOVERY}]
[[,]REPLACE]
```

其中，NORECOVERY|RECOVERY 表示还原操作是否所有未曾提交的事务，默认的选择为 RECOVERY。当使用一个数据库备份和多个事务日志进行还原时，在还原最后一个事务日志之前应该选择使用 NORECOVERY 选项。

（2）利用事务日志备份执行还原操作

在查询窗口中输入并执行如下 SQL 语句：

```
RESTORE LOG database_name
[FROM backup_device_name [,…n]
]
WITH
[[,]{NORECOVERY|RECOVERY}]
[[,]STOPAT = date_time]
```

其中，STOPAT = date_time 作用是当使用事务日志进行还原时，将数据库还原到指定时刻的状态。

【例 8-3】用备份设备 backup1 来还原数据库学生成绩管理系统。

在查询窗口中输入并执行如下 SQL 语句：

```
RESTORE DATABASE 学生成绩管理系统
FROM backup1
```

8.3 数据的导入和导出

通常并非以统一的格式对数据进行存储、处理或者传输，数据可能来自不同的数据库系统，有着不同的数据结构，对于这些不同数据库的数据进行格式转换可以确保更灵活、顺畅地完成任务。

数据转换不仅仅有数据格式转换，也可能是数据库对象的转移。数据库对象的转移是指 SQL Server 中的对象（如表、视图等）在不同服务器之间的复制。

数据库转换的原因一般有以下几种：

（1）将数据移动到另一个服务器或者其他地方。

（2）将数据进行复制。

（3）将数据进行存档。

（4）将数据进行迁移。

而数据从一个环境转换到另外一个环境的过程一般涉及以下 3 个步骤：

（1）选择数据源。

（2）源和目标数据之间的转换。

（3）保存目标数据。

SQL Server 为数据转换也提供了很多种工具。用户可以根据需要选择导入和导出数据，常用的数据转换工具如表 8-1 所示。

表 8-1   SQL SERVER 提供的数据转换工具

工具	描述	用途
T-SQL 语句	Select into 或 Insert Select	从现有表中选择数据并添加到表中
备份和还原	Backup 和 Restore	将一个完整的 SQL Server 数据库拷贝移动或拷贝到另一个 SQL Server 中
分离和附加	将数据库分离或附加到 SQL Server 服务器上	通过拷贝数据文件，将一个完整到 SQL Server 数据库移动或拷贝到另一个 SQL Server
复制	将从源数据库中复制数据移动到目标数据库	有间隔地将数据拷贝到多个数据库中
SSIS 导入/导出向导	允许用户交互式的创建用于导入、导出和数据转换的 SSIS 包	在异种数据源之间转换数据，或是将某个 SQL Server 数据库中的对象转换到另一个 SQL Server 数据库中
SSIS 包	允许有经验的数据库管理员导入、导出和转换数据，定义复杂数据的工作流	从多个数据源中转换同种或异种数据，以及设置复杂的工作流，是更高级的转换和传输工具

8.3.1　将 SQL Server 数据导出到 TXT 文件

使用导入和导出向导可以把"cjgl"数据库中的学生表 xs 数据导出到文本文件学生表 xs 中，具体步骤如下。

（1）打开 SQL Server Management Studio，在对象资源管理器中展开"数据库"目录，用鼠标右键单击"cjgl"节点，在弹出的快捷菜单中选择"任务"→"导出数据"命令，如图 8-8 所示。

（2）在打开的导入和导出向导的欢迎界面中单击"下一步"按钮，弹出"选择数据源"对话框。

（3）在"选择数据源"对话框中，如图 8-9 所示设置几个选项。

图 8-8　"导出数据"快捷菜单

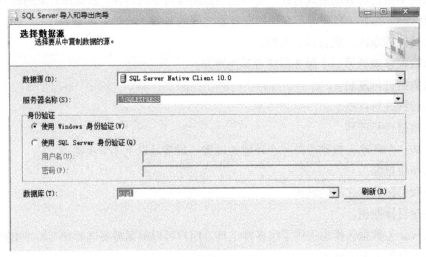

图 8-9　"选择数据源"对话框

（4）单击"下一步"按钮，弹出"选择目标"对话框，如图 8-10 所示进行设置。

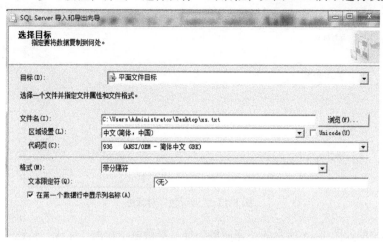

图 8-10　"选择目标"对话框

（5）单击"下一步"按钮，弹出"指定表复制或查询"对话框，如图 8-11 所示。

（6）在"指定表复制或查询"对话框中选择"复制一个或多个表或视图的数据"单选按钮，单击"下一步"按钮，弹出"配置平面文件目标"对话框，如图 8-12 所示。在"源表或源视图"下拉列表框中选择 xs 表选项，单击"下一步"按钮。

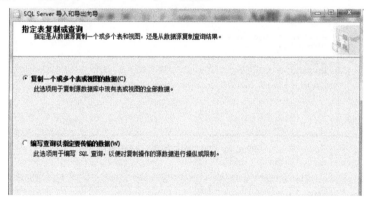

图 8-11　"指定表复制或查询"对话框

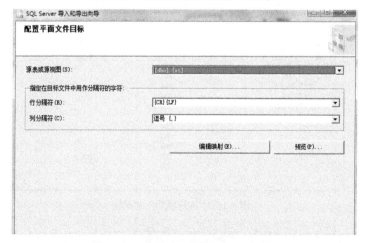

图 8-12　"配置平面文件目标"对话框

（7）在弹出的"运行包"对话框中选中"立即运行"，如图 8-13 所示，单击"下一步"按钮。

图 8-13 "运行包"对话框

（8）在弹出的如图 8-14 所示的"完成该向导"对话框中单击"完成"按钮，在弹出的如图 8-15 所示的"执行成功"对话框中显示了向导执行的结果。

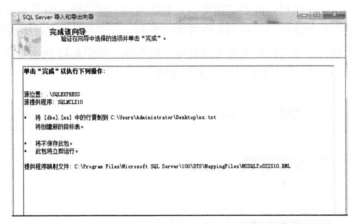

图 8-14 "完成该向导"对话框

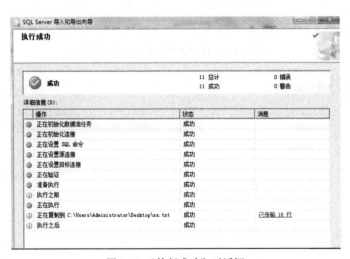

图 8-15 "执行成功"对话框

（9）在资源管理器上找到"C:\Users\Administrator\Desktop\xs.txt"，验证导出结果如图 8-16 所示。

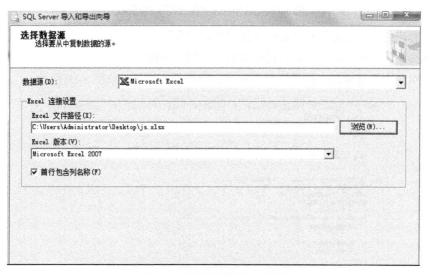

图 8-16　导出结果

8.3.2　将 Excel 数据导入 SQL Server

使用导入和导出向导将原来保存在桌面的 Excel 文件教师表 JS.xls 表中的教师信息数据导入 SQL Server 的教师表 JS 中，具体操作如下。

（1）打开 SQL Server Management Studio，在对象资源管理器中展开"数据库"目录，用鼠标右键单击"cjgl"节点，在弹出的快捷菜单中选择"任务"→"导入数据"命令。

（2）在打开的导入和导出的向导欢迎界面中单击"下一步"按钮，弹出"选择数据源"对话框，如图 8-17 所示设置选项。

图 8-17　"选择数据源"对话框

（3）单击"下一步"按钮，弹出"选择目标"对话框，如图 8-18 所示。

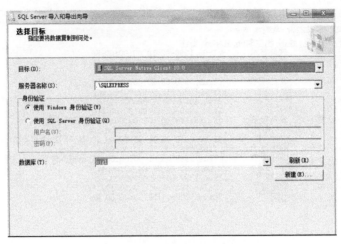

图 8-18　"选择目标"对话框

（4）单击"下一步"按钮，弹出"指定表复制或查询"对话框，选中"复制一个或多个表或视图的数据"单选按钮，单击"下一步"按钮。

（5）弹出"选择源表和源视图"对话框，如图 8-19 所示。

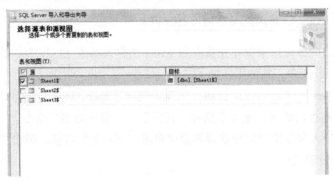

图 8-19　"选择源表和源视图"对话框

（6）在弹出的"运行包"对话框中选择"立即运行"。

（7）在弹出的"执行成功"对话框中单击"关闭"按钮。

（8）在对象资源管理器中打开教师表 js 表，验证导入结果，如图 8-20 所示。

图 8-20　"完成该向导"对话框

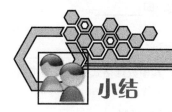

小结

本章主要介绍了 SQL Server 数据库管理和使用过程中两个非常重要的问题——数据库的备份及还原和数据的导入和导出操作。通过这章的学习要求大家掌握数据库几种不同的备份方式，在何种条件下使用哪种备份方式，应该使用什么数据库转换工具进行不同数据之间的转换，如何让 SQL Server 自动备份数据库，以及在数据库损坏时如何根据实际情况及时还原数据库，从而达到数据库日常维护的目的。

习题 8

一、选择题

1. 防止数据库出意外的方法有_____。

    A. 重建　　　　　B. 追加　　　　　C. 备份　　　　　D. 删除

2. 关于数据库备份以下描述正确的是_____。

    A. 数据库应该每天或定时地进行完整备份

    B. 第一次完整备份后就不用再做完整备份，根据需要做差异备份或其他备份即可

    C. 事务日志备份是指完整备份的备份

    D. 文件和文件组备份任意时刻可进行

3. 文件和文件组备份必须搭配_____

    A. 完整备份　　　B. 差异备份　　　C. 事务日志备份　　D. 不需要

4. SQL Server 的数据导入导出操作中，以下不可执行的操作是_____。

    A. 将 Access 数据导出到 SQL Server

    B. 将 Word 中的表格导出到 SQL Server

    C. 将 Foxbro 数据导出到 SQL Server

    D. 将 Excel 数据导出到 SQL Server

5. 对数据库进行完整备份的语句是_____。

    A. RESTROE　DATABASE　　　　　B. RESTROE　LOG

    C. BACKUP　DATABASE　　　　　D. BACKUP　LOG

6. 日志文件默认存放在 SQL Server 2008 的安装路径下的_____文件夹里。

    A. Install　　　　B. Backup　　　　C. LOG　　　　D. Data

二、填空题

1. SQL Server 2008 针对不同用户的业务需求，提供了_____、_____、_____和_____4种数据库备份类型。

2. 在数据库进行备份前，必须设置存储备份文件的物理存储介质，即_____。

3. _____备份是进行其他所有备份的基础。

4. 在 SQL Server 2008 中，有 3 种数据库还原模式，分别是_____、_____和_____。

5. 数据转换可以是数据格式的转换，也可以是_____的转移。其中数据格式的转换是指在不同数据源之间转换数据格式。

6. 数据库对象的转移包括_____、_____等在不同服务器之间的复制。

7. SQL Server 为数据转换提供了很多工具，如 T-SQL、_____、_____、_____、_____SSIS 包等。

三、简答题

1. 数据库系统故障可以分为哪几类？

2. 数据库备份有哪几种方式？各有何特点？

3. 如何进行数据库还原？

4. 如何进行数据的导入？

5. 如何进行数据的导出？

实验 10 备份与还原数据库

一、实验目的

（1）了解备份和还原的概念。

（2）掌握 SQL Server 的备份方法。

（3）掌握备份策略的制定。

（4）掌握运用备份还原数据库的方法。

二、实验内容

（1）利用 MS 创建一个名为 mydisk 的备份设备。

（2）将"人力资源管理"数据库完整备份到 mydisk 备份设备。

（3）在某表中添加一条记录，然后创建数据库的差异备份到 mydisk 备份设备。

（4）创建一个事务日志备份。

（5）删除原数据库（注意：原数据库必须在备份好的情况下删除）。

（6）利用 mydisk 备份设备还原人力资源管理数据库，观察数据库的变化。

三、实验步骤

（1）利用 MS 创建一个名为 mydisk 的备份设备。

① 在"对象资源管理器"窗口中展开"服务器对象"节点。

② 单击"备份设备"后，在弹出的对话框中输入一个设备名称"mydisk"和一个完整的文件路径（一般默认为安装的路径）。

③ 单击"确定"按钮。

（2）将"人力资源管理"数据库完整备份到 mydisk 备份设备。

① 打开 SQL Server Management Studio，展开服务器节点。

② 展开数据库节点，右键单击要备份的数据库"人力资源管理"。在弹出的快捷菜单中选择"任务"→"备份"命令。

③ 在"备份类型"中选择"完整备份"，单击 "添加"按钮在"选择目标设备"对话框选择一个自己指定的对象作为备份设备"mydisk"。

（3）在某表中添加一条记录，然后创建数据库的差异备份到 mydisk 备份设备。

① 选择表 HR.COUNTRIES，在其表的最后补充一条记录。

② 展开数据库节点，右键单击要备份的数据库"人力资源管理"。在弹出的快捷菜单中选择"任务"→"备份"命令。

③ 在"备份类型"中选择"差异备份"，单击 "添加"按钮在"选择目标设备"对话框选择一个自己指定的对象作为备份设备"mydisk"。

（4）创建一个事务日志备份。

① 打开 SQL Server Management Studio，展开服务器节点。

② 展开数据库节点，右键单击要备份的数据库"人力资源管理"。在弹出的快捷菜单中选择"任务"→"备份"命令。

③ 在"备份类型"中选择"事务日志备份"，单击 "添加"按钮在"选择目标设备"对话框选择一个自己指定的对象作为备份设备"mydisk"。

（5）删除原数据库（注意：原数据库必须在备份好的情况下删除）。

① 打开 SQL Server Management Studio，展开服务器节点，备份即将要删除的数据库。

② 选择该数据库，单击鼠标右键，选择"删除"选项。

（6）利用 mydisk 备份设备还原人力资源管理数据库，观察数据库的变化。

① 打开 SQL Server Management Studio，展开服务器节点。

② 展开数据库节点，右键单击要备份的数据库"人力资源管理"。在弹出的快捷菜单中选择"任务"→"还原"命令，选择"数据库"。

③ 在"选择用于还原的备份集"中，选择"源设备"。

四、实验报告要求

（1）实验报告分为实验目的、实验内容、实验步骤、实验心得 4 个部分。

（2）把相关的语句和结果写在实验报告上。

（3）写出详细的实验心得。

实验 11 数据的导入和导出

一、实验目的

（1）了解数据导入/导出的概念。

（2）掌握数据导入/导出的方法。

二、实验内容

（1）将公司原有的员工表数据导入"人力资源管理系统"数据库中。

（2）将"人力资源管理系统"中数据转换成文本文件格式的数据。

三、实验步骤

（1）将公司原有的员工表数据导入 "人力资源管理系统"数据库中。

① 打开 SQL Server Management Studio，在对象资源管理器中展开"数据库"目录，用鼠标右键单击"人力资源管理"节点，在弹出的快捷菜单中选择"任务" →"导入数据"命令。

② 在打开的导入和导出的向导欢迎界面中单击"下一步"按钮，弹出"选择数据源"对话框。设置数据源为"Mircosoft Excel"。

③ 单击"下一步"按钮，弹出"选择目标"对话框。

④ 单击"下一步"按钮，弹出"指定表复制或查询"对话框。

⑤ 在"指定表复制或查询"对话框中选中"复制一个或多个表或视图的数据"单选按钮，单击"下一步"按钮。

⑥ 弹出"选择源表和源视图"对话框，选择要导入的工作表。

⑦ 在弹出的"运行包"对话框中选择"立即运行"。

⑧ 在弹出的"执行成功"对话框中单击"关闭"按钮。

⑨ 在对象资源管理器中打开刚导入的表，验证导入结果。

（2）将"人力资源管理系统"中数据转换成文本文件格式的数据。

① 打开 SQL Server Management Studio，在对象资源管理器中展开"数据库"目录，用鼠标右键单击"人力资源管理"节点，在弹出的快捷菜单中选择"任务"→"导出数据"命令。

② 在打开的导入和导出向导的欢迎界面中单击"下一步"按钮，弹出"选择数据源"对话框。

③ 在"选择数据源"对话框中选择要导出的数据库。

④ 单击"下一步"按钮，弹出"选择目标"对话框，在其中设置"平面文件目标"，以及导出的文件名。

⑤ 单击"下一步"按钮，弹出"指定表复制或查询"对话框。

⑥ 在"指定表复制或查询"对话框中选择"复制一个或多个表或视图的数据"单选按钮，单击"下一步"按钮，弹出"配置平面文件目标"对话框。在"源表或源视图"下拉列表框中选择表 HR.COUNTRIES 选项，单击"下一步"按钮。

⑦ 在弹出的"运行包"对话框中选中"立即运行"，单击"下一步"按钮。

⑧ 在弹出的 "完成该向导"对话框中单击"完成"按钮 。

⑨ 在指定路径下查看导出的数据内容。

四、实验报告要求

（1）实验报告分为实验目的、实验内容、实验步骤、实验心得 4 个部分。

（2）把相关的语句和结果写在实验报告上。

（3）写出详细的实验心得。

第9章

Transact-SQL 语言基础

9.1 Transact-SQL 简介

美国国家标准协会（ANSI）和国际化标准组织（ISO）定义了 SQL 标准。Transact-SQL 语言是 SQL Server 的核心，它是一种数据定义、操作和控制语言，是微软公司在 Sybase 的基础上发展起来的一种结构化查询语言，是应用程序与 SQL Server 交互的工具。Transact-SQL（可简写为 T-SQL）语言主要由以下几个部分组成。

（1）数据定义语言 DDL：用来创建数据库和数据库对象的命令。

（2）数据操作语言 DML：用来操作数据库中各种对象，对数据进行修改和检索。DML 语言主要有 4 种：SELECT、INSERT、UPDATE 和 DELETE。

（3）数据控制语言 DCL：用来控制数据库组件的存取许可、权限等命令。

（4）事务管理语言 TML：用于管理数据库中的事务的命令。

（5）其他语言元素：如标识符、数据类型、流程控制语句和函数等。

Transact-SQL 语法格式约定如表 9-1 所示。

表 9-1   T-SQL 的部分语法约定

语 法 约 定	说　　明
大写	Transact-SQL 关键字
斜体	用户提供的 Transact-SQL 语法的参数
粗体	数据库名、表名、列名、索引名、存储过程、实用工具、数据类型名以及必须按所显示的原样键入的文本
下画线	当语句中省略了包含带下画线的值的子句时应用的默认值
|（竖线）	分隔括号或大括号中的语法项。只能选择其中一项
[ ]（方括号）	可选语法项。不要键入方括号
{ }（大括号）	必选语法项。不要键入大括号
[…n]	指示前面的项可以重复 n 次。每一项由逗号分隔

续表

语 法 约 定	说　　明
［…*n*］	指示前面的项可以重复 *n* 次。每一项由空格分隔
［;］	可选的 Transact-SQL 语句终止符。不要键入方括号
<标签>∷=	语法块的名称。此约定用于对可在语句中的多个位置使用的过长语法段或语法单元进行分组和标记

9.2　数据类型、常量与变量

9.2.1　数据类型

在 SQL Server 2008 中，每个列、局部变量、表达式和参数都具有一个相关的数据类型。数据类型是一种属性，用于指定对象可保存的数据的类型，如整型数据、字符型数据、货币型数据、日期和时间数据、二进制字符串及其他数据类型等。

1. 数字型（整型）

整型数据类型是较常见常用的数据类型之一。SQL Server 2008 支持的整型数据类型有 int、smallint、bigint、tinyint、bit 等，如表 9-2 所示。

表 9-2　　　　　　　　　　　　　　整型数据类型

数 据 类 型	说　　明
bigint	-2^{63}（$-1.8E19$）$\sim 2^{63}-1$（$1.8E19$）的整型数
int	-2^{31}（$-2\ 147\ 483\ 648$）$\sim 2^{31}-1$（$2\ 147\ 483\ 647$）的整型数
smallint	-2^{15}（$-32\ 768$）$\sim 2^{15}-1$（$32\ 767$）的整型数
tinyint	$0 \sim 255$ 的整型数
bit	整数数据，值为 1 或 0

2. 货币型

货币类型数据用于存储货币值，在使用货币数据类型时，应在数据前面加上货币符号，如表 9-3 所示。

表 9-3　　　　　　　　　　　　　　货币型数据类型

数 据 类 型	范　　围
money	$-922,337,203,685,477.5808 \sim 922,337,203,685,477.5807$
smallmoney	$-214,748.3648 \sim 214,748.3647$

3. 日期和时间型

日期和时间数据类型用于存储日期和时间的结合体，如表 9-4 所示。

表 9-4　　　　　　　　　　　　　　　　日期和时间型数据类型

数 据 类 型	范　　围
date	0001 年 1 月 1 日～9999 年 12 月 31 日
datetime	1753 年 1 月 1 日～9999 年 12 月 31 日精度达到毫秒
smalldatetime	1900 年 1 月 1 日～2079 年 6 月 6 日精度达到分钟
time	定义一天中的某个时间，固定 5 个字节
datetime2	0000 年 1 月 1 日～9999 年 12 月 31 日，默认的秒的小部分精度达到 100ns
datetimeoffset	0000 年 1 月 1 日～9999 年 12 月 31 日，默认值为 10 字节的固定大小，默认的精度为 100ns

4. 字符型

字符型数据类型也是常见常用的数据类型之一，可以用来存储各种字母、数字符号、特殊符号，如表 9-5 所示。

表 9-5　　　　　　　　　　　　　　　　字符型数据类型

数 据 类 型	说　　明
char [(n)]	固定长度的字符数据，长度为 n 个字节，n 的取值范围为 1～8 000
varchar [(n)]	可变长度的字符数据，长度为 n 个字节，n 的取值范围为 1～8 000
nchar [(n)]	固定长度的 Unicode 字符数据。n 值在 1～4 000
nvarchar [(n)]	可变长度的 Unicode 字符数据。n 值在 1～4 000
Text	变长度字符数据，最多达到 2 147 483 647 字节
nText	变长度的 Unicode 字符数据。最多可达 1 073 741 823 个字符

5. 二进制和图像型

SQL Server 2008 用以下 3 个类型存储二进制数据，如表 9-6 所示。

表 9-6　　　　　　　　　　　　　　　二进制和图像型数据类型

数 据 类 型	说　　明
binary [(n)]	长度为 n 字节的固定长度二进制数据，其中 n 是从 1～8000 的值
varbinary [(n)]	可变长度的二进制数据。n 可以取从 1～8000 的值
Image	可变长度的二进制数据。最长为 2147 483 647 字节

6. 浮点型及其他数据类型

浮点型数据类型用于存储十进制小数，如表 9-7 所示。

表 9-7　　　　　　　　　　　　　　　浮点型及其他数据类型

数 据 类 型	说　　明
float	浮点数数据，取值范围为 –1.79E +308 ～1.79E+308
real	浮点精度数字数据，取值范围为 –3.40E+38～3.40E+38
numeric (p, s)	固定精度和小数的数字数据，取值范围为 $-10^{38}+1$～$10^{38}-1$。p 变量指定精度，取值范围为 1～38。s 变量指定小数位数，取值范围为 0～p

续表

数 据 类 型	说　　明
UniqueIdentifier	唯一标识数字存储为 16 字节的二进制值
TimeStamp	当插入或修改行时，自动生成的唯一的二进制数字的数据类型
sql_variant	可包含除 text、ntex、timage 和 timestamp 之外的其他任何数据类型
XML	存储 XML 数据的数据类型。可以在列中或者 xml 类型的变量中存储 xml 实例

9.2.2　常量

常量也称文字值或标量值，是在程序运行过程中保持不变的量，是表示一个特定值的符号。常量的类型取决于它所表示的值的数据类型，可以是字符串型、日期型、数值型等，对于字符串型和日期型常量，使用的时候要用单引号引起来。常量的类型如表 9-8 所示。

表 9-8　　　　　　　　　　　　　常量类型举例

常 量 类 型	举　　例
ASCII 字符串常量	'武汉大学'、'1234'
Unicode 字符串常量	N '1234'、N '武汉大学'
整型常量	123、−134、0
数值型常量	124.23、−134.5
浮点型常量	1.25E+6
货币型常量	￥1000，$200
日期和时间型常量	'2014−2−14 10：00：00'、'2014.2.14'
二进制常量	OX1E3A

需要注意的是，Unicode 字符串常量与 ASCII 字符串常量相似，但它前面有一个 N 标识符（N 代表 SQL-92 标准中的国际语言）。N 前缀必须大写，Unicode 数据中的每个字符用两个字节存储，而每个 ASCII 字符用一个字节存储。

9.2.3　变量

T-SQL 中变量是可以保存单个特定类型数据值的对象，分为全局变量和局部变量。

1．全局变量

全局变量是由系统提供并有预先申明的变量，通过在名称前保留两个"@@"符号区别于局部变量。在 SQL Server 7.0 以后的版本中全局变量为函数形式，现在作为函数引用。全局变量不能实行自定义。其语法结构如下：

@@变量名

【例 9-1】显示 SQL Server 的版本。

在查询中输入"Print @@version"，得到的结果如图 9-1 所示。

2．局部变量

局部变量是可以保存单个特定类型数据值的对象，一般用于批处理、存储过程或触发器内。

其语法结构如下：

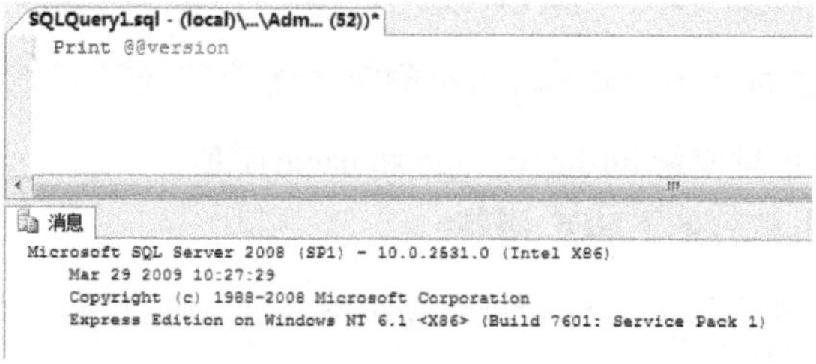

图 9-1　例 9-1 的运行结果

DECLARE{ @变量名数据类型，@变量名数据类型}

变量名必须以@开头。局部变量名必须符合有关标识符的规则。

数据类型：是系统提供的类型、CLR 用户定义类型或别名数据类型。变量不能是 text、ntext 或 image 数据类型。

【例 9-2】

在查询窗口中输入并执行如下 SQL 语句：

```
declare @birthday datatime
declare @age int
declare @name char(10)
```

9.3　运算符与表达式

9.3.1　运算符

T-SQL 语言可以使用运算符进行运算。SQL Server 中的运算符如表 9-9 所示。

表 9-9　　　　　　　　　　　　　　SQL Server 中的运算符

运算符类别	所包含运算符
赋值运算符	=（赋值）
算术运算符	+（加）、-（减）、*（乘）、/（除）、%（取模）
按位运算符	&（位与）、｜（位或）、^（位异或）
字符串串联运算符	（连接）
比较运算符	=（等于）、>（大于）、>=（大于等于）、<（小于）<=（小于等于）、<>（或! =不等于）、! <（不小于）、! >（不大于）
逻辑运算符	all（所有）、and（与）、any（任意一个）、between（两者之间）、exists（存在）、in（在范围内）、like（匹配）、not（非）、or（或）、some（任意一个）
一元运算符	、+（正）、-（负）、~（取反）

1．赋值运算符

"＝"是唯一的 T-SQL 赋值运算符。对变量的赋值可以使用下列两种方法。

（1）SELECT 赋值变量

在查询窗口中输入并执行如下 SQL 语句：

```
SELECT  @变量名=表达式/SELECT 子句(最后一个值或空)
```

【例 9-3】用 SET 命令对变量 birthday、age 和 name 赋值。

在查询窗口中输入并执行如下 SQL 语句：

```
select @birthday= 出生时间 from XS where  姓名='张飞'
select @age=MAX(年龄)from XS
select @name=姓名 from XS where 年龄 in (select MAX(年龄) from XS)
```

（2）SET 命令赋值

语法结构如下： SET   @变量名=表达式

【例 9-4】用 SELECT 命令对变量 no 赋值。

在查询窗口中输入并执行如下 SQL 语句：

```
USE Cjgl
DECLARE @no varchar(10)
SET @no='2004060003'              ——变量赋值
SELECT 学号, 姓名
FROM XS
WHERE 学号=@no
GO
```

2. 算术运算符

算术运算符用于对两个数或表达式进行加、减、乘、除及取余数学运算。要特别说明的是，除法运算用在两个整数之间，运算符为"/"，只有当两个表达式的值都为整型数时，结果才为整数，否则为实数。取余运算为"%"。表 9-10 列出了算术运算符。

表 9-10   算术运算符

运 算 符	含 义
+（加）	加
−（减）	减
*（乘）	乘
/（除）	除
%（取模）	返回一个除法运算的整数余数。例如，12％5＝2，这是因为12除以5，余数为2

【例 9-5】算术运算符使用示例。

其语法格式如下：

```
declare @xint,@yint
set @x=5
set @y=6
print @x+@y
print @x-@y
print @x*@y
print @x/@y
结果: 11
     -1
     30
      0
```

3. 位运算符

位运算符在两个表达式之间执行位操作，这两个表达式可以为整型数数据类型类别中的任何数据类型。表 9-11 列出了位运算符。

表 9-11　　　　　　　　　　　　　　　　位运算符

运　算　符	含　　义
&（位与）	逻辑与运算（两个操作数）
|（位或）	位或（两个操作数）
^（位异或）	位异或（两个操作数）

【**例 9-6**】位运算符使用示例。

在查询窗口中输入并执行如下 SQL 语句：

```
select  7&12     ——结果为 4
select  7|12     ——结果为 15
select  7^12     ——结果为 11
```

4. 字符串串联运算符

将两个或多个字符或二进制字符串、列或字符串和列名的组合串成一个字符串表达式，可以将加号（＋）是字符串串联运算符，将字符串串联起来。

例如，输出'专业名：' + '软件技术' 的结果就是'专业名：软件技术'

5. 比较运算符

比较运算符测试两个表达式是否相同，除了 text、ntext、image 数据类型的表达式外，比较运算符可以用于所有的表达式。表 9-12 列出了比较运算符。

表 9-12　　　　　　　　　　　　　　　比较运算符

运　算　符	含　　义
=（等于）	等于
>（大于）	大于
<（小于）	小于
>=（大于等于）	大于或等于
<=（小于等于）	小于或等于
<>（不等于）	不等于
!=（不等于）	不等于（非 SQL-92 标准）
!<（不小于）	不小于（非 SQL-92 标准）
!>（不大于）	不大于（非 SQL-92 标准）

比较运算符的结果为 Boolean 类型，它有 3 种可能的值：True、False、Unknown。返回 Boolean 数据类型的表达式称为布尔表达式。

【**例 9-7**】比较运算符使用示例。

在查询窗口中输入并执行如下 SQL 语句：

```
declare@xint,@yint
set@x=7
set@y=5
if (@x<>@y)
print'@x<>@y'
elseprint'@x==@y'
结果: @x<>@y
```

6. 逻辑运算符

逻辑运算符是对某些条件进行测试，以获得其真实情况。逻辑运算符和比较运算符一样，返回带有 True 或 False 值的 Boolean 数据类型。表 9-13 列出了逻辑运算符。

表 9-13　　　　　　　　　　　逻辑运算符

运 算 符	含 义
ALL	如果一组的比较都为 True，那么就为 True
AND	如果两个布尔表达式都为 True，那么就为 True
ANY	如果一组的比较中任何一个为 True，那么就为 True
BETWEEN	如果操作数在某个范围之内，那么就为 True
EXISTS	如果子查询包含一些行，那么就为 True
IN	如果操作数等于表达式列表中的一个，那么就为 True
LIKE	如果操作数与一种模式相匹配，那么就为 True
NOT	对任何其他布尔运算符的值取反
OR	如果两个布尔表达式中的一个为 True，那么就为 True
SOME	如果在一组比较中，有些为 True，那么就为 True

7. 一元运算符

一元运算符是对一个操作数执行操作，如正数、负数或补数，如+234，−45.2 等。表 9-14 列出了一元运算符。

表 9-14　　　　　　　　　　　一元运算符

运 算 符	含 义
+（正）	数值为正
−（负）	数值为负
～（位非）	返回数字的非

8. 运算符优先级

当一个复杂的表达式有多个运算符时，运算符优先级界定执行运算的先后顺序，执行的先后顺序可能会影响所得到的值。表 9-15 给出了运算符优先级别的由高到低排列，运算级别较高的先进行运算。

表 9-15　　　　　　　　　　　　　　　运算符优先级

级　别	运　算　符
1	～（位非）
2	*（乘）、/（除）、%（取模）
3	+（正）、-（负）、+（加）、（+ 连接）、-（减）、&（位与）
4	=，>、<、>=、<=、<>、!=、!>、!<（比较运算符）
5	^（位异或）、|（位或）
6	NOT
7	AND
8	ALL、ANY、BETWEEN、IN、LIKE、OR、SOME
9	=（赋值）

9.3.2　表达式

表达式是符号和运算符的一种组合。简单表达可以是一个常量、变量、列或标量函数。可以用运算符将两个或更多的简单表达式连接起来组成复杂表达式。

两个表达式可以由一个运算符组合起来，只要它们具有该运算符支持的数据类型，并且只要满足下列一个条件：

① 两个表达式有相同的数据类型。

② 优先级低的数据类型可以隐式转换为优先级高的数据类型。

③ CASE 函数能够显式地将优先级低的数据类型转化为优先级高的数据类型，或者转换为一种可以隐式转换为优先级高的数据类型的过渡数据类型。

如果没有支持的隐式或显式转换，则两个表达式将无法组合。

9.4　函数

在 Transact-SQL 编程语言中提供了丰富的函数。函数可分系统内置函数和用户定义函数。本节介绍的是系统内置函数中最常用的数学函数、字符串函数、日期和时间函数及用户自定义函数。

9.4.1　内置函数

1．数学函数

数学函数执行三角、几何和其他数字运算，如表 9-16 所示。

表 9-16　　　　　　　　　　　　　　　数学函数

函　数	功　能
ABS	返回指定数值表达式的绝对值
POWER	返回指定表达式的制定幂的值
ROUND	返回一个数值表达式，舍入到指定的长度和精度
SQRT	返回指定表达式的平方根
RAND	返回介于 0～1 的随机 Float 值

【例 9-8】求−20 的绝对值。

```
printabs(-20)    ——结果值为 20
```

2. 日期和时间函数

时间和日期函数可以更改日期和时间的值，如表 9-17 所示。

表 9-17　　　　　　　　　　时间和日期函数

函　　数	功　　能
DATEADD（datepart，数值，日期）	返回增加一个时间间隔后的日期结果
DATEDIFF（datepart，日期 1，日期 2）	返回两个日期之间的时间间隔，格式为 datepart 参数指定的格式
DATENAME（datepart，日期）	返回日期的文本表示，格式为 datepart 指定格式
DATEPART（datepart，日期）	返回某日期的 datepart 代表的整数值
GETDATE（）	返回当前系统日期和时间
DAY（日期）	返回某日期的日 datepart 所代表的整数值
MONTH（日期）	返回某日期的月 datepart 所代表的整数值
YEAR（日期）	返回某日期的年 datepart 所代表的整数值

日期-时间函数中：

① getdate（）：返回服务器当前日期和时间，精确到 3ms。

② getutcdate（）：返回服务器当前日期和时间对应的格林威治时间，精确到 3ms。

③ datename（dateportion，date）：返回 datetime 值中指定日期部分的名称。

【例 9-9】查询当前系统时间。

在查询窗口中输入并执行如下 SQL 语句：

```
Select getutcdate()
Select getdate()
Select datename(year, getdate())
结果: 2014-01-27 03:47:25.050
     2014-01-27 11:47:25.050
     2014
```

3. 字符串函数

字符串函数如表 9-18 所示。

表 9-18　　　　　　　　　　字符串函数

函　　数	功　　能
ASCII（字符表达式）	返回最左侧的字符的 ASCII 码值
CHAR（整型表达式）	将 int ASCII 代码转换为字符
LEFT（字符表达式，整数）	返回从左边开始指定个数的字符串
RIGHT（字符表达式，整数）	截取从右边开始指定个数字符串
SUBSTRING（字符表达式，起始点，n）	截取从起始点开始的 n 个
CHARINDEX（字符表达式 1，字符表达式 2，［开始位置］）	求子串位置
LTRIM（字符表达式）	剪去左空格

函　　数	功　　能
RTRIM（字符表达式）	剪去右空格
REPLICATE（字符表达式，n）	重复字串
REVERSE（字符表达式）	倒置字串
STR（数字表达式）	数值转字串

其中，substring（string，startingposition，length）：返回字符串的一部分，第 1 个参数是要操作的字符串，第 2 个参数是要抽取字符串的起始位置，第 3 个参数是抽取字符串的长度。

【例 9-10】执行语句 select substring（'abcdefg'，3，2）。

执行结果：cd

9.4.2　用户自定义函数

用户在编写程序的过程中，除了可以调用系统函数之外，还可以根据自己的需要自定义函数。自定义函数包括表值函数和标量值函数两类，其中表值函数又包括内联表值函数和多语句表值函数。

（1）表值函数

① 内联表值函数：返回值为可更新表。如果用户自定义函数包含耽搁 SELCET 语句且该语句可以更新，则该函数返回的表也可以更新。

② 多语句表值函数：返回值为不可更新表。如果用户自定义函数包含多个 SELECT 语句，则该函数返回的表不可更新。

（2）标量函数

返回值为标量值。

9.5　流程控制语句

T-SQL 语言支持基本的流程控制逻辑，它允许按照给定的某种条件执行程序流和分支，T-SQL 提供的控制流有：IF...ELSE 分支，CASE 多重分支，WHILE 循环结构，GOTO 语句，WAITFOR 语句和 RETURN 语句等。

9.5.1　BEGIN...END 语句

BEGIN 和 END 是控制流语言的关键字，两个关键字中间是 T-SQL 语句或语句组。

```
BEGIN
{
语句块
}
END
```

【说明】

{语句块}：使用语句块定义的任何有效的 T-SQL 语句或与剧组。

BEGIN...END 为语句关键字，允许嵌套使用。

【例 9-11】执行程序。

```
DECLARE @X int
SET @X=0
WHILE @x<3
    BEGIN
        SET @x=@X+1
        PRINT 'x='+convert(char(1),@x)
                ——类型转换函数 convert
    END
GO
执行结果:
x=1
x=2
x=3
```

9.5.2　IF…ELSE 语句

指定 T-SQL 语句的执行条件。如果满足条件,则在 IF 关键字及其条件之后执行 T-SQL 语句:布尔表达式返回 True。可选的 ELSE 关键字引入另一个 T-SQL 语句,当不满足 IF 条件时就执行该语句:布尔表达式返回 False。

其语法格式如下:

```
IF 逻辑表达式           /* 条件表达式            */
    {语句块}            /* 条件表达式为 True 时执行  */
[ELSE
    {语句块}            /* 条件表达式为 False 时执行 */
]
```

【例 9-12】查询学生表中总学分是否大于 45 分,分别显示不同的输出结果。

在查询窗口中输入并执行如下 SQL 语句:

```
Usecjgl
go
declare @avg_总学分平均值 tinyint
select @avg_总学分平均值 = avg(总学分) from xs
if @avg_总学分平均值> 45
print '学分合格'
else
print '学分不合格'
go
```

9.5.3　CASE 语句

SQL Server 的 CASE 命令是一种用来创建动态表达式的灵活又优秀的方法,它根据条件来确定表达式的值,计算条件列表并返回多个可能结果表达式之一。

CASE 具有两种格式:简单 CASE 和搜索 CASE。

简单 CASE 函数将某个表达式或一组简单表达式进行比较以确定结果。简单 CASE:第一参数是要检查的表达式,然后依次列出测试条件。只能进行相等比较。CASE 依次检查每个 WHEN 条件,并返回第一个为真的 WHEN 条件后面的 THEN 子句中的值。

搜索 CASE 函数计算一组布尔表达式以确定结果。遇到为真的 WHEN 条件后不再对其他 WHEN 条件进行检查,而直接返回相应 THEN 子句后的值,CASE 搜索函数允许根据比较值在结果集内对值进行替换。两种格式都支持可选的 ELSE 参数。

搜索式 CASE 的语法结构如下：

```
CASE
WHEN 逻辑表达式 1 THEN 返回表达式 1
WHEN 逻辑表达式 2 THEN 返回表达式 2
   ...
   ELSE 返回表达式 n
END
```

【例 9-13】假设学校的毕业学分为 50，小与 50 的不能毕业，50～52 分的为合格毕业生，大于 52 分的为优秀毕业生。

在查询窗口中输入并执行如下 SQL 语句：

```
Select  学号，姓名,'备注'=
  Case when 总学分<50 then '不能毕业'
       when 总学分 between 50 and 52 then '合格毕业生'
       Else '优秀毕业生'
  End
From xs
Go
```

9.5.4　WHILE…BREAK…CONTINUE 语句

设置重复执行 SQL 语句或语句块的条件，只要指定的条件为真，就重复执行语句。可以使用 BREAK 和 CONTINUE 关键字在循环内部控制 WHILE 循环中语句的执行。

其语法格式如下：

```
WHILE 逻辑表达式
Begin
   T-SQL 语句组
   [break]               /*终止整个语句的执行*/
   [continue]            /*结束一次循环体的执行*/
END
```

备注：如果嵌套了两个或多个 WHILE 循环，则内层的 BREAK 将退出到下一个外层循环，首先运行内层循环结束之后的所有语句，然后重新开始下一个外层循环。

【例 9-14】打印 1～30 之间能被 5 整除的整数以及它们的和。

```
declare @x smallint,@sum smallint
set @x=1
set @sum=0
while @x<30
begin
if @x%5=0
begin
set @sum=@sum+@x
print @x
end
set @x=@x+1
end
print '1-30 之间能被整除的整数和为:'+str(@sum)
```

9.6　游标

9.6.1　游标的概念

在数据库中，游标是一个十分重要的概念。游标提供了一种对从表中检索出的数据进行操作的灵活手段，就本质而言，游标是一种能从包含多条数据记录的结果集中每次提取一条记录的机制。用户可以通过单独处理每一条来逐条收集信息对数据逐行进行操作。

数据库中的游标类似于高级语言中的指针。一个游标是一个对象，它可以指向一个集合中的某个特定的数据行，并执行用户给定的操作。

游标通过以下方式来扩展结果处理：

（1）容许定位在结果集的特定行；

（2）从结果集的当前位置检索一行或一部分行；

（3）支持对结果集中当前位置的行进行数据修改。

（4）为由其他用户对显示在结果集中的数据所做的更改提供不同级别的可见性支持。

（5）提供在脚本、存储过程和触发器中，访问结果集中数据的 Transact-SQL 语句。

Microsoft SQL Server 支持以下 3 种游标的实现。

（1）Transact-SQL 游标

基于 DECLARE CUBSOR 语法，主要用于 Transact-SQL 脚本、存储过程和触发器。Transact-SQL 游标在服务器上实现，并由从客户端发送到服务器的 Transact-SQL 语句管理。

（2）应用程序编程接口（API）服务器游标

支持 OLE DB 和 ODBC 中的 API 游标函数。API 服务器游标在服务器上实现。每次客户端应用程序调用 API 游标函数时，SQL Server Native Client OLE DB 访问接口或 ODBC 驱动程序会把请求传输到服务器，以便对 API 服务器游标进行操作。由于 Transact-SQL 游标和 API 服务器游标都在服务器上实现，所以将它们统称为服务器游标。

（3）客户端游标

由 SQL Server Native Client ODBC 驱动程序和实现 ADO API 的 DLL 在内部实现。客户端游标通过在客户端告诉缓存所有结果集行来实现。每次客户端应用程序调用 API 游标函数时，SQL Server Native Client ODBC 驱动程序或 ADO DLL 会对客户端上高速缓存的结果集执行游标操作。

本节我们只介绍 Transact-SQL 游标的使用。

9.6.2　声明游标

用户可以把游标理解为一种特殊变量，必须先声明后使用。游标使用可以总结为 5 个步骤：声明游标、打开游标、使用数据、关闭游标、释放游标。

1．声明游标

声明游标的语法格式如下：

```
DECLARE cursor_name [INSENSITIVE] [SCROLL] CURSOR
FOR select_statement
[FOR {READ ONLY|UPDATE [OF column_name[,…]]}]
```

其中，

cursor_name：游标的名称。cursor_name 必须符合标识符规则。

INSENSITIVE：将只有在 tempdb 数据库中创建一个临时表才能定义游标，主要用于存储由该游标提取的数据。任何通过这个游标进行的操作，都在这个临时表里进行。因此，在对该游标进行提取操作时返回的数据不反映对基本表所做的修改，并且该游标不允许修改。如果省略

INSENSITIVE，那么用户对基本表进行的任何操作都将在游标中反映出来。

SCROLL：指定所有的提取选项（FIRST、AST、PRIOR、RELATIVE、ABSOLUTE）均可用。如果未在声明中指定 SCROLL，则 NEXT 是唯一支持的提取选项。

select_statement：定义游标结果集的标准 SELECT 语句。在游标声明的 select_statement 中不允许使用关键字 COMPUTE、COMPUTE BY、FOR BROWSE 、INTO。

READ ONLY：禁止通过该游标进行更新。在 UPDATE 或 DELETE 语句的 WHERE CURRENT OF 子句中不能引用该游标。该选项优于要更新的游标的默认功能。

FOR UPDATE[OF column_name[, …]]：定义游标中可更新的列。如果提供了 OF column_name [, …]，则只允许修改所列出的列。如果指定了 UPDATE，但未指定列的列表，则除非指定了 READ_ONLY 并发选项，否则可以更新所有的列。

2. 打开游标

在使用游标之前，必须先打开游标，才能执行指定操作。其语法格式如下：

```
OPEN {{[GLOBAL]cursor_name}|cursor_variable_name}
```

其中，

GLOBAL：指定 cursor_name 为全局游标。

cursor_name：已声明的游标的名称。如果全局游标和局部游标都使用 cursor_name 作为名称，那么如果指定了 GLOBAL，则 cursor_name 指的是全局游标，否则 cursor_name 指的是局部游标。

cursor_variable_name：游标变量的名称，该变量引用一个游标。

打开一个游标之后，可以使用无参数函数@@ERROR 来判断打开操作是否成功。如果这个函数的返回值为 0，则表示游标打开成功；否则表示游标打开失败。当游标打开成功之后，可以使用无参数函数 @@CURSOR_ROWS 来获取这个游标中当前存在的记录行数。无参数 @@CURSOR_ROWS 有以下 4 种可能的取值。

（1）N：该 CURSOR 所定义的数据已完全从表中读入，N 为全部的数据行。

（2）-M：该 CURSOR 所定义的数据未完全从表种读入，M 为目前 CURSOR 数据子集中的数据行。

（3）0：无符合条件的数据或该 CURSOR 已被关闭或释放。

（4）-1：该游标为动态的，数据行经常变动无法确定。

3. 使用数据

（1）提取数据

游标打开之后，使用 FETCH 语句通过 Transact-SQL 服务器游标检索特定行，其语法格式如下：

```
FETCH
  [[NEXT|PRIOR|FIRST|LAST
|ABSOLUTE{n|@nvar}
|RELATIVE{N|@NVAR}
]
FROM
]
{{[GLOBAL]cursor_name}|@cursor_variable_name}
[INTO@variable_name[,…]]
```

其中，

NEXT：返回紧跟当前行之后的结果行，并且当前行递增为结果行。如果 FETCH NEXT 为对游标的第 1 次提取操作，则返回结果集中的第 1 行。NEXT 为默认的游标提取选项。

PRIOR：返回紧跟当前行前面的结果行，并且当前行递减为结果行。如果 FETCH PRIOR 为对游标的第 1 次提取操作，则没有行返回并且游标置于第 1 行之前。

FIRST：返回游标中的第 1 行并将其作为当前行。

LAST：返回游标中的最后 1 行并将其作为当前行。

ABSOLUTE{n|@nvar}：如果 n 或@nvar 为正数，返回从游标开始的第 n 行并将返回的行变成新的当前行；如果 n 或@nvar 为负数，返回游标尾之前的第 n 行并将返回的行变成新的当前行；如果 n 或@nvar 为 0，则没有行返回。

RELATIVE{n|@nvar}：如果 n 或@nvar 为正数，返回当前行之后的第 n 行并将返回的行变成新的当前行；如果 n 或@nvar 为负数，返回当前行之后的第 n 行并将返回的行变成新的当前行；如果 n 或@nvar 为 0，返回当前行。如果对游标的第 1 次提取操作时，将 FETCH RELATIVE 的 n 或@nvar 指定为负数或 0，则没有行返回。

GLOBAL：指定 cursor_name 指的是全局游标。

cursor_name：要从中进行提取的打开的游标的名称。如果全局游标和局部游标都使用 cursor_name 作为它们的名称，那么指定 GLOBAL 时，cursor_name 指定时全局游标，未指定 GLOBAL 时，cursor_name 指的是局部游标。

@cursor_variable_name：游标变量名，引用要进行提取操作打开的游标。

INTO@variable_name [, …]：允许将提取操作的列数据放到局部变量中。列表中的各个变量从做到右与游标结果集中的相应列相关联。各变量的数据类型必须与相应的结果列的数据类型匹配或是结果列数据类型所支持的隐性转换。变量的数码必须与游标选择列表中的列的数目一致。

（2）修改数据

如果游标定义为可更新的，则当定位在游标中的某一行时，可以使用 UPDATE 或 DETELE 语句中的 WHERE SURRENT OF cursos name 子句定位更新或删除操作。

4．关闭与释放游标

（1）关闭游标

在打开游标后，SQL Server 服务器会专门为游标开辟一定的内存空间存放游标操作的数据结果集，同时游标的使用也会根据具体情况对某些数据进行封锁。所以在不使用游标的时候，一定要关闭游标，以通知服务器释放游标占用的资源，其语法格式如下：

```
CLOSE {{[GLOBAL]cursor_name}|sursor_variable_name}
```

其中各参数的含义同 OPEN 语句。

CLOSE 语句用来关闭游标，释放 SELECT 语句的查询结果。使用 CLOSE 语句释放当前结果集，然后解除定位游标的行上的游标锁定，从而关闭一个开放的游标。CLOSE 将保留数据结构以便重新打开，但在重新打开游标之前，不允许提取和定位更新。必须对打开的游标发布 CLOSE，不允许对仅声明或已关闭的游标执行 CLOSE。

（2）释放游标

释放游标是指用 DEALLOCATE 语句释放所有分配给此游标的资源，也就表示此游标不存在

194

了，不可再通过 OPEN 语句来打开。如要使用该游标，则需要重新声明该游标。当游标被关闭时释放，游标会被先关闭后释放。其语法结构如下：

```
DEALLOCATE  CURSOR  cursor_name
```

【例 9-15】创建一个游标 Cur1，使 Cur1 可以对 HR.DEPARTMENTS 表中的所有数据进行操作，然后打开该游标，输出游标中的行数。

在查询窗口中输入并执行如下 SQL 语句：

```
DECLARE  cur1  CURSOR
FOR SELECT  *  FROM  HR.DEPARTMENTS
Go
Open cur1
SELECT '游标 cur1 数据行数'= @@CURSOR_ROWS
```

小结

本章主要介绍了数据类型、常量变量、表达式、函数、控制语句、游标等知识，本章是学习 SQL 语言的基础，只有理解和掌握它们的用法，才能正确编写 SQL 程序和深入理解 SQL 语言。

习题 9

一、选择题

1. 数据定义语言的缩写词为_____。

A. DCL   B. DDL   C. DML   D. TML

2. 在数据操作语言的基本功能中，不包括的功能是_____。

A. 描述库结构   B. 修改数据   C. 插入数据   D. 删除数据

3. 下面_____是一元运算符。

A. NOT   B. AND   C. /   D. %

4. 下面_____不是 SQL Server 的合法标识符。

A. abc3   B. 3abc   C. #cat   D. @abc2

5. 下列标识符中可以作为局部变量使用的是_____。

A. telcode   B. telcoc   C. @@telcode   D. @telcode

6. 以下表达式返回的 True 的是_____。

A. '2014-2-14' <' 2014-1-14'   B. '2014-2-14' >' 2014-1-14'

C. 'CAP' >' CAT'   D. 11%3 >11/3

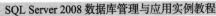

7. 语句"PRINT' 35' +' 53' +' =' +' 35+53'",输出的结果是_____。

A. 35+53=88　　　　B. 3553=88　　　　C. 3553=35+53　　　　D. 35+53=35+53

8. 游标主要用于存储过程、_____和 SQL 脚本中。

A. 触发器　　　　B. 视图　　　　C. 索引　　　　D. 约束

9. 与局部变量一样,游标也必须先_____后_____。

A. 使用　　　　B. 定义　　　　C. 声明　　　　D. 约束

10. 下面关于 SQL 的说法中,不正确的是_____。

A. 是关系型数据库的国际标准语言　　　　B. 称为结构化查询语言

C. 具有数据定义、操纵和控制功能　　　　D. 能够自动实现关系数据库的规范性

二、填空题

1. Transact-SQL 主要有数据定义语言、_____、_____和其他语言元素。

2. 数据定义语言是指用来创建、修改和删除各种对象的语句,主要包括_____、_____和_____语句。

3. 数据控制语言是用来控制对数据库对象权限的 SQL 语句,授权、拒绝和撤销访问数据库对象权限的语句分别是_____、_____和_____。

4. 数据操作语言是指用来查询、添加、修改和删除数据库中数据的语句,这些语句包括SELECT、_____、_____和_____。

5. SQL Server 2008 的局部变量名字必须以_____开头,而全局变量名字必须以_____开头。

6. SQL Server 2008 可以支持的双字节字符数据类型包括_____、_____和_____等,它们均使用_____字符集。

7. GO 语句必须单独占据一行,用来标识一个_____的结束。

8. @@FETCH_STATUS 语句返回的值为 0 说明_____。

三、简答题

1. Transact-SQL 中,局部变量和全部变量各有什么特点与作用?

2. 对局部变量进行定义、赋值与显示分别使用什么命令?

3. Transact-SQL 中运算符的优先级分为几级? 每一级中包含哪些运算符?

4. 如何实现用户自定义数据类型的定义、删除等操作?

5. 简述函数的分类和特点。

6. 简述游标的实现方法和使用过程。

实验 12　流程控制语句

一、实验目的

(1)了解变量与运算符、表达式的使用。

(2)了解 SQL 程序结构与流程空值语句的使用。

(3)掌握系统函数与用户自定义函数的使用。

(4)掌握游标的使用。

二、实验内容

（1）用 Transact-SQL 编程：先为两个变量@X 和@Y 赋值，然后求这两个变量的和、差、积、分、商，并输出结果。

（2）在人力资源管理系统中，统计 IT 部门的人数。

（3）在人力资源管理系统中，查询所有员工中 HIRE_DATE 最大和最小的员工。

（4）计算返回某日期的日 datepart 所代表的整数值。

（5）计算当前时间 50 天后是哪一天？

（6）查看系统时间，判断当前时间是一年中的什么季节。

（7）编程计算，输出 1～100 中能被 5 整除的数。

（8）输出 1+2+3+…+50 的值。

三、实验步骤

（1）用 Transact-SQL 编程：先为两个变量@X 和@Y 赋值，然后求这两个变量的和、差、积、分、商，并输出结果。

在新建查询窗口中，输入以下内容：

```
declare @x int,@y int,@sum int,@dec int,@mul int,@shang int
set @x=3
set @y=5
set @sum=@x+@y
set @dec=@x-@y
set @mul=@x*@y
set @shang=@x/@y
print @sum
print @dec
print @mul
print @shang
```

（2）在人力资源管理系统中，统计 IT 部门的人数。

在新建查询窗口中，输入以下内容：

```
Declare  @number  int
Select  @number =count(*)  from  HR.DEPARTMENTS
Print  'IT部门总人数:'
Print @number
Go
```

（3）在人力资源管理系统中，查询所有员工中 HIRE_DATE 最大和最小的员工。

在新建查询窗口中，输入以下内容：

```
select max(HIRE_DATE) from HR.EMPLOYEES
select min(HIRE_DATE) from HR.EMPLOYEES
```

（4）计算返回某日期的日 datepart 所代表的整数值。

在新建查询窗口中，输入以下内容：

```
SELECT DATEPART(day, GETDATE())
GO
```

（5）计算当前时间 50 天后是哪一天？

在新建查询窗口中，输入以下内容：

```
select (getdate()+50)
GO
```

（6）查看系统时间，判断当前时间是一年中的什么季节。

在新建查询窗口中，输入以下内容：

```
CREATE function fun_print_season()
returns char(4)
as
begin
declare @t1 int,@t2 varchar(20)
select @t1=mymount from view_getmount
if @t1=12 or @t1=1  or @t1=2
set @t2='冬天'
else if @t1>=3 and @t1<=5
set @t2='春天'
else if @t1>=6 and @t1<=8
set @t2='夏天'
else
set @t2='秋天'
return @t2
end
```

（7）编程计算，输出 1～100 中能被 5 整除的数。

在新建查询窗口中，输入以下内容：

```
declare @a int
set @a = 1
while @a <=100
begin
if @a%5=0
print @a
set @a=@a+1
end
```

（8）输出 1+2+3+…+50 的值。

在新建查询窗口中，输入以下内容：

```
declare @i int, @sum int
select @sum =0
select @i=1
while @i<=50
begin
set @sum=@sum+@i
set @i=@i+1
end
print @sum
go
```

四、实验报告要求

（1）实验报告分为实验目的、实验内容、实验步骤、实验心得 4 个部分。

（2）把相关的语句和结果写在实验报告上。

（3）写出详细的实验心得。

第10章

存储过程与触发器

在运用 SQL Server 管理数据中，有时候会为了完成一个功能，需要运用 T-SQL 语言去编写一段复杂的代码，不同的用户在实现相似功能操作时，就没有必要去重复编写代码，而是可采用系统提供的类似于其他语言的代码封装功能——存储过程，从而运用代码的重用性，以此提高数据库编程效率。在表达较复杂的业务逻辑时，可运用系统提供的触发器功能机制去完成数据库系统开发中的强制业务规则及数据完整性要求。

本章主要讲解存储过程的含义及特点、存储过程的分类、存储过程的创建与管理、存储过程的应用，触发器的含义及特点、触发器的分类、触发器的创建与管理、触发器的应用。通过实例操作，掌握存储过程及触发器的应用方法及技能。

10.1 存储过程

在学生成绩管理数据库 cjgl 中往往会进行查询学生的基本信息、统计学生的成绩信息、汇总及格或不及格信息等操作。为此要在系统中引入存储过程，实现对数据库编程。为了实现某种特定功能操作，编写一段复杂的代码并以存储过程形式存在，这样做既简化了用户编程，也提高了编程效率及系统性能。

10.1.1 存储过程概述

存储过程（Stored Procedure）是一组为完成特定功能而编写的 SQL 语句集，经编译后存储在数据库中，它可以看作是便于外部程序调用的一种数据库对象，或视为数据库中的一种函数或子程序。

1. 存储过程的优点

（1）存储过程的能力大大增强了 SQL 语言的功能和灵活性。在存储过程中可以使用流程控制语句，有很强的灵活性，可以完成复杂的判断和较复杂的运算。

（2）可保证数据的安全性和完整性。通过存储过程可以使没有权限的用户在控制之下间接地存取数据库，从而保证数据的安全。通过存储过程可以使相关的动作在一起发生，从而可以维护数据库的完整性。

（3）存储过程可以重复使用，可减少数据库开发人员的工作量。

（4）在运行存储过程前，数据库已对其进行了语法和句法分析，并给出了优化执行方案。这种已经编译好的过程可极大地改善 SQL 语句的性能。也就是说，存储过程只在创造时进行编译，以后每次执行存储过程都不需再重新编译，而一般 SQL 语句每执行一次就编译一次,所以使用存储过程可提高数据库执行速度。

（5）可以降低网络的通信量。

2. 存储过程的缺点

（1）调试麻烦，当然可用 PL/SQL Developer 工具弥补这个缺点。

（2）移植问题，数据库端代码与数据库相关。当然如果是做工程型项目，基本不存在移植问题。

（3）重新编译问题，因为后端代码是运行前编译的，如果带有引用关系的对象发生改变，受影响的存储过程将需要重新编译（不过也可以设置成运行时刻自动编译）。

3. 存储过程的分类

（1）系统存储过程

系统存储过程以 sp_开头,用来进行系统的各项设定、取得信息等相关管理工作。

（2）本地存储过程

本地存储过程是由用户创建并实现某一特定功能的存储过程。事实上一般所说的存储过程就是指本地存储过程。

（3）临时存储过程

临时存储过程分为两种：本地临时存储过程和全局临时存储过程。

① 本地临时存储过程，以井字号(#)作为其名称的第一个字符，则该存储过程将成为一个存放在 tempdb 数据库中的本地临时存储过程，且只有创建它的用户才能执行它。

② 全局临时存储过程，以两个井字号(##)开始，则该存储过程将成为一个存储在 tempdb 数据库中的全局临时存储过程，全局临时存储过程一旦创建，以后连接到服务器的任意用户都可以执行它，而且不需要特定的权限。

（4）远程存储过程

在 SQL Server 2008 中，远程存储过程（Remote Stored Procedures）是位于远程服务器上的存储过程，通常可以使用分布式查询和 EXECUTE 命令执行一个远程存储过程。

（5）扩展存储过程

扩展存储过程（Extended Stored Procedures）是用户可以使用外部程序语言编写的存储过程，而且扩展存储过程的名称通常以 xp_开头。

10.1.2 创建存储过程

1. 通过命令方式创建存储过程

创建存储过程的完整语法形式如下：

```
CREATE PROCEDURE [拥有者.]存储过程名[;程序编号]
[(参数#1,…参数#1024)]
[WITH
{RECOMPILE | ENCRYPTION | RECOMPILE, ENCRYPTION}
]
[FOR REPLICATION]
AS
BEGIN
  程序行
END
```

其中，存储过程名不能超过 128 个字符。SQL Server 7.0 以上版本中，每个存储过程中最多设定 1 024 个参数,参数的使用方法如下：

@参数名　数据类型[VARYING] [=内定值] [OUTPUT]

每个参数名前要有一个"@"符号，每一个存储过程的参数仅为该程序内部使用，参数的类型除了 Image 外，其他 SQL Server 所支持的数据类型都可使用。

[=内定值]相当于我们在建立数据库时设定一个字段的默认值，这里是为这个参数设定默认值。

[OUTPUT]是用来指定该参数是既有输入又有输出值的，即在调用了这个存储过程时，如果所指定的参数值是我们需要输入的参数，同时也需要在结果中输出的，则该项必须为 OUTPUT，而如果只是作输出参数用，可以用 CURSOR，同时在使用该参数时，必须指定 VARYING 和 OUTPUT 这两个语句。

【例 10-1】使用 T-SQL 语句在 cjgl 数据库中创建一个名称为 p_proc 的存储过程，功能是显示学生表中专业为"软件技术"的所有记录。

在查询分析器中执行如下语句：

```
use cjgl
go
create procedure p_proc
as
select * from 学生表  where 专业名='软件技术'
go
```

【例 10-2】计算订单总额的存储过程。

在查询分析器中执行如下语句：

```
CREATE PROCEDURE order_tot_amt
@o_id int,
@p_tot int output
AS
SELECT @p_tot = sum(Unitprice*Quantity)
FROM orderdetails
WHERE ordered=@o_id
GO
```

这是一个简单的存储过程order_tot_amt,这个存储过程是根据用户输入的定单ID号码(@o_id),由定单明细表（orderdetails）中计算该定单销售总额[单价(Unitprice)*数量(Quantity)],这一金额通过@p_tot 这一参数输出给调用这一存储过程的程序。

存储过程的调用方法：exec sp_name [参数名]

【例 10-3】使用 T-SQL 语句执行例 10-2 中的存储过程 p_proc。

在查询分析器中执行如下语句：

```
use cjgl
```

```
go
execute p_proc
```

执行完后，在查询分析器的结果窗口中返回如图 10-1 所示执行结果，表明该存储过程创建成功并返回相应的存储过程结果。

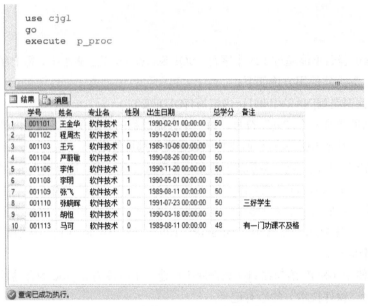

图 10-1　存储过程 p_proc 的执行结果

【例 10-4】使用 T-SQL 语句在 cjgl 数据库中创建一个名称为 p_xsxx 的存储过程，功能是根据给定的学号显示该学号学生的所有信息。

在查询分析器中执行如下语句：

```
USE [cjgl]
GO
create procedure p_xsxx
@xh char(8)
as
select *from 学生表 where 学号=@xh
go
```

【例 10-5】使用 T-SQL 语句在 cjgl 数据库中创建一个名称为 p_xsrs 的存储过程，功能是根据给定的专业名称显示该专业名称的学生总人数，并将该人数返回给用户。

在查询分析器中执行如下语句：

```
USE [cjgl]
GO
create procedure p_xsrs
@zym varchar(30),@zyzrs smallint  output
as
set @zyzrs=
(
select COUNT(学号)  from 学生表
where 专业名=@zym
)
print '专业总人数: '+convert(char(2),@zyzrs)
go
```

【**例 10-6**】使用 T-SQL 语句执行例 10-4 中的存储过程 p_xsxx，在查询分析器中执行,得到如图 10-2 所示结果。

图 10-2　执行存储过程 p_xsxx 的结果

【**例 10-7**】使用 T-SQL 语句执行例 10-5 中的存储过程 p_xsrs，在查询分析器中执行，得到如图 10-3 所示的结果。

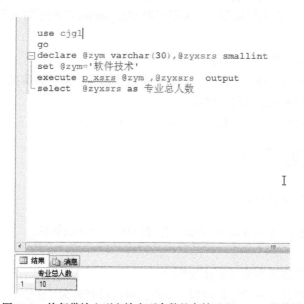

图 10-3　执行带输入型和输出型参数的存储过程 p_xsrs 的结果

2. 利用 SQL Server 管理平台创建存储过程

通过图形化界面创建存储过程的操作步骤如下。

（1）启动"SQL Server Management Studio"，在"对象资源管理器"下选择"数据库"，定位到具体的数据库，展开其下的"可编程性"节点，选中其下的"存储过程"选项，如图 10-4 所示。

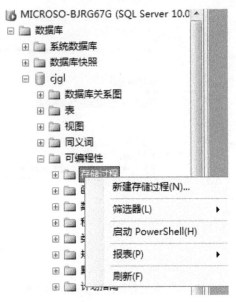

图 10-4　图形化界面创建存储过程

（2）用鼠标右键单击"存储过程"，在弹出的快捷菜单中选择"新建存储过程"选项，弹出"查询编辑器"对话框，在"查询编辑器"的编辑区里 SQL Server 已经预写入了一些建立存储过程相关的 SQL 语句。

（3）修改"查询编辑器"里的代码。

（4）单击工具栏中的"分析"按钮，检查一下是否语法有错，如果在"结果"对话框中出现"命令已成功完成"，则表示语法没有错误。

（5）语法检查无误后，单击"执行"按钮，生成存储过程。

10.1.3　存储过程管理

1. 查看和修改存储过程

【例 10-8】在 Management Studio 中查看存储过程 p_proc 的属性。

操作步骤如下：

（1）在对象资源管理器中展开 cjgl 数据库；

（2）展开"可编程性"→"存储过程"节点，可以看到名为"p_proc"的存储过程；

（3）用鼠标右键单击"p_proc"存储过程，在弹出的快捷菜单中，有"属性"、"重命名"及"修改"等选项命令，当选择"修改"选项，则得到如图 10-5 所示存储过程，此时可以"修改"存储过程的定义。

另外，通过 alter　procedure 也可实现对存储过程的修改定义。

图 10-5　修改存储过程 p_proc

2．重命名存储过程

基本语法形式如下：

Sp_rename　原存储过程名称,新存储过程名称

另外，也可用例 10-8 的方式，对存储过程进行重命名操作。

3.删除存储过程

基本语法形式如下：

drop procedure sp_name

注意：不能在一个存储过程中删除另一个存储过程，只能调用另一个存储过程。

10.1.4　存储过程的应用

【例 10-9】编写存储过程，统计不及格的学生人数。

在查询窗口中输入并执行如下 SQL 语句：

```
use cjgl
go
create procedure p_rs
as
select  COUNT(学号)  from 成绩表  where 成绩<60
go
execute p_rs
```

【例 10-10】编写存储过程查询指定课程名的课程信息。

在查询窗口中输入并执行如下 SQL 语句：

```
use cjgl
go
create procedure p_kcxx
```

```
@kcm varchar(30)
as
select * from 课程表 where 课程名=@kcm
go
execute p_kcxx 'Oracle 数据库'
```

【例 10-11】编写存储过程，按专业统计学生总人数。

在查询窗口中输入并执行如下 SQL 语句：

```
USE [cjgl]
GO
create procedure p_xsrs
@zym varchar(30),@zyzrs smallint output
as
set @zyzrs=
(
select COUNT(学号) from 学生表
where 专业名=@zym
)
print '专业总人数:'+convert(char(2),@zyzrs)
go

declare @zym varchar(30),@zyxsrs smallint
set @zym='软件技术'
execute p_xsrs @zym ,@zyxsrs output
select distinct 专业名,@zyxsrs as 专业总人数 from 学生表
```

10.2 触发器

在对系统数据操作中，有些在系统功能上要求数据具有较高的运行效率及更加严格的数据完整性，为此要在系统中引入触发器，以便增强数据的一致性和完整性，从而进一步提高系统性能和效率，以更加适合用户操作要求和系统设计的灵活性和扩展性要求。

10.2.1 触发器概述

1. 触发器的概念

触发器是一个 T-SQL 的命令集，和存储过程一样也是作为数据库的一个对象存储在数据库中，触发器是微软向应用程序开发人员和数据库分析人员提供的一种保证数据完整性的方法。作为一种特殊类型的存储过程，每当有操作影响到触发器保护的数据时就会自动执行，有些触发器是在特定表或视图上定义的。例如，当删除学生表中的某个学生时，同时删除成绩表中该同学的信息，能完成这种功能的程序就是触发器。

在 SQL Server 中使用约束和触发器两种机制来强制业务规则和数据完整性。触发器因在指定的表上发生了 INSERT、UPDATE 或 DELETE 事件而被触发。

触发器有如下特点。

（1）执行比约束更强的业务规则。

（2）可以通过数据库中相关的表实现级联更改。

（3）有助于强制引用完整性，以便在添加、更新或删除表中的行时保留表之间已定义的关系。

（4）触发器是自动的，它在对表的数据做了任何修改（如手工输入或者应用程序采取的操作）之后立即被激活。一个表中可以同时存在 3 个不同操作的触发器（ INSERT、UPDATE 或 DELETE ），对于同一个修改语句可以有多个不同的对策以响应。

触发器中的 INSERTED 表和 DELETED 表作为每个触发器中都有的特殊表，是一种逻辑表，由系统创建和维护，在内存中存储而不是在数据库中，因此不能直接对其修改，其表的结构和该触发器作用的表的结构相同，并且是只读的，用户可以引用表中的数据但不能向表中写入数据，当触发器完成工作后这两个表随之被删除。

Inserted 表是用来存储向原表中插入的内容的副本，是当执行 INSERT 或 UPDATE 语句时而要向表中插入的所有行。

Deleted 表是存放所有要删除的行，是当执行 UPDATE 或 DELETE 语句时产生，当触发 INSERT 触发器时，新的数据行就会被随之插入触发器和 inserted 表中，当触发 DELETE 触发器后，从受影响的表中删除的行将被放置到 deleted 表中，当触发 UPDATE 触发器时，可将 update 语句看作是先执行一个 DELETE 操作，再执行一个 INSERT 操作，即被修改的行先移到 deleted 表，然后新行同时插入原来和 inserted 表。

2. 触发器的分类

在 SQL Server 2008 中，根据激活触发器执行的 T-SQL 语句类型，可以把触发器分为两类：DML 触发器和 DDL 触发器。

（1）DML 触发器

DML 触发器是当数据库服务器中发生数据操作语言事件时执行的存储过程。

DML 触发器根据引起触发的时间分为 AFTER 触发器（后触发器）和 INSTEAD OF 触发器（替代触发器）两类。

AFTER 触发器是在记录已经改变完之后（在执行触发操作 INSERT、UPDATE 或 DELETE 和处理完约束之后），才会被激活执行，它主要是用于记录变更后的处理或检查，一旦发现错误，也可以用 Rollback Transaction 语句来回滚本次的操作。

INSTEAD OF 触发器一般是用来取代原本要进行的操作，在记录变更之前发生的，它并不去执行原来 SQL 语句里的操作，代替 INSERT、UPDATE 或 DELETE 语句去执行触发器本身所定义的操作。

DML 触发器与表或视图是不能分开的，触发器定义在一个表或视图中，当在表或视图中执行插入（INSERT）、修改（UPDATE）、删除（DELETE）操作时触发器被触发并自动执行。

当表或视图被删除时与它关联的触发器也一同被删除。一个表或视图可以定义多个 AFTER 触发器，一个表或视图只可以定义一个 INSTEAD 触发器。

（2）DDL 触发器

DDL 触发器是在响应数据定义语言事件时执行的存储过程。DDL 触发器一般用于执行数据库中的管理任务，如审核和规范数据库的操作，防止数据库、数据表被删除或者修改等。像常规触发器一样，DDL 触发器将激发存储过程以响应事件。

与 DML 触发器不同的是，它们不会为响应针对表或视图的 UPDATE、INSERT 或 DELETE 语句而激发。相反，它们会为响应多种数据定义语言（DDL）语句而激发。

DDL 触发器可用于管理任务，例如，审核和控制数据库操作。

10.2.2 触发器创建及管理

1. 通过图形化界面创建触发器

通过图形化界 10 面创建触发器的步骤如下。

（1）启动 "SQL Server Management Studio"，在 "对象资源管理器" 下选择 "数据库"，定位到具体的数据库，展开其下的 "表" 节点，找到具体的表，并选中其下的 "触发器" 选项，如图 10-6 所示。

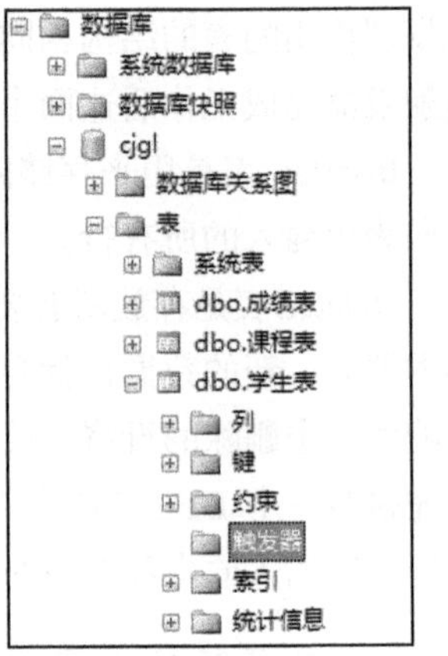

（2）用鼠标右键单击 "触发器"，在弹出的快捷菜单中选择 "新建触发器" 选项，弹出 "查询编辑器" 对话框，在 "查询编辑器" 的编辑区里 SQL Server 已经预写入了一些建立触发器相关的 SQL 语句。

（3）修改 "查询编辑器" 里的代码。

（4）单击工具栏中的 "分析" 按钮，检查一下是否语法有错，如果在 "结果" 对话框中出现 "命令已成功完成"，则表示语法没有错误。

图 10-6 利用图形化界面创建触发器

（5）语法检查无误后，单击 "执行" 按钮，生成触发器。

2. 使用 SQL 语句创建触发器

使用 CREATE TRIGGER 命令可创建 DML 触发器，其语法格式如下：

```
CREATE TRIGGER 触发器名
  ON 表名或视图名
  {[FOR|AFTER]|INSTEAD OF }
  {[INSERT][,][UPDATE][,][DELETE]}
  AS
  [IF UPDATE(列名1)[{AND|OR}UPDATE(列名2)][...n]]
SQL 语句
```

创建触发器时需要指定如下内容。

① 触发器名称：触发器名。

② 何处触发：表名或视图名。

③ 何时激发：FOR|AFTER 指定为 AFTER 触发器，INSTEAD OF 指定为 INSTEAD 触发器。

④ 何种数据修改语句触发：INSERT 指定为 INSERT 触发器，UPDATE 指定为 UPDATE 触发器，DELETE 指定为 DELETE 触发器。

⑤ 何列数据修改时触发：可选项 IF UPDATE(列名 1)[{AND|OR}UPDATE(列名 2)] [...n]用于指定如果测试到在[列名 1]且、或[列名 2]上进行的 INSERT 或 UPDATE 操作时触发。不能用于 DELETE 语句触发器。

⑥ 如何触发：SQL 语句指定触发器触发时所做的操作。

触发器在创建和使用中有如下限制。

① 创建 DML 触发器的权限默认分配给表的所有者，且不能将该权限转给其他用户。

② DML 触发器为数据库对象，其名称必须遵循标识符的命名规则。

③ 只能在当前数据库中创建 DML 触发器。

④ create trigger 语句只能作为批处理的第一条语句。

⑤ 在表中如果既有约束又有触发器，则在执行中约束优先于触发器。而且如果在操作中触发器与约束发生冲突，触发器将不执行。

⑥ 触发器中不允许包含以下 SQL 语句：ALTER DATABASE、CREATE DATABASE、DROP DATABASE、RESTORE DATABASE、RESTORE LOG 等。

⑦ 不能在视图或临时表上建立触发器，但是在触发器定义中可以引用视图或临时表。当触发器引用视图或临时表时，会产生两个特殊的表：deleted 表和 inserted 表。这两个表由系统进行创建和管理，用户不能直接修改其中的内容，其结构与触发表相同，可以用于触发器的条件测试。

图 10-7 完成并测试 AFTER 触发器

【例 10-12】创建触发器，要求当在学生表中修改一条信息时显示提示信息，并做测试。

在查询窗口中输入如图 10-7 所示 T-SQL 语句，并执行得到图示的效果。

对于上述操作，还可以如下重新定义触发器，得到相同的效果。

```
CREATE TRIGGER tr_update2_xs
ON 学生表
INSTEAD OF UPDATE
AS
BEGIN
RAISERROR('对不起，学生表的数据不允许修改',16,10)
END
--测试
select * from 学生表
update 学生表
set 姓名='程真'
where 学号='001102 '
```

3. 通过图形化界面查看触发器

（1）启动 "SQL Server Management Studio"，在 "对象资源管理器" 下选择 "数据库"，定位到具体的数据库，展开其下的 "表" 节点，找到具体的表，并选中其下的 "触发器" 选项。

（2）展开 "触发器" 节点，选择要查看的触发器，用鼠标右键单击，在弹出的菜单中选择相应的操作，如图 10-8 所示。

4. 通过系统存储过程

（1）sp_help

使用系统存储过程 sp_help 可以了解如触发器名称、类型、创建时间等基本信息，其语法格式为

```
sp_help '触发器名'
```

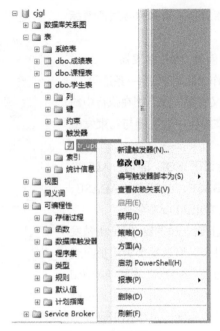

图 10-8　查看触发器

（2）sp_helptext

使用系统存储过程 sp_helptext 可以查看触发器的文本信息，其语法格式为

```
sp_helptext '触发器名'
```

【例 10-13】查看触发器 tr_update_xs 的信息。

在查询窗口中输入并执行如下 SQL 语句：

```
sp_help  tr_update_xs
sp_helptext  tr_update_xs
```

5．修改触发器

可以通过图形化界面修改触发器，也可以使用 ALERT TRIGGER 命令修改触发器正文，还可以使用系统过程 sp_rename 修改触发器的名字，其语法格式如下：

```
sp_rename 旧的触发器名,新的触发器名
```

【例 10-14】修改触发器的名字。

在查询窗口中输入并执行如下 SQL 语句：

```
sp_rename  tr_update_xs, tr_update2_xs
```

6．删除触发器

用户可以删除不再需要的触发器，此时原来的触发表以及表中的数据不受影响。如果删除表，则表中所有的触发器将被自动删除。

（1）通过 SSMS 资源管理器修改触发器

删除触发器的操作步骤与修改触发器相似，展开"触发器"节点，选择要删除的触发器，用鼠标右键单击，在弹出的菜单中选择"删除"选项，弹出删除消息框，单击"是(Y)"按钮完成。

（2）使用 DROP TRIGGER 删除触发器

其语法格式如下：

```
DROP TRIGGER 触发器名
```

【例 10-15】删除触发器 tr_update_xs 。

在查询窗口中输入并执行如下 SQL 语句：

```
DROP TRIGGER tr_update_xs
```

10.2.3　触发器的应用

【例 10-16】通过触发器同步更新成绩信息。创建触发器 Tr_del，从学生表中删除数据时，相应地从成绩表中删除数据。

在查询窗口中输入如图 10-9 所示 T-SQL 语句并执行，得到结果。

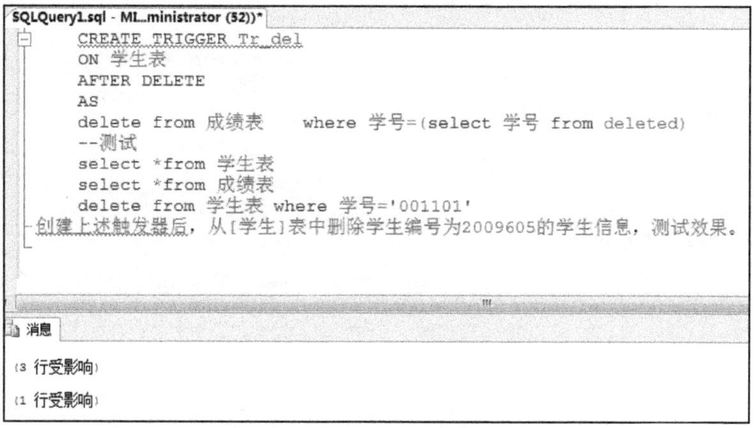

```
SQLQuery1.sql - ML..ministrator (52))*
    CREATE TRIGGER Tr_del
    ON 学生表
    AFTER DELETE
    AS
    delete from 成绩表    where 学号=(select 学号 from deleted)
    --测试
    select *from 学生表
    select *from 成绩表
    delete from 学生表 where 学号='001101'
创建上述触发器后，从[学生]表中删除学生编号为2009605的学生信息，测试效果。


消息

(3 行受影响)

(1 行受影响)
```

图 10-9　完成并测试触发器

【例 10-17】创建触发器 Tr_update，向课程表中修改课程学分列时，相应地修改成绩表中的对应数据。

在查询窗口中输入并执行如下 SQL 语句：

```
CREATE TRIGGER Tr_update
ON 课程表
AFTER UPDATE
AS
IF UPDATE(学分)
begin
    update  成绩表
    set 学分=(select 学分 from inserted)
    where 课程号=(select  课程号 from deleted)
end
```

测试如下：

```
update
select * from 课程表
select * from 成绩表
update 课程表
    set 学分=5
    where 课程号='102'
```

【例10-18】在成绩上创建触发器,检查插入的成绩是否在 0~100。

在查询窗口中输入并执行如下 SQL 语句:

```
CREATE TRIGGER check_cj
ON 成绩表
FOR INSERT, UPDATE
AS
DECLARE @score int
SELECT @score=成绩 FROM inserted
IF @score<0 OR @score>100
    BEGIN
    Print '成绩必须在 0~100! '
    ROLLBACK
END
```

测试如下:

```
insert into 成绩表  values('000110','102',120,6)
```

【例10-19】创建用于保护成绩管理数据库中的数据表不被修改的触发器。

在查询窗口中输入并执行如下 SQL 语句:

```
use cjgl
go
CREATE TRIGGER T_dis_update_tab
ON DATABASE
FOR ALTER_TABLE
 AS
 BEGIN
    Print '对不起, 表不允许修改'
    RollbackV
END
```

测试如下:

```
update 学生表
    set 姓名='张三'
where 学号='001102'
```

小结

本章主要内容包括存储过程与触发器的概念、特点、用途、分类、创建方法及管理方法。

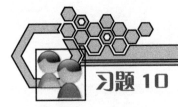

习题 10

一、选择题

1. sp_help 属于哪一种存储过程_____。

A. 系统存储过程　　　　　　　B. 用户定义存储过程

    C. 扩展存储过程　　　　　　　D. 其他

 2. 下列哪条语句用于创建存储过程_____。

    A. CREATE PROCEDURE　　　　B. CREATE　TABLE

    C. DROP　PROCEDURE　　　　 D. 其他

 3. 下列哪些语句用于删除触发器_____。

    A. CREATE PROCEDURE　　　　B. CREATE TRIGGER

    C. ALTER TRIGER　　　　　　D. DROP TRIGGER

 4. 下列关于触发器操作中的说法正确的是_____。

    A. 触发器操作中会用到 updated、inserted 及 deleted 3 种表

    B. inserted 表仅当作插入操作时才会产生

    C. deleted 表当执行删除或更新操作时产生

    D. inserted 及 deleted 表产生后一直存在

二、填空题

 1. SQL Server 中，有 5 种类型的存储过程，分别为_____、_____、_____、_____和_____。

 2. 存储过程的主要优点有：_____、_____。

 3. SQL Server 中有两种类型的触发器，分别为_____和_____。

 4. 触发器的作用是_____，根据激活触发器执行的 T-SQL 语句类型，可以分为_____和_____。

三、综合应用

上机练习。使用 cjgl 数据库完成下列操作。

（1）创建查询表 student 的所有内容的存储过程 query_student，加密并执行。

（2）创建存储过程 select_student，查询指定姓名、性别的学生学号、姓名、性别、课程名和成绩。

（3）创建存储过程 insert_student，可以通过该存储过程将学生的信息插入表中，并能将所有学生的平均年龄返回给用户。

（4）在学生表上创建触发器，当有人试图修改学生表中的数据时，利用触发器跳过修改数据的 SQL 语句（防止数据被修改），并向客户端显示一条消息"对不起，学生表的数据不允许修改！"。

```
CREATE TRIGGER 学生_update
  ON 学生
  INSTEAD OF UPDATE
  AS
  BEGIN
  RAISERROR ('对不起,学生表的数据不允许修改',16,10)
END
```

实验 **13**　**存储过程**

一、实验目的

（1）理解存储过程的作用。

（2）掌握创建存储过程的方法和步骤。

（3）掌握存储过程的使用方法。

二、实训要求

（1）了解存储过程的含义及优缺点。

（2）掌握创建存储过程的 SQL 语句的语法。

（3）学会查看、执行存储过程以及对存储过程的修改、删除操作。

三、实训步骤

1. 创建存储过程

（1）创建存储过程，给员工加工资，当员工里面有一半的人没有达到 8 000 元的时候，所有员工加 200，并打印加了多少工资。

在查询窗口中输入并执行如下 SQL 语句：

```
Use hr
go
create proc add_sal
as
begin
declare @count1 float,@count2 int,@up_sal int
set @up_sal=0
set @count1=(select count(*) from employees)
set @count2=(select count(*) from employees where salary<8000)
while(@count2>(@count1/2))
begin
update employees  set salary=salary+200
set @count1=(select count(*) from employees)
set @count2=(select count(*) from emloyees where salary <8000)
set @up_sal=@up_sal+200
end
print  @up_sal
end
go
```

（2）创建存储过程，根据指定的部门编号统计该部门的员工总人数，并返回总人数给用户。

在查询窗口中输入并执行如下 SQL 语句：

```
use HR
go
create procedure p_ygrs
@bmbh int ,@rs smallint  output
as
set @rs=
 (
 select count(employee_id) from employees  where department_id=@bmbh
 )
 print @rs
 go
```

2. 执行存储过程

上题中第（1）题的存储过程执行如下：

```
exec add_sal
go
```

第（2）题的存储过程执行如下：

```
declare @bmbh int ,@rs smallint
set @bmbh=60
 execute p_ygrs  @bmbh  ,@rs   output
 select @rs
```

3. 查看、修改及删除存储过程

```
Sp_helptext  add_sal
Sp_helptext  p_ygrs
Drop  procedure  add_sal
Drop  procedure  p_ygrs
```

四、实验报告要求

（1）实验报告分为实验目的、实验内容、实验步骤、实验心得 4 个部分。

（2）把相关的语句和结果写在实验报告上。

（3）写出详细的实验心得。

实验 14　触发器

一、实验目的

（1）掌握触发器的用法。

（2）运用触发器实现数据的完整性约束。

二、实验要求

（1）理解触发器的作用。

（2）掌握用查询分析器及对象资源管理器创建触发器的方法。

（3）学会触发器的管理使用方法。

三、实验步骤

1.创建触发器（INSERT 类）

（1）创建一触发器 t_1，要求每当向员工表中添加一条记录，则返回用户一个消息"记录成功添加！"。

（2）创建一触发器 t_2，要求每当向部门表中添加新记录，则自动显示表中所有记录。

（3）创建一触发器 t_3，要求每当向工资表中添加一条记录，则自动显示插入的新记录。

2. 创建触发器（DELETE 类）

创建一触发器 t_del，要求当删除员工表的一条记录时，自动删除该员工所在的部门信息记录。

3. 创建触发器（update 类）

创建一触发器 t_update1，当修改员工表的的员工号时，将工作变动表中相应的员工号自动更新。

4. 管理触发器

（1）修改触发器。

（2）删除触发器。

四、实验报告要求

（1）实验报告分为实验目的、实验内容、实验步骤、实验心得 4 个部分。

（2）把相关的语句和结果写在实验报告上。

（3）写出详细的实验心得。

第11章

SQL Server 数据库开发综合实例

实训 1　Visual C#.NET/SQL Server 人力资源管理系统

本节通过一个实例讲解使用 Visual C#.NET 和 SQL Server 设计一个人力资源管理系统应用程序的方法。通过该系统，人力资源管理人员可以对人力资源各种数据进行统一管理。

P1.1　需求分析

随着我国市场经济的不断发展，人才竞争日趋激烈，人力资源管理在公司和企业中的地位变得越来越重要。目前，许多公司和企业在人力资源管理上还停留在手工操作的层面，很难适合现代企业的发展和公司信息化的需求。为此，开发一套合适的"人力资源管理系统"软件，提高人力资源部门的工作效率是目前许多公司和企业的迫切需要。

本系统是对公司的人力资源资料进行管理，为人力资源管理人员提供一套操作简单、使用可靠、界面友好、易于管理的处理工具。本系统对人力资源各种数据进行统一处理，避免数据存取、数据处理的重复，提高工作效率，减少系统数据处理的复杂性，不仅使公司人力资源管理人员从繁重的工作中解脱出来，而且提高了人力资源管理的效率，提高了人力资源管理的科学性，方便用户进行查询、管理人员进行管理。

P1.1.1　系统功能描述

本系统采用的是 C/S 模式，在客户端可以完成浏览、查询、数据输入、修改、删除等简单功能。人力资源管理系统可以实现以下管理功能。

（1）职员信息管理。实现职员信息的添加、修改、删除、查询等功能。

（2）部门信息管理。实现部门基本信息的增加、修改、删除等功能。

（3）工作信息管理。实现工作信息的增加、修改、删除等功能。

217

P1.1.2 功能模块划分

图 11-1 所示的概要图，是对系统的一个简单而又系统的描述，该图简单地描述出了人力资源管理系统所包含主要功能。

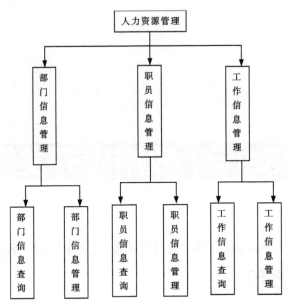

图 11-1　人力资源管理系统的主要功能

P1.1.3 系统开发环境

软件开发工具：SQL Server 2008、Microsoft Visual Studio 2008。

操作系统：Windows 7 旗舰版 。

P1.2　数据库设计

数据库结构设计的好坏直接影响到信息管理系统的效率和实现的效果。合理地设计数据库结构可以提高数据存储的效率，保证数据的完整和统一。

P1.2.1 数据库概念结构设计

得到上面的数据项和数据结构后，就可以设计满足需求的各种实体和相互关系，再用实体—关系图，即 E-R 图将这些内容表达出来，为后面的逻辑结构设计打下基础。数据库概念结构设计的策略分为以下 3 种。

（1）自顶向下：先定义全局概念模型，再逐步细化。

（2）自底向上：先定义每个局部的概念结构，然后按一定的规则把它们集成起来，得到全局概念模型。

（3）混合策略：将自顶向下和自底向上方法结合起来使用。先用自顶向下方法设计一个全局概念结构，再以它为框架用自底向上方法设计局部概念结构。

其中最常用的策略是自底向上策略，但无论采用哪种设计方法，一般都以最著名的 "实体—联系模型" 为工具来描述概念结构。

本系统规划的实体有：地区、国家、地点、部门、工作、职员。

1. 局部 E-R 图的设计

局部 E-R 图的设计如图 11-2 所示。

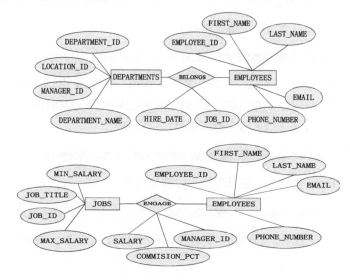

图 11-2　局部 E-R 图

2. 整体 E-R 图设计

整体 E-R 图的设计如图 11-3 所示。

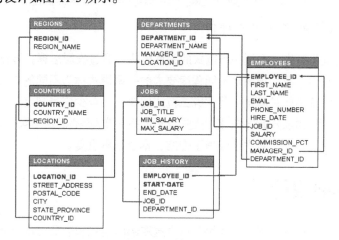

图 11-3　整体 E-R 图

P1.2.2　数据库逻辑结构设计

逻辑结构设计的任务是把概念结构设计阶段产生的概念数据库模式变换为逻辑结构的数据库模式，即把 E-R 图转换为数据模型。逻辑结构设计一般包含两个步骤：

（1）将 E-R 图转换为初始的关系数据库模式；
（2）对关系模式进行规范化处理。

1. 将概念模型转换成关系模型

（1）地区（地区编号，地区名）

REGIONS(REGION_ID,REGION_NAME)

（2）国家（国家编号，国家名，地区编号）

COUNTRIES(COUNTRY_ID,COUNTRY_NAME,REGION_ID)

（3）位置（位置号，街区地址，邮编，城市，省市，国家编号）LOCATIONS(LOCATION_ID,STREET_ADDRESS,POSTAL_CODE,CITY,STATE_PROVINCE,COUNTRY_ID)

（4）部门（部门编号，部门名称，经理编号，位置编号）

DEPARTMENTS(DEPARTMENT_ID,DEPARTMENT_NAME,MANAGER_ID,LOCATION_ID)

（5）工作（工作号，工作名，最低工资，最高工资）

JOBS(JOB_ID,JOB_TITLE,MIN_SALARY,MAX_SALARY)

（6）员工（员工号，姓名，EMAIL，手机号，聘用日期，工作号，佣金比，薪酬，经理编号，部门编号）

EMPLOYEES(EMPLOYEE_ID,FIRST_NAME,LAST_NAME,EMAIL,PHONE_NUMBER,HIRE_DATE,JOB_ID,SALARY,CO-MMISION_PCT,MANAGER_ID,DEPARTMENT_ID)

（7）工作经历（员工号，入职时间，离职时间，工作号，部门编号）

JOB_HISTORY(EMPLOYEE_ID,START_DATE,END_DATE,JOB_ID,DEPARTMENT_ID)

2. 关系模式规范化及模式评价

所谓关系的规范化是指一个低一级范式的关系模式，通过投影运算，转化为更高级别范式的关系模式的集合的过程。我们把满足不同程度要求的关系模式称为不同的范式。

一个规范化的关系不能只满足一范式或二范式的要求，至少应当满足三范式的要求。

模式评价：通过对照需求分析结果，检查规范化后的关系模式是否满足三范式及支持所有应用要求。表的结构信息在第 4 章实验中已经做了介绍，本章不再重复。

P1.3 界面设计

在系统实现中，我们从系统功能模块分析中选取部门信息和职员信息两部分来实现，因此人力资源管理系统的界面可以分为以下几个部分：

（1）主界面；
（2）职员信息管理界面；
（3）部门管理界面。

图 11-4 所示是系统主界面，图 11-5 所示是部门详细信息界面，图 11-6 所示是职员信息维护界面。

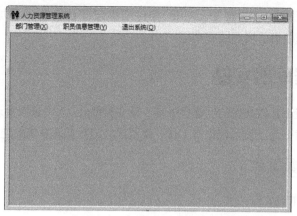

图 11-4　人力资源管理系统主界面

在部门详细信息界面中，添加 DataGrid 控件，来实现信息的显示，并且可以直接在表格中对信息进行修改，通过单击"保存修改"按钮，对修改后的信息进行保存。

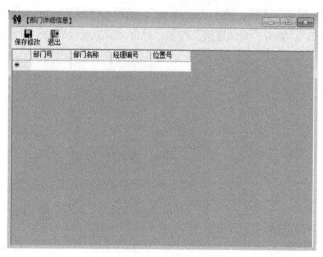

图 11-5　部门详细信息界面

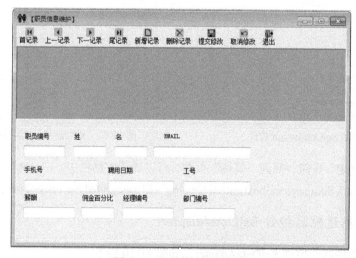

图 11-6　职员信息维护界面

在图 11-6 所示页面通过添加 DataGrid 控件来绑定职员信息；添加 ToolBar 控件，通过 ToolBarButtons 来实现数据的增删改查功能。

P1.4 数据库的实施

人力资源管理系统 HR 数据库的创建参见第 3 章实验部分。人力资源管理系统使用 Visual C#和 SQL Server 来进行开发。为了使系统正常工作，需要建立与数据库系统的连接来读取和写入数据。

P1.4.1 连接数据库

下面是连接数据库的过程。

1. 设置控件 SqlConnection 连接数据

（1）在工具箱中找到控件 SqlConnection，如图 11-7 所示。

（2）单击鼠标左键，将 SqlConnection 控件拖入职员信息维护界面，弹出"添加连接"对话框，如图 11-8 所示。在"服务器名"选项，输入"localhost"，选择"使用 Windows 身份验证"选项，选择或输入一个数据库名"HR"。单击"测试连接"按钮，弹出"测试连接成功"对话框，说明连接成功。

图 11-7 工具箱中的 SqlConnection 控件

图 11-8 "添加连接"对话框

（3）单击"确定"按钮，回到"属性"页面，可以看到数据栏中，ConnectionString 的属性值已经被修改成"Data Source=localhost;Initial Catalog=HR;Integrated Security=True，如图 11-9 所示。

2. 配置数据适配器控件 SqlDataAdapter

（1）在工具箱中找到控件 SqlDataAdapter，如图 11-10 所示。

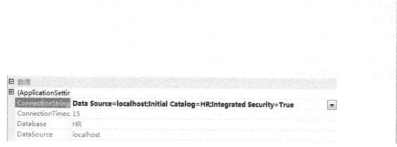

图 11-9　ConnectionString 的属性值　　　　　图 11-10　工具箱中的空间 SqlDataAdapter

（2）单击"SqlDataAdapter"，弹出"数据适配器配置向导"对话框，如图 11-11 所示，单击"新建连接"按钮，弹出如图 11-8 所示对话框，连接成功后，回到"数据适配器配置向导"对话框。

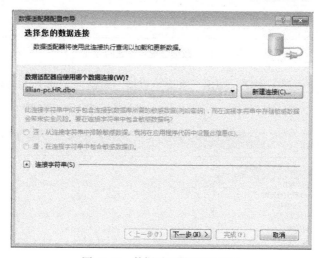

图 11-11　数据适配器配置向导 1

（3）单击"下一步"按钮，弹出数据适配器配置向导的第 2 步，选择命令类型，如图 11-12 所示，选择"使用 SQL 语句"选项。

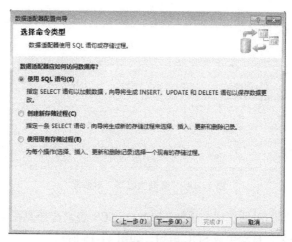

图 11-12　数据适配器配置向导 2

（4）单击"下一步"按钮，弹出数据适配器配置向导第3步，生成 SQL 语句，如图 11-13 所示。

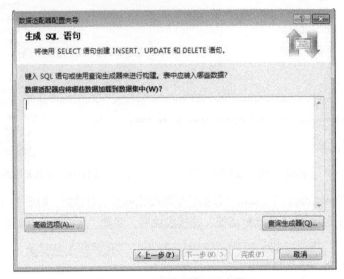

图 11-13　数据适配器配置向导 3

（5）单击"查询生成器"按钮，弹出"查询生成器"对话框，如图 11-14 所示，在这里可以生成 SQL 语句。

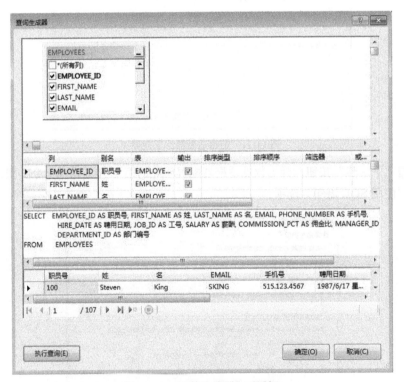

图 11-14　"查询生成器"对话框

（6）在"查询生成器"对话框中，添加 EMPLOYEES 表，选择要在 DataGrid 中显示的列，并为每一列命名一个别名，自动生成 SQL 语句，如图 11-15 所示。

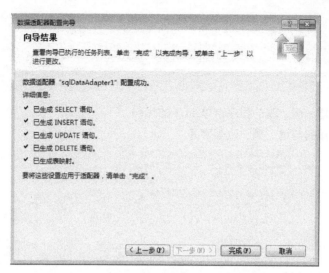

图 11-15　数据适配器配置向导—向导结果

（7）单击"完成"按钮，数据配置完成。

3. 对系统功能添加代码

（1）表格中显示数据的程序清单 11.1 的代码

```
//将数据显示在表格中，并设置表格参数
    private void DataGridStateControl()
    {
        DataGridTableStyle ts = new DataGridTableStyle();
        DataGridNoActiveCellColumn aColumnTextColumn;
        ts.AlternatingBackColor = Color.LightGray;
        ts.MappingName = tempTable.TableName;
        ts.AllowSorting = false;//不允许进行排序
        int numCols = tempTable.Columns.Count;
        for (int i = 0;i< numCols;i++)  //从第一列开始
        {
            aColumnTextColumn = new DataGridNoActiveCellColumn();
            aColumnTextColumn.MappingName = tempTable.Columns[i].ColumnName;
            aColumnTextColumn.HeaderText = tempTable.Columns[i].ColumnName;
            aColumnTextColumn.NullText = "";
            aColumnTextColumn.Format = "D";
            ts.GridColumnStyles.Add(aColumnTextColumn);
        }
        this.dataGrid1.TableStyles.Add(ts);
        this.dataGrid1.Select(0);//选定第一列
    }
```

（2）为文本框绑定相应字段的程序清单 11.2 的代码

为面板中的文本框绑定数据集中的相应字段，语句格式如下

```
    private void DataBindingsFunction()
    {
        this.txt1.DataBindings.Add("Text",tempTable,"职员号");
        this.txt2.DataBindings.Add("Text",tempTable,"姓");
        this.txt3.DataBindings.Add("Text",tempTable,"名");
        this.txt4.DataBindings.Add("Text",tempTable,"EMail");
        this.txt5.DataBindings.Add("Text",tempTable,"手机号");
        this.txt6.DataBindings.Add("Text",tempTable,"聘用日期");
```

```
            this.txt7.DataBindings.Add("Text",tempTable,"工号");
            this.txt8.DataBindings.Add("Text",tempTable,"薪酬");
            this.txt9.DataBindings.Add("Text",tempTable,"佣金比");
            this.txt10.DataBindings.Add("Text",tempTable,"经理编号");
            this.txt11.DataBindings.Add("Text",tempTable,"部门编号");
        }
```

（3）实现数据增、删、改的程序清单 11.3 的代码

处理数据导航按钮与增、删、改等事务

```
        private void toolBar1_ButtonClick(object sender,
    System.Windows.Forms.ToolBarButtonCl -ickEventArgs e)
        {
            if (e.Button.ToolTipText == "首记录")
            {
                this.dataGrid1.UnSelect(cmAmend.Position); //取消选中指定行
                cmAmend.Position = 0;
                this.dataGrid1.Select(cmAmend.Position);        //选中指定行
                this.dataGrid1.CurrentRowIndex = cmAmend.Position; //移动表头指示图标
                return;
            }
            if (e.Button.ToolTipText == "上一记录")
            {
                if (cmAmend.Position > 0)
                {
                    this.dataGrid1.UnSelect(cmAmend.Position);
                    cmAmend.Position--;
                    this.dataGrid1.Select(cmAmend.Position);
                    this.dataGrid1.CurrentRowIndex = cmAmend.Position;
                }
                return;
            }
            if (e.Button.ToolTipText == "下一记录")
            {
                if (cmAmend.Position < cmAmend.Count-1)
                {
                    this.dataGrid1.UnSelect(cmAmend.Position);
                    cmAmend.Position++;
                    this.dataGrid1.Select(cmAmend.Position);
                    this.dataGrid1.CurrentRowIndex = cmAmend.Position;
                }
                return;
            }
            if (e.Button.ToolTipText == "尾记录")
            {
                this.dataGrid1.UnSelect(cmAmend.Position);
                cmAmend.Position = cmAmend.Count-1;
                this.dataGrid1.Select(cmAmend.Position);
                this.dataGrid1.CurrentRowIndex = cmAmend.Position;
                return;
            }
            if (e.Button.ToolTipText == "新增记录")
            {
                cmAmend.AddNew();
                return;
            }
            if (e.Button.ToolTipText == "删除记录")
            {
                if (MessageBox.Show("        确实要删除这条记录吗?","询问 ",MessageBoxButtons.
    YesNo) == DialogResult.Yes)
                {
                    try
```

```
                      {
                          if (cmAmend.Count > 0)
                              cmAmend.RemoveAt(cmAmend.Position);
                          else
                          {
                              MessageBox.Show("没有可以删除的数据","提示",MessageBoxButtons. OK,
MessageBoxIcon.Error);
                          }
                      }
                      catch(Exception express)
                      {
                          MessageBox.Show(express.ToString(),"提示",MessageBoxButtons.OK, Message
-BoxIcon.Error);
                      }
                      return;
                  }
              }
          if (e.Button.ToolTipText == "提交修改")
          {
              if (this.txt1.Text.Trim() == "")//检查不能为空的字段
              {
                  MessageBox.Show("职员编号不能为空!","提示",MessageBoxButtons.OK,
MessageBoxIcon.Error);
                  return;
              }
              if (this.txt2.Text.Trim()=="")
              {
                  MessageBox.Show("职员姓不能为空!","提示",MessageBoxButtons.OK,
MessageBoxIcon.Error);
                  return;
              }
          if (this.txt3.Text.Trim() == "")
      {
          MessageBox.Show("职员名不能为空!","提示",MessageBoxButtons.OK, MessageBoxIcon.
Error);
            return;
      }
              cmAmend.EndCurrentEdit();//结束当前编辑操作并提交修改
              if (tempTable.GetChanges() != null)
              {
                  try
                  {
                      this.sqlDataAdapter1.Update(tempTable);
                  }
                  catch(Exception express)
                  {
                      MessageBox.Show(express.ToString(),"提示",MessageBoxButtons.OK,
MessageBoxIcon.Error);
                      this.tempTable.RejectChanges();
                  }

              }
              return;
          }
          if (e.Button.ToolTipText == "取消修改")
          {
              try
              {
                  cmAmend.CancelCurrentEdit(); //取消编辑
              }
              catch(Exception express)
              {
```

```
                        MessageBox.Show(express.ToString()," 提 示 ",MessageBoxButtons.OK,  Messa  -
geBoxIcon.Error);
            }
            return;
        }
        if (e.Button.ToolTipText == "退出")
        {
            this.Close();
        }
    }
```

（4）在表格中选中一行数据的程序清单 11.4 的代码

```
//选择表格中的任何一个单元，等同于选中一行
private void dataGrid1_CurrentCellChanged(object sender, System.EventArgs e)
    {
        if (this.tempTable.Rows.Count > 0)
        {
            int currentRowNumber = this.dataGrid1.CurrentCell.RowNumber;
            if (currentRowNumber >= 0 && currentRowNumber < cmAmend.Count)
                cmAmend.Position = currentRowNumber;
        }
    }
```

4. 代码添加完成后，运行程序，得到如图 11-16 所示结果

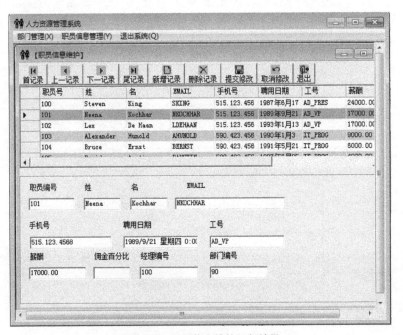

图 11-16　职员信息维护运行结果

P1.4.2　创建和使用 DataSet

DataSet 是 ADO.NET 的中心概念。可以把 DataSet 当成内存中的数据库，DataSet 是不依赖于数据库的独立数据集合。所谓独立，就是说，即使断开数据链路，或者关闭数据库，DataSet 依然是可用的。DataSet 在内部是用 XML 来描述数据的，由于 XML 是一种与平台无关、与语言无关

的数据描述语言，而且可以描述复杂关系的数据，如父子关系的数据，所以 DataSet 实际上可以容纳具有复杂关系的数据，而且不再依赖于数据库链路。

因为 DataSet 可以看作是内存中的数据库，也因此可以说 DataSet 是数据表的集合，它可以包含任意多个数据表（DataTable），而且每一 DataSet 中的数据表（DataTable）对应一个数据源中的数据表（Table）或是数据视图（View）。数据表实质是由行（DataRow）和列（DataColumn）组成的集合，为了保护内存中数据记录的正确性，避免并发访问时的读写冲突，DataSet 对象中的 DataTable 负责维护每一条记录，分别保存记录的初始状态和当前状态。从这里可以看出，DataSet 与只能存放单张数据表的 Recordset 是截然不同的概念。

下面是部门信息管理的实现过程。

（1）从工具箱中拖动数据控件，添加到部门详细信息界面中，如图 11-17 所示，连接数据库的方法参照"职员信息维护"功能实现部分。

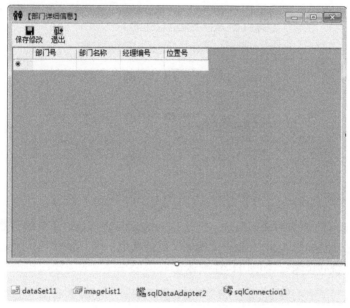

图 11-17 为部门详细信息界面添加数据控件

① 在解决方案中，打开 DataSet1.xsd，在窗口中，单击鼠标右键，选择"添加"→"DataTable"命令，如图 11-18 所示，新建一个 Data Table。

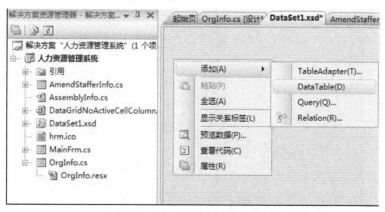

图 11-18 为 DataSet1 添加数据表

② 添加一个 DEPARTMENTS 的 DataTable，如图 11-19 所示。

图 11-19　DataSet 中的 DEPARTMENTS 表

③ 打开 dataGrid1 控件的属性对话框，将 DataSource 属性设置为"dataSet11"，DataMember 的属性值设置为"DEPARTMENTS"，如图 11-20 所示。

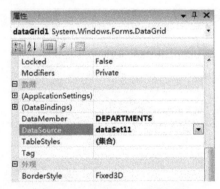

图 11-20　dataGrid1 的属性值

④ 单击 TableStyle 属性后面的集合，打开"DataGridTableStyle 集合编辑器"对话框，如图 11-21 所示。在"DataGridTableStyle 集合编辑器"对话框中，将"杂项"中的 MappingName 属性值修改为"DEPARTMENTS"，如图 11-21 所示。

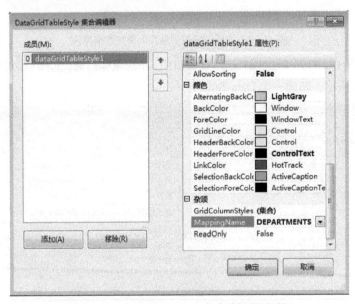

图 11-21　DatagridTableStyle 集合编辑器对话框

（2）连接数据库，添加控件，设置好相应属性值后，为相应功能完成代码实现。

① 初始化代码程序清单 11.5。

```
//初始化时，读入部门的信息
    private void OrgInfo_Load(object sender, System.EventArgs e)
    {
        this.sqlDataAdapter2.Fill(this.dataSet11.DEPARTMENTS);
    }
```

② 在表格中修改数据并保持的程序清单 11.6。

遍布整个数据表，保存所有修改。

```
    //
    private void toolBar1_ButtonClick(object sender, System.Windows.Forms. ToolBarB
-uttonClickEventArgs e)
    {
        if(e.Button.ToolTipText == "保存修改")//保存所作的修改
        {
            try
            {

              if (this.dataSet11.DEPARTMENTS.GetChanges() != null)
                {
                    this.sqlDataAdapter2.Update(this.dataSet11);
                    MessageBox.Show("数据保存成功!","信息");
                }
                else
                {V
                    MessageBox.Show("没有修改任何数据!","信息");
                }
            }
            catch
            {
                MessageBox.Show("数据修改失败,请重试!","提示",MessageBoxButtons.OK,
MessageBoxIcon.Error);
                return;
            }
        }
        if (e.Button.ToolTipText == "退出")//退出窗体
        {
            this.Close();
        }
    }
```

（3）功能代码实现后，可以运行程序，部门详细信息查询与修改的结果如图 11-22 所示。例如，将部门号为 "120" 的经理编号修改为 "333"，单击 "保存修改" 按钮，则修改成功。

图 11-22　部门详细信息运行结果

实训 2 Java /SQL Server 人力资源管理系统

在信息高度发达的今天，人力资源管理中的各个工作环节已经不再是传统的人工管理方式，为了科学高效地管理人力资源信息，实现对雇员信息、工作信息、雇员所在的国家及地区等信息进行计算机化管理，以规范公司管理实现企业现代化，开发人力资源管理系统，实现信息化，将成为提高公司或企业的管理效率、改善管理服务水平的重要标志。

本章将节选人力资源管理系统中的部分内容做分析讲解，从人力资源管理系统的需求分析开始，到数据建模过程，最后编程实现人力资源管理系统中的部分主要功能。

P2.1 需求分析

数据库设计是数据库应用系统开发的重要环节。数据库设计分为需求分析、概念设计、详细设计及物理设计 4 个阶段。进行数据库应用系统开发设计，先要做用户需求分析。需求分析主要分析客户的业务和数据处理需求，这阶段得到的信息是否准确、充分将直接影响着整个数据库应用系统的开发速度和质量。通过需求分析对需要存储的数据进行收集和整理，并建立完整的数据集。收集数据的方法有：找相关人员作开会调查、发用户调查表、查阅历史资料数据、跟班作业、实际观摩工作业务流程、编制各种实用报表等。需求分析后得到数据字典、数据流图、判定表和判定树等。

人力资源管理系统（简称 HR）是通过调研一个企业的人员管理，了解有关的人力资源信息的增加、删除和修改等操作。在了解了业务运作流程后，得出如图 11-23 所示的人力资源管理系统功能模块。

从管理职能看，HR 的主要业务是对人员信息及工资信息进行管理维护，业务有人员考勤、员工工作变动管理、工资发放及权限设置。

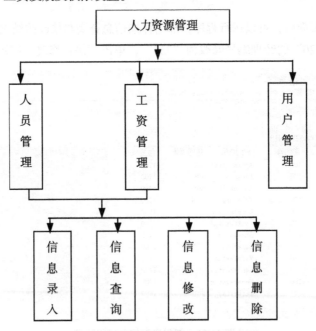

图 11-23　人力资源管理系统功能模块结构

数据流图如图 11-24 所示。

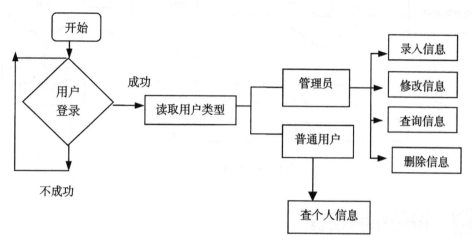

图 11-24　人力资源管理系统数据流图

P2.2　概念结构设计

概念设计是数据库设计的关键，可以生成数据库的 E-R 图。在需求分析的基础上，得到实体和属性，其中雇员实体及属性表示如图 11-25 所示，其他局部 E-R 图略。

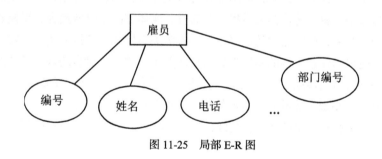

图 11-25　局部 E-R 图

实体 1：雇员，属性有：雇员编号，雇员名，雇员姓，邮箱，电话，入职日期，岗位编号，工资，奖金，所在部门。

实体 2：工作变动，属性有：雇员编号，入职日期，辞职日期，岗位编号，部门编号。

实体 3：工资，属性有：岗位编号，岗位名称，最低工资，最高工资。

实体 4：部门，属性有：部门编号，部门名称，经理编号，所在地区，地址，邮编，城市名，省，所在国家，所在区域。

实体间的联系有：一个部门有一或多名雇员，即部门和雇员是一对多的关系；每名雇员被分配一种职务，一种职务可有多名雇员，即是职务与雇员是一对多的关系；同理，雇员和工资是一对一的关系。

综合局部的 E-R 图，得到如图 11-26 所示全局 E-R 图。

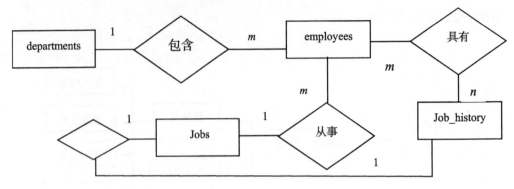

图 11-26   全局 E-R 图

P2.3   逻辑结构设计

逻辑结构的设计要求把概念结构设计的结果转换成所选用的数据库管理系统所支持的特定类型的逻辑模型，目前应用最广的是关系模型，关系模型是建立在严格数学概念意义上的，是最流行的逻辑模型，用表来表示实体和实体间的联系，用表来存储记录，数据结构简单清晰，存取路径简便，且具有良好的数据独立性和安全保密性。

1. 关系模型设计

根据以上概念结构设计分析结果，运用 E-R 图到关系模式的转换方法，一个实体型转换为一个关系模式，实体型中的属性转换为关系模式的属性，实体型的主码转换为关系模式的关键字，用下画线加以标识，其中，E-R 图中的联系也要转换为关系模式，转换方法：一对一的联系可转为单个关系模式，也可与任意一端的实体型转换成的关系合并；一对多的联系可转换为单个关系模式，也可与多端的实体型转换成的关系模式合并；多对多、3 个及以上的联系只能转为单个关系模式。于是得到一个小型企业的人力资源管理系统的关系模式：

雇员信息表（<u>雇员编号</u>，雇员名，雇员姓，邮箱，电话，入职日期，岗位编号，工资，奖金，所在部门）

工资职位信息表（<u>岗位编号</u>，岗位名称，最低工资，最高工资）

部门信息表（<u>部门编号</u>，部门名称，经理编号，所在地区，地址，邮编，城市名，省，所在国家，所在区域）

雇员变动信息表（<u>雇员编号</u>，入职日期，辞职日期，岗位编号，部门编号）

其中，雇员信息表和部门信息表是起关键作用的两个表，它们分别存放员工的基本信息和部门信息。

2. 对关系模式集合进行规范化处理

关系数据库中的关系须满足不同的范式，目前关系数据库有 6 种范式，第一范式指表的每一列是不可再分的数据项，同一列中不可有多个值，不能存在相同的两行要求。任何一个关系数据库中第一范式是对关系模式的基本要求，不满足第一范式的数据库不是关系数据库。在雇员信息表中包括所在部门信息，这一列可再分解为所在部门编号、部门名称，从而保证数据项是不可再分的。

　　第二范式是建立在第一范式的基础上的，第二范式要求实体的属性完全依赖于主属性，即不能存在仅依赖主属性的一部分，若存在，那么这个属性的主属性的这一部分就要分解成一个新的实体，例如，部门表包括有部门编号、部门名称等，其中主键是部门编号和经理编号，因为部门名称由部门编号推知，所在地区由部门名称推知，同理，所在国家由所在区域推知，所在区域由所在国家推知，这样做显然会带来插入操作、删除操作等的异常，且数据重复性高，为了解决此类问题，避免重复操作及降低数据冗余，可以将部门信息表按部门信息、地区信息、国家信息及区域信息分开，分解成不同的关系，从而满足第二范式。

　　第三范式的建立，要求满足第三范式的数据库表中不包含在其他表中已包含的非主键信息，即第三范式是属性不依赖于其他非主属性，也就是不存在传递依赖。如上述雇员信息表中将所在部门信息分解为所在部门编号及名称，当要插入多名雇员信息时，则会出现大量的相同的部门编号及部门名称，造成大量的数据冗余，因此可通过消息传递性，将部门信息单独拿出来，只保留部门编号属性，这样就满足了第三范式要求。

3. 确定数据表和表中字段

　　根据上述分析结果得出人力资源管理的数据表结构，还需要为表中字段添加一些描述，如字段数据类型，约束等。

　　下面是对 HR 数据表进行的简单定义。

　　（1）雇员基本信息表

　　雇员表结构如表 11-1 所示。

表 11-1　　　　　　　　　　　　雇员表结构

字段名	雇员编号	雇员名	雇员姓	邮箱	电话	入职日期	岗位编号	工资	奖金	部门编号	部门经理编号
数据类型	整型	变长字符	变长字符	变长字符	变长字符	日期	变长字符	整型	整型	整型	整型
是否空	N	Y	Y	N	Y	N	N	Y	Y	N	N
主键否	Y	N	N	N	N	N	N	N	N	N	N

　　（2）部门信息表

　　部门表结构如表 11-2 所示。

表 11-2　　　　　　　　　　　　部门表结构

字段名	部门编号	部门名称	经理编号	地区编号
数据类型	整型	变长字符	整型	整型
是否空	N	N	N	Y
主键否	Y	N	N	Y

　　（3）工资信息表

　　工资表结构如表 11-3 所示。

表 11-3   工资表结构

字段名	岗位编号	岗位名称	最低工资	最高工资
数据类型	变长字符	变长字符	整型	整型
是否空	N	N	Y	Y
主键否	Y	N	N	N

（4）工作变动信息表

工作变动表结构如表 11-4 所示。

表 11-4   工作变动表结构

字段名	雇员编号	入职日期	辞职日期	岗位编号	部门编号
数据类型	整型	日期	日期	变长字符	整型
是否空	N	N	N	N	N
主键否	Y	N	N	Y	Y

（5）地区信息表

地式信息表结构如表 11-5 所示。

表 11-5   地区信息表结构

字段名	地区编号	地址	邮编	城市名	省	国家编号
数据类型	整型	变长字符	变长字符	变长字符	变长字符	变长字符
是否空	N	Y	Y	Y	Y	Y
主键否	Y	N	N	N	N	N

（6）国家信息表

国家信息表结构如表 11-6 所示。

表 11-6   国家信息表结构

字段名	国家编号	国家名	区域编号
数据类型	变长字符	变长字符	整型
是否空	N	Y	N
主键否	Y	N	N

（7）区域信息表

区域信息表结构如表 11-7 所示。

表 11-7   区域信息表结构

字段名	区域编号	区域名
数据类型	整型	变长字符
是否空	N	Y
主键否	Y	N

P2.4　物理结构设计

关系数据库中物理结构设计主要包括存储记录结构的设计、数据存放位置、存取方法、完整性及安全性和应用程序等的设计，当运用范式对关系模式的规范化处理后，降低了关系模式的冗余，消除了数据依赖不合理因素，使关系模式达到了一定程度的分离，接下来就是选用合适的数据库管理系统，如 SQL Server 2008 在对数据库进行管理的基础上，实现数据表、创建主外键、实现数据表间的映射关系等。

P2.5　数据库的实施

P2.5.1　数据库创建

1．创建数据库

启动 SQL Server，在 SSMS 中打开查询分析器，新建一个数据库，命名为 HR，运行如下语句创建数据库脚本，实现对 HR 数据库的创建。

```
create database HR
go
USE HR
GO
```

（1）创建 regions

```
CREATE TABLE [dbo].[区域表](
[区域编号] [numeric](6, 0) NOT NULL,
[区域名称] [varchar](25) NULL
)
GO
```

（2）创建 countries

```
CREATE TABLE [dbo].[国家表](
[国家编号] [char](2) NOT NULL,
[国家名] [varchar](30) NULL,
[区域编号] [numeric](6, 0) NOT NULL
)
GO
```

（3）创建 employees

```
CREATE TABLE [dbo].[雇员基本信息表](
[雇员编号] [numeric](6, 0) NOT NULL,
[雇员名字] [varchar](20) NULL,
[雇员姓] [varchar](25) NOT NULL,
[邮箱] [varchar](25) NOT NULL,
[电话] [varchar](20) NULL,
[雇佣日期] [smalldatetime] NOT NULL,
```

```
[岗位编号] [varchar](10) NOT NULL,
[工资] [numeric](8, 2) NULL,
[奖金] [numeric](2, 2) NULL,
[部门经理编号] [numeric](6, 0) NULL,
[部门编号] [numeric](4, 0) NULL
)
GO
```

（4）创建 job_history

```
CREATE TABLE [dbo].[工作简历表](
[雇员编号] [numeric](6, 0) NOT NULL,
[开始日期] [smalldatetime] NOT NULL,
[辞职日期] [smalldatetime] NOT NULL,
[岗位编号] [varchar](10) NOT NULL,
[部门编号] [numeric](4, 0) NULL
)
GO
```

（5）创建 jobs

```
CREATE TABLE [dbo].[工资信息表](
[岗位编号] [varchar](10) NOT NULL,
[岗位名称] [varchar](35) NOT NULL,
[最低工资] [numeric](6, 0) NULL,
[最高工资] [numeric](6, 0) NULL
)
GO
```

（6）创建 locations

```
CREATE TABLE [dbo].[地区表](
[地区编号] [numeric](4, 0) NOT NULL,
[地址] [varchar](40) NULL,
[邮编] [varchar](12) NULL,
[城市名] [varchar](30) NOT NULL,
[省] [varchar](25) NULL,
[国家编号] [char](2) NULL
)
GO
```

（7）创建 departments

```
CREATE TABLE [dbo].[部门表](
[部门编号] [numeric](4, 0) NOT NULL,
[部门名称] [varchar](30) NOT NULL,
[经理编号] [numeric](6, 0) NULL,
[地区编号] [numeric](4, 0) NULL
) ON [PRIMARY]
GO
```

（8）导入样本数据（略）

2. 创建存储过程

查询指定雇员编号的雇员基本信息。

```
use hr
go
```

```
select * from employees
create proc p_csgy
@emp_id int
as
select * from employees where employee_id=@emp_id
go
```

测试如果如下：

```
execute p_csgy 100
```

P2.5.2　数据库应用程序开发

1．创建 Java 工程

（1）启动 MyEclipse 8.6 (或 Eclipse 3.5)，打开 MyEclipse IDE 集成开发环境，在操作前设置好一个文件夹作为工作空间的存储位置，如本例中用到的工作空间为 D：\user，以后 Java 代码默认地就存放在此工作空间里。

（2）选择菜单命令"File"→"New"→"Java Project"，打开"New Java Project"，新建一个工程的对话框，在该对话框"project name"的文本框中输入"MyProj"，得到名称为 MyProj 的 Java 工程。

（3）创建 Java 应用程序，一个 Java 应用程序可包含多个类，但有且仅有一个类包含 main（）方法，它是作为程序的入口，在此先建一个类，以测试对数据库的通信连接。选择菜单命令"File"→"New"|"class"，在打开的"New Java Class"窗口新建一个类的对话框，在"Package"包文本框中输入包名称，如"MyTest"，在"Name"文本框中输入类名称"TestDb"，并勾选"public static void　main(String[] args)选项，这样就在新建的包中加入了新建的

图 11-27　Java 工程窗口

类，如图 11 - 27 所示，同时在新建的类中自动生成 main 函数代码，至此，一个 Java 工程就创建起来了。

2．编写程序代码

```
package pkg;
import java.sql.*;
public class Main {

    /**
     * @param args
     */
    public static void main(String[] args) {
        // TODO Auto-generated method stub
    String driverName="com.microsoft.sqlserver.jdbc.SQLServerDriver";
    String dbURL="jdbc:Sqlserver://localhost:1433;DatabaseName=HR";
    String userName="sa";
    String userPwd="bhida10";
    try
    {
        Class.forName(driverName);
```

```
        System.out.println("加载驱动成功！");
}catch(Exception e){
        e.printStackTrace();
        System.out.println("加载驱动失败！");
}
try{
//@SuppressWarnings("unused")V
        Connection
        dbConn=DriverManager.getConnection(dbURL,userName,userPwd);
                    System.out.println("连接数据库成功！");
}catch(Exception e)
{
        e.printStackTrace();
        System.out.print("SQL Server 连接失败！");
}
}
}
```

3. 运行程序

用鼠标右键单击所建类名，选择"Run As"→"Java Application"命令，得到运行结果如图 11-28 所示。

```
加载驱动成功
连接数据库成功
```

图 11-28　加载驱动成功连接数据库成功

4. 运用 Swing 组件创建实现员工信息显示的 Java 图形化窗口界面（略）

P2.5.3　JDBC 数据访问方法

1. JDBC 概述

JDBC 具有如下功能：
（1）与数据库建立连接；
（2）发送 SQL 语句；
（3）处理结果。

JDBC 为工具/数据库开发人员提供了一个标准的 API，使他们能够用纯 Java API 来编写数据库应用程序。Java 应用程序与数据库间的关系如图 11-29 所示。

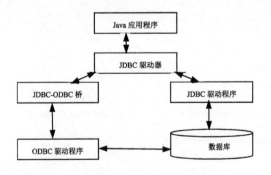

图 11-29　Java 应用程序与数据库间关系

在运用 Java 的坚固、安全、易于使用与理解及可从网络上自动下载等特性开发数据库应用程序中，需要一种 Java 应用程序与各种不同数据库之间进行对话的方法。而 JDBC 正是具有作为此种用途的机制。

JDBC 扩展了 Java 的功能。例如，用 Java 和 JDBC API 可以发布含有 applet 的网页，而该 applet 使用的信息可能来自远程数据库。企业也可以用 JDBC 通过 Intranet 将所有职员连到一个或多个内部数据库中。

2. JDBC 连接数据库

Connection 对象代表与数据库的连接。连接过程包括所执行的 SQL 语句和在该连接上所返回的结果。一个应用程序可与单个数据库有一个或多个连接，或者可与许多数据库有连接。

打开连接与数据库建立连接的标准方法是调用 DriverManager.getConnection 方法。该方法接受含有某个 URL 的字符串。DriverManager 类（即所谓的 JDBC 管理层）将尝试找到可与那个 URL 所代表的数据库进行连接的驱动程序。DriverManager 类存有已注册的 Driver 类的清单。当调用方法 getConnection 时，它将检查清单中的每个驱动程序，直到找到可与 URL 中指定的数据库进行连接的驱动程序为止。通过 Driver 的 connect 方法使用这个 URL 来建立实际的连接。

用户可绕过 JDBC 管理层直接调用 Driver 方法。这在以下特殊情况下将很有用：当两个驱动器可同时连接到数据库中，而用户需要明确地选用其中特定的驱动器时。但一般情况下，使用 DriverManager 类处理打开连接将更为简单。

下述代码显示如何打开一个与位于 URL "jdbc:odbc:fwmbat" 的数据库的连接。所用的用户标识符为 "fcy"，口令为 "1234"。

```
String url= "jdbc:odbc:fwmbat";
Connection con = DriverManager.getConnection(url, "fcy", "1234");
```

创建一个以 JDBC 连接数据库的程序，将包含如下步骤。

（1）加载 JDBC 驱动程序

在连接数据库之前，首先要加载想要连接的数据库的驱动到 JVM（Java 虚拟机），这通过 java.lang.Class 类的静态方法 forName(String className)实现。

例如：

```
trytry
{
    Class.forName(driverName);
    System.out.println("加载驱动成功! ");V
}catch(Exception e){
    e.printStackTrace();
    System.out.println("加载驱动失败! ");
}V
```

成功加载后，会将 Driver 类的实例注册到 DriverManager 类中。

（2）提供 JDBC 连接的 URL

JDBC URL 提供了一种标识数据库的方法，可以使相应的驱动程序能识别该数据库并与之建立连接。实际上，驱动程序编程员将决定用什么 JDBC URL 来标识特定的驱动程序。用户不必关心如何来形成 JDBC URL；他们只需使用与所用的驱动程序一起提供的 URL 即可。JDBC 的作用是提供某些约定，驱动程序编程员在构造他们的 JDBC URL 时应该遵循这些约定。

- 连接 URL 定义了连接数据库时的协议、子协议、数据源标识。
- 书写形式：协议：子协议：数据源标识

其中，

协议：在 JDBC 中总是以 jdbc 开始。

子协议：桥连接的驱动程序或是数据库管理系统名称。

数据源标识：标记找到数据库来源的地址与连接端口。

例如：当网络命名服务（DNS、NIS 和 DCE）有多种，而对于使用哪种命名服务并无限制。JDBC URL 的标准语法如下所示。它由 3 部分组成，各部分间用冒号分隔：

```
jdbc:< 子协议 >:< 子名称 >
```

JDBC URL 的 3 个部分可分解如下：

jdbc — 协议。JDBC URL 中的协议总是 jdbc。

<子协议> — 驱动程序名或数据库连接机制（这种机制可由一个或多个驱动程序支持）的名称。子协议名的典型示例是 "odbc"，该名称是为用于指定 ODBC 风格的数据资源名称的 URL 专门保留的。例如，为了通过 JDBC-ODBC 桥来访问某个数据库，可以用如下所示的 URL：

```
jdbc:odbc:fred
```

（3）创建数据库的连接

要连接数据库，需要向 java.sql.DriverManager 请求并获得 Connection 对象，该对象就代表一个数据库的连接。

使用 DriverManager 的 getConnectin(String url,String username ,String password)方法传入指定的欲连接的数据库的路径、数据库的用户名和密码来获得相应的 Connection 对象。

例如：

```
try{
//@SuppressWarnings("unused")
Connection
dbConn=DriverManager.getConnection(dbURL,userName,userPwd);
System.out.println("连接数据库成功! ");
}catch(Exception e)
{
e.printStackTrace();
System.out.print("SQL Server 连接失败! ");
}
}
```

（4）创建一个 Statement

要执行 SQL 语句，必须获得 java.sql.Statement 实例，Statement 实例分为以下 3 种类型。

① 执行静态 SQL 语句。通常通过 Statement 实例实现。

② 执行动态 SQL 语句。通常通过 PreparedStatement 实例实现。

③ 执行数据库存储过程。通常通过 CallableStatement 实例实现。

具体的实现方式：

```
Statement stmt = con.createStatement();
PreparedStatement pstmt = con.prepareStatement(sql);
CallableStatement cstmt =
                    con.prepareCall( "{CALL demoSp(? , ?)}" ) ;
```

（5）执行 SQL 语句

Statement 接口提供了 3 种执行 SQL 语句的方法。

① ResultSet executeQuery(String sqlString)：用于执行查询数据库的 SQL 语句，返回一个结果集（ResultSet）对象。

② int executeUpdate(String sqlString)：用于执行 INSERT、UPDATE 或 DELETE 语句以及 SQL DDL 语句，如 CREATE TABLE 和 DROP TABLE 等

③ execute(sqlString):用于执行返回多个结果集、多个更新计数或二者组合的语句。

具体实现的代码：

```
ResultSet rs = stmt.executeQuery( "SELECT * FROM ..." );
    int rows = stmt.executeUpdate( "INSERT INTO ..." ) ;
    boolean flag = stmt.execute(String sql);
```

（6）处理结果

处理结果分以下两种情况：

① 执行更新返回的是本次操作影响到的记录数；

② 执行查询返回的结果是一个 ResultSet 对象。

ResultSet 包含符合 SQL 语句中条件的所有行，并且它通过一套 get 方法提供了对这些行中数据的访问。

使用结果集（ResultSet）对象的访问方法获取数据：

```
while(rs.next()){
    String name = rs.getString( "name" ) ;
    String pass = rs.getString(1) ;  —— 此方法比较高效
    }
（列是从左到右编号的，并且从列 1 开始）
```

（7）关闭 JDBC 对象

操作完成以后要把所有使用的 JDBC 对象全都关闭，以释放 JDBC 资源，关闭顺序和声明顺序相反：关闭记录集、关闭声明、关闭连接对象。

```
if(rs != null){   // 关闭记录集
    try{
      rs.close() ;
    }catch(SQLException e){
        e.printStackTrace() ;
    }
}
if(stmt != null){   // 关闭声明
    try{
        stmt.close() ;
    }catch(SQLException e){
        e.printStackTrace() ;
    }
}
    if(conn != null){  // 关闭连接对象
    try{
      conn.close() ;
    }catch(SQLException e){
      e.printStackTrace();
    }
    }
```

3. 连接数据库的应用

以 SQL Server 数据库为例，在 Eclipse 中创建 Java 应用程序作数据库连接访问数据库。采用 JDBC 的方式，有两种做法：

① 用 JDBC-ODBC 桥的方式，先要创建数据源；

② 直接用 JDBC 作连接，不必设置数据源。

（1）数据库配置

① 先登录 SQL Server2008，选择 Windows 身份验证，单击"连接"按钮。

② 用鼠标右键单击数据库服务器，选择"属性"选项，弹出"服务器属性"窗口，选择"安全性"选项卡将"服务器身份验证"方式选为"SQL Server 和 Widows 身份验证模式。

③ 在对象资源管理器窗格展开"安全性"节点及"登录名"字节点，用鼠标右键单击登录名，选择"新建"选项。

④ 弹出"新建属性"窗口，在"选择页"一栏的"常规"选项卡中填写登录名、选择 SQL Server 身份验证、填写密码、取消勾选"强制密码过期"，这里使用的登录名为 root，密码为 root。

⑤ 权限设置：在"服务器角色"选项卡中，默认的是选择 public，相当于游客，只有登录数据库权限。选择 sysadmin，给角色管理员权限，单击"确定"按钮。

⑥ 测试连接：用鼠示右键单击数据库服务器选择"注册"选项，在身份验证里选择 SQL Sever 身份验证，填写用户名和密码，也就是刚才创建的用户名（root）和密码（root），单击"测试"按钮。测试成功后，单击"确定"按钮。

⑦ 单击鼠标右键选择"连接"，填写用户名和密码，单击"连接"按钮，如果多出一个数据库服务器，表明连接成功。

⑧ 创建数据库。创建的数据库名为 hr，创建表名为 employees。

⑨ 端口设置。SQL Server 2008 的端口是动态的，在 Windows 中，单击"开始"→"所有程序"→"Microsoft SQL Server 2008"，选择程序文件夹下的"配置工具"→"SQL Server 配置管理器"，如图 11-30 所示。

配置服务器端 TCP/IP，如图 11-31 所示，单击"TCP/IP"打开"TCP/IP 属性"窗口，单击选择"IP 地址"选项卡，IP6 地址是 127.0.0.1，IPALL TCP 动态端口号一般为 1433。客户端 TCP/IP 配置如图 11-32 所示。

图 11-30　配置管理器

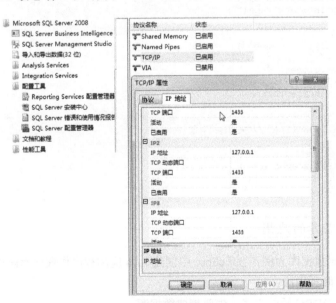

图 11-31　服务器端 TCP/IP 配置

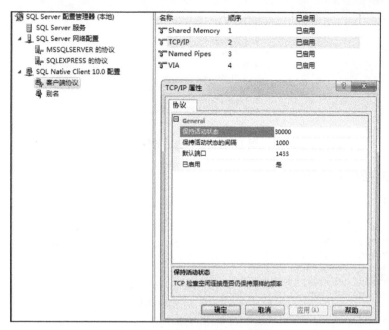

图 11-32　客户端 TCP/IP 配置

⑩设置完成后，需要重启服务器，选择"SQL Sever 服务"→"SQL Sever（MSSSQLSEVER）"，单击鼠标右键，选择"重新启动"选项，如图 11-33 所示。

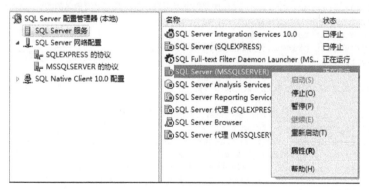

图 11-33　"重新启动"快捷菜单

（2）在 Java 工程下连接 SQL Server

① eclipse 导入要引用的包

2008 版本要引用的是 sqljdbc4.0 驱动——Microsoft SQL Server JDBC Driver，连接 http://www.microsoft.com/zh-cn/download/details.aspx?id=11774

下载解压后运行里面的程序就可以得到 sqljdbc4.jar 和 sqljdbc.jar，这里要用到的包是 sqljdbc4.jar。

② eclipse 引包方法

用鼠标右键单击创建 Java 工程，选择"Build path"→"Add External Archives"选项，找到要导入的包，单击打开就可以引入了，引入后在工程下面的 Referencede Libraries 下便能显示这个包，如图 11-34 所示。

```
    ⊿ 🔲 MyProj
        ⊿ 🕮 src
            ⊿ ⊞ MyTest
                ▷ 📄 TestDb.java
            ⊿ ⊞ pkg
                ▷ 📄 Main.java
        ▷ ➰ JRE System Library [Sun JDK 1.6.0_13]
        ⊿ ➰ Referenced Libraries
            ▷ 🔳 sqljdbc4.jar - C:\JDBC\sqljdbc_4.0\chs
```

图 11-34 引入包后的界面

③ 编写相应的 java 代码

代码如下：

```java
package MyTest;
import java.sql.Connection;
import java.sql.DriverManager;
import java.sql.ResultSet;
import java.sql.SQLException;
import java.sql.Statement;

public class TestDb {
public static void main(String[] args) {
String JDriver = "com.microsoft.sqlserver.jdbc.SQLServerDriver";
// SQL 数据库引擎
    String connectDB="jdbc:sqlserver://localhost:1433;DatabaseName=HR";
// 数据源注意 IP 地址和端口号，数据库名字
try {
        Class.forName(JDriver);// 加载数据库引擎，返回给定字符串名的类
    } catch (ClassNotFoundException e) {
        // e.printStackTrace();
        System.out.println("加载数据库引擎失败");
        System.exit(0);
    }
    System.out.println("数据库驱动成功");
    try {
        String user = "sa";// 输入你自己创建的用户名字和密码
        String password ="fcypyf";
        Connection con = DriverManager.getConnection(connectDB, user,
                password);// 连接数据库对象
        System.out.println("连接数据库成功");
        Statement stmt = con.createStatement();// 创建 SQL 命令对象
        // 创建表
        System.out.println("查询");
        System.out.println("开始读取数据");
        ResultSet rs = stmt.executeQuery("SELECT * FROM employees");// 返回 SQL 语句查询结
果集(集合)
        // 循环输出每一条记录
        System.out.println("雇员编号 \t 雇员名\t 雇员姓\t 邮箱\t 电话\t\t 入职日期\t\t\t 岗位编号
\t\t 工资\t 奖金\t 部门编号\t 部门经理编号");
        while (rs.next()) {
            // 输出每个字段
            System.out.println("employee_id"+ "\t"+ rs.getString("first_name")+ "\t"+ rs.
getString("last_name")+ "\t"+ rs.getString("email")+ "\t"+ rs.getString("phone_int")+ "\t"+
rs.getString("hire_smalldatetime")+ "\t"+ rs.getString("job_id")+ "\t"+ rs. GetString ("salary")
+"\t"+rs.getString("commission_PCT")+ "\t"+ rs.getString("manager_ id")+ "\t"+
    rs.getString (" department_id")+ "\t");
        }
        System.out.println("读取完毕");
        // 关闭连接
        stmt.close();// 关闭命令对象连接
```

```
            con.close();// 关闭数据库连接
        } catch (SQLException e) {
            e.printStackTrace();
            // System.out.println("数据库连接错误");
            System.exit(0);
        }
    }
}
}
```

4. 运行结果（如图 11-35 所示）

雇员编号	雇员名	雇员姓	邮箱	电话	入职日期	岗位编号	工资	奖金	部门编号	部门经理编号
employee_id	Steven	King	SKING	515.123.4567	1987-06-17 00:00:00.0	AD_PRES 8400	100	100	90	
employee_id	Neena	Kochhar	NKOCHHAR	515.123.4568	1989-09-21 00:00:00.0	AD_VP	23000	100	100	90
employee_id	Lex	De	Haan	LDEHAAN 515.123.4569	1993-01-13 00:00:00.0	AD_VP	23000	100	100	90
employee_id	Alexander		Hunold	AHUNOLD 590.423.4567	1990-01-03 00:00:00.0	IT_PROG 15000	102	100	60	
employee_id	Bruce	Ernst	BERNST	590.423.4568	1991-05-21 00:00:00.0	IT_PROG 12000	103	100	60	
employee_id	David	Austin	DAUSTIN	590.423.4569	1997-06-25 00:00:00.0	IT_PROG 10800	103	100	60	
employee_id	Valli	Pataballa	VPATABAL	590.423.4560	1998-02-05 00:00:00.0	IT_PROG 10800	103	100	60

数据库驱动成功
连接数据库成功
查询
开始读取数据
读取完毕

图 11-35 运行结果

小结

    本章围绕一个人力资源管理系统实例的设计，分别以两种系统开发环境，从需求分析、数据库设计、界面设计、数据库连接以及功能代码实现展开介绍，完整地介绍了该系统实现的过程。通过本章的学习，学生应熟练掌握数据库设计的方法、应用程序连接数据库的方法，并对软件工程的整个流程有进一步的了解。

人力资源数据库（HR）的表数据

HR.COUNTRIES

COUNTRY_ID	COUNTRY_NAME	REGION_ID
AR	Argentina	2
AU	Australia	3
BE	Belgium	1
BR	Brazil	2
CA	Canada	2
CH	Switzerland	1
CN	China	3
DE	Germany	1
DK	Denmark	1
EG	Egypt	4
FR	France	1
IL	Israel	4
IN	India	3
IT	Italy	1
JP	Japan	3
KW	Kuwait	4
MX	Mexico	2
NG	Nigeria	4
NL	Netherlands	1
SG	Singapore	3
UK	United Kingdom	1
US	United States of America	2
ZM	Zambia	4
ZW	Zimbabwe	4

HR.DEPARTMENTS

DEPARTMENT_ID	DEPARTMENT_NAME	MANAGER_ID	LOCATION_ID
10	Administration	200	1700
20	Marketing	201	1800
30	Purchasing	114	1700
40	Human Resources	203	2400
50	Shipping	121	1500
60	IT	103	1400
70	Public Relations	204	2700
80	Sales	145	2500
90	Executive	100	1700
100	Finance	108	1700
110	Accounting	205	1700
120	Treasury		1700
130	Corporate Tax		1700
140	Control And Credit		1700
150	Shareholder Services		1700
160	Benefits		1700
170	Manufacturing		1700
180	Construction		1700
190	Contracting		1700
200	Operations		1700
210	IT Support		1700
220	NOC		1700
230	IT Helpdesk		1700
240	Government Sales		1700
250	Retail Sales		1700
260	Recruiting		1700
270	Payroll		1700

HR.EMPLOYEES

EMPLOYEE_ID	FIRST_NAME	LAST_NAME	EMAIL	PHONE_NUMBER	HIRE_DATE	JOB_ID	SALARY	COMMISSION_PCT	MANAGER_ID	DEPARTMENT_ID
100	Steven	King	SKING	515.123.4567	1987-06-17 00:00:00.0	AD_PRES	24000			90
101	Neena	Kochhar	NKOCHHAR	515.123.4568	1989-09-21 00:00:00.0	AD_VP	17000		100	90
102	Lex	De Haan	LDEHAAN	515.123.4569	1993-01-13 00:00:00.0	AD_VP	17000		100	90
103	Alexander	Hunold	AHUNOLD	590.423.4567	1990-01-03 00:00:00.0	IT_PROG	9000		102	60

续表

EMPLOYEE_ID	FIRST_NAME	LAST_NAME	EMAIL	PHONE_NUMBER	HIRE_DATE	JOB_ID	SALARY	COMMISSION_PCT	MANAGER_ID	DEPARTMENT_ID
104	Bruce	Ernst	BERNST	590.423.4568	1991-05-21 00:00:00.0	IT_PROG	6000		103	60
105	David	Austin	DAUSTIN	590.423.4569	1997-06-25 00:00:00.0	IT_PROG	4800		103	60
106	Valli	Pataballa	VPATABAL	590.423.4560	1998-02-05 00:00:00.0	IT_PROG	4800		103	60
107	Diana	Lorentz	DLORENTZ	590.423.5567	1999-02-07 00:00:00.0	IT_PROG	4200		103	60
108	Nancy	Greenberg	NGREENBE	515.124.4569	1994-08-17 00:00:00.0	FI_MGR	12000		101	100
109	Daniel	Faviet	DFAVIET	515.124.4169	1994-08-16 00:00:00.0	FI_ACCOUNT	9000		108	100
110	John	Chen	JCHEN	515.124.4269	1997-09-28 00:00:00.0	FI_ACCOUNT	8200		108	100
111	Ismael	Sciarra	ISCIARRA	515.124.4369	1997-09-30 00:00:00.0	FI_ACCOUNT	7700		108	100
112	Jose Manuel	Urman	JMURMAN	515.124.4469	1998-03-07 00:00:00.0	FI_ACCOUNT	7800		108	100
113	Luis	Popp	LPOPP	515.124.4567	1999-12-07 00:00:00.0	FI_ACCOUNT	6900		108	100
114	Den	Raphaely	DRAPHEAL	515.127.4561	1994-12-07 00:00:00.0	PU_MAN	11000		100	30
115	Alexander	Khoo	AKHOO	515.127.4562	1995-05-18 00:00:00.0	PU_CLERK	3100		114	30
116	Shelli	Baida	SBAIDA	515.127.4563	1997-12-24 00:00:00.0	PU_CLERK	2900		114	30
117	Sigal	Tobias	STOBIAS	515.127.4564	1997-07-24 00:00:00.0	PU_CLERK	2800		114	30

EMPL OYEE _ID	FIRST_ NAME	LAST_ NAME	EMAIL	PHON E_NU MBER	HIRE_ DATE	JOB_ID	SAL ARY	COMM ISSION _PCT	MANA GER_ID	DEPAR TMEN T_ID
118	Guy	Himuro	GHIM URO	515.12 7.4565	1998-1 1-15 00:00:0 0.0	PU_CL ERK	2600		114	30
119	Karen	Colmen ares	KCOL MENA	515.12 7.4566	1999-0 8-10 00:00:0 0.0	PU_CL ERK	2500		114	30
120	Matth ew	Weiss	MWEI SS	650.12 3.1234	1996-0 7-18 00:00:0 0.0	ST_M AN	8000		100	50
121	Adam	Fripp	AFRIP P	650.12 3.2234	1997-0 4-10 00:00:0 0.0	ST_M AN	8200		100	50
122	Payam	Kaufling	PKAU FLIN	650.12 3.3234	1995-0 5-01 00:00:0 0.0	ST_M AN	7900		100	50
123	Shanta	Vollman	SVOL LMAN	650.12 3.4234	1997-1 0-10 00:00:0 0.0	ST_M AN	6500		100	50
124	Kevin	Mourg os	KMOU RGOS	650.12 3.5234	1999-1 1-16 00:00:0 0.0	ST_M AN	5800		100	50
125	Julia	Nayer	JNAYE R	650.12 4.1214	1997-0 7-16 00:00:0 0.0	ST_CL ERK	3200		120	50
126	Irene	Mikkilin eni	IMIKK ILI	650.12 4.1224	1998-0 9-28 00:00:0 0.0	ST_CL ERK	2700		120	50
127	James	Landry	JLAND RY	650.12 4.1334	1999-0 1-14 00:00:0 0.0	ST_CL ERK	2400		120	50
128	Steven	Markle	SMAR KLE	650.12 4.1434	2000-0 3-08 00:00:0 0.0	ST_CL ERK	2200		120	50
129	Laura	Bissot	LBISS OT	650.12 4.5234	1997-0 8-20 00:00:0 0.0	ST_CL ERK	3300		121	50
130	Mozhe	Atkins on	MATKI NSO	650.12 4.6234	1997-1 0-30 00:00:0 0.0	ST_CL ERK	2800		121	50
131	James	Marlow	JAMR LOW	650.12 4.7234	1997-0 2-16 00:00:0 0.0	ST_CL ERK	2500		121	50

续表

EMPL OYEE _ID	FIRST_ NAME	LAST_ NAME	EMAIL	PHON E_NU MBER	HIRE_ DATE	JOB_ID	SAL ARY	COMM ISSION _PCT	MANA GER_ID	DEPAR TMEN T_ID
132	TJ	Olson	TJOLS ON	650.12 4.8234	1999-0 4-10 00:00:0 0.0	ST_CL ERK	2100		121	50
133	Jason	Mallin	JMAL LIN	650.12 7.1934	1996-0 6-14 00:00:0 0.0	ST_CL ERK	3300		122	50
134	Michae	Rogers	MROG ERS	650.12 7.1834	1998-0 8-26 00:00:0 0.0	ST_CL ERK	2900		122	50
135	Ki	Gee	KGEE	650.12 7.1734	1999-1 2-12 00:00:0 0.0	ST_CL ERK	2400		122	50
136	Hazel	Philtank er	HPHIL TAN	650.12 7.1634	2000-0 2-06 00:00:0 0.0	ST_CL ERK	2200		122	50
137	Renske	Ladwig	RLAD WIG	650.12 1.1234	1995-0 7-14 00:00:0 0.0	ST_CL ERK	3600		123	50
138	Stephen	Stiles	SSTIL ES	650.12 1.2034	1997-1 0-26 00:00:0 0.0	ST_CL ERK	3200		123	50
139	John	Seo	JSEO	650.12 1.2019	1998-0 2-12 00:00:0 0.0	ST_CL ERK	2700		123	50
140	Joshua	Patel	JPAT EL	650.12 1.1834	1998-0 4-06 00:00:0 0.0	ST_CL ERK	2500		123	50
141	Trenna	Rajs	TRAJS	650.12 1.8009	1995-1 0-17 00:00:0 0.0	ST_CL ERK	3500		124	50
142	Curtis	Davies	CDAVI ES	650.12 1.2994	1997-0 1-29 00:00:0 0.0	ST_CL ERK	3100		124	50
143	Randall	Matos	RMAT OS	650.12 1.2874	1998-0 3-15 00:00:0 0.0	ST_CL ERK	2600		124	50
144	Peter	Vargaз	PVAR GAS	650.12 1.2004	1998-0 7-09 00:00:0 0.0	ST_CL ERK	2500		124	50
145	John	Russell	JRUSS EL	011.44. 1344.4 29268	1996-1 0-01 00:00:0 0.0	SA_M AN	1400 0	.4	100	80

续表

EMPLOYEE_ID	FIRST_NAME	LAST_NAME	EMAIL	PHONE_NUMBER	HIRE_DATE	JOB_ID	SALARY	COMMISSION_PCT	MANAGER_ID	DEPARTMENT_ID
146	Karen	Partners	KPARTNER	011.44.1344.467268	1997-01-05 00:00:00.0	SA_MAN	13500	.3	100	80
147	Alberto	Errazuriz	AERRAZUR	011.44.1344.429278	1997-03-10 00:00:00.0	SA_MAN	12000	.3	100	80
148	Gerald	Cambrault	GCAMBRAU	011.44.1344.619268	1999-10-15 00:00:00.0	SA_MAN	11000	.3	100	80
149	Eleni	Zlotkey	EZLOTKEY	011.44.1344.429018	2000-01-29 00:00:00.0	SA_MAN	10500	.2	100	80
150	Peter	Tucker	PTUCKER	011.44.1344.129268	1997-01-30 00:00:00.0	SA_REP	10000	.3	145	80
151	David	Bernstein	DBERNSTE	011.44.1344.345268	1997-03-24 00:00:00.0	SA_REP	9500	.25	145	80
152	Peter	Hall	PHALL	011.44.1344.478968	1997-08-20 00:00:00.0	SA_REP	9000	.25	145	80
153	Christopher	Olsen	COLSEN	011.44.1344.498718	1998-03-30 00:00:00.0	SA_REP	8000	.2	145	80
154	Nanette	Cambrault	NCAMBRAU	011.44.1344.987668	1998-12-09 00:00:00.0	SA_REP	7500	.2	145	80
155	Oliver	Tuvault	OTUVAULT	011.44.1344.486508	1999-11-23 00:00:00.0	SA_REP	7000	.15	145	80
156	Janette	King	JKING	011.44.1345.429268	1996-01-30 00:00:00.0	SA_REP	10000	.35	146	80
157	Patrick	Sully	PSULLY	011.44.1345.929268	1996-03-04 00:00:00.0	SA_REP	9500	.35	146	80
158	Allan	McEwen	AMCEWEN	011.44.1345.829268	1996-08-01 00:00:00.0	SA_REP	9000	.35	146	80
159	Lindsey	Smith	LSMITH	011.44.1345.729268	1997-03-10 00:00:00.0	SA_REP	8000	.3	146	80

续表

EMPL OYEE _ID	FIRST_ NAME	LAST_ NAME	EMAIL	PHON E_NU MBER	HIRE_ DATE	JOB_ID	SAL ARY	COMM ISSION _PCT	MANA GER_ID	DEPAR TMEN T_ID
160	Louise	Doran	LDOR AN	011.44. 1345.6 29268	1997-1 2-15 00:00:0 0.0	SA_R EP	7500	.3	146	80
161	Sarath	Sewall	SSEW ALL	011.44. 1345.5 29268	1998-1 1-03 00:00:0 0.0	SA_R EP	7000	.25	146	80
162	Clara	Vishney	CVISH NEY	011.44. 1346.1 29268	1997-1 1-11 00:00:0 0.0	SA_R EP	10500	.25	147	80
163	Daniel le	Greene	DGRE ENE	011.44. 1346.2 29268	1999-0 3-19 00:00:0 0.0	SA_R EP	9500	.15	147	80
164	Mattea	Marvins	MMAR VINS	011.44. 1346.3 29268	2000-0 1-24 00:00:0 0.0	SA_R EP	7200	.1	147	80
165	David	Lee	DLEE	011.44. 1346.5 29268	2000-0 2-23 00:00:0 0.0	SA_R EP	6800	.1	147	80
166	Sundar	Ande	SAN DE	011.44. 1346.6 29268	2000-0 3-24 00:00:0 0.0	SA_R EP	6400	.1	147	80
167	Amit	Banda	ABAN DA	011.44. 1346.7 29268	2000-0 4-21 00:00:0 0.0	SA_R EP	6200	.1	147	80
168	Lisa	Ozer	LOZ ER	011.44. 1343.9 29268	1997-0 3-11 00:00:0 0.0	SA_R EP	11500	.25	148	80
169	Harris on	Bloom	HBLO OM	011.44. 1343.8 29268	1998-0 3-23 00:00:0 0.0	SA_R EP	10000	.2	148	80
170	Tayler	Fox	TFOX	011.44. 1343.7 29268	1998-0 1-24 00:00:0 0.0	SA_R EP	9600	.2	148	80
171	Willi am	Smith	WSMI TH	011.44. 1343.6 29268	1999-0 2-23 00:00:0 0.0	SA_R EP	7400	.15	148	80
172	Elizab eth	Bates	EBAT ES	011.44. 1343.5 29268	1999-0 3-24 00:00:0 0.0	SA_R EP	7300	.15	148	80
173	Sundita	Kumar	SKUM AR	011.44. 1343.3 29268	2000-0 4-21 00:00:0 0.0	SA_R EP	6100	.1	148	80

EMPLOYEE_ID	FIRST_NAME	LAST_NAME	EMAIL	PHONE_NUMBER	HIRE_DATE	JOB_ID	SALARY	COMMISSION_PCT	MANAGER_ID	DEPARTMENT_ID
174	Ellen	Abel	EABEL	011.44.1644.429267	1996-05-11 00:00:00.0	SA_REP	11000	.3	149	80
175	Alyssa	Hutton	AHUTTON	011.44.1644.429266	1997-03-19 00:00:00.0	SA_REP	8800	.25	149	80
176	Jonathon	Taylor	JTAYLOR	011.44.1644.429265	1998-03-24 00:00:00.0	SA_REP	8600	.2	149	80
177	Jack	Livingston	JLIVINGS	011.44.1644.429264	1998-04-23 00:00:00.0	SA_REP	8400	.2	149	80
178	Kimberely	Grant	KGRANT	011.44.1644.429263	1999-05-24 00:00:00.0	SA_REP	7000	.15	149	
179	Charles	Johnson	CJOHNSON	011.44.1644.429262	2000-01-04 00:00:00.0	SA_REP	6200	.1	149	80
180	Winston	Taylor	WTAYLOR	650.507.9876	1998-01-24 00:00:00.0	SH_CLERK	3200		120	50
181	Jean	Fleaur	JFLEAUR	650.507.9877	1998-02-23 00:00:00.0	SH_CLERK	3100		120	50
182	Martha	Sullivan	MSULLIVA	650.507.9878	1999-06-21 00:00:00.0	SH_CLERK	2500		120	50
183	Girard	Geoni	GGEONI	650.507.9879	2000-02-03 00:00:00.0	SH_CLERK	2800		120	50
184	Nandita	Sarchand	NSARCHAN	650.509.1876	1996-01-27 00:00:00.0	SH_CLERK	4200		121	50
185	Alexis	Bull	ABULL	650.509.2876	1997-02-20 00:00:00.0	SH_CLERK	4100		121	50
186	Julia	Dellinger	JDELLING	650.509.3876	1998-06-24 00:00:00.0	SH_CLERK	3400		121	50
187	Anthony	Cabrio	ACABRIO	650.509.4876	1999-02-07 00:00:00.0	SH_CLERK	3000		121	50

续表

EMPL OYEE _ID	FIRST_ NAME	LAST_ NAME	EMAIL	PHON E_NU MBER	HIRE_ DATE	JOB_ID	SAL ARY	COMM ISSION _PCT	MANA GER_ID	DEPAR TMEN T_ID
188	Kelly	Chung	KCHU NG	650.50 5.1876	1997-0 6-14 00:00:0 0.0	SH_CL ERK	3800		122	50
189	Jennifer	Dilly	JDIL LY	650.50 5.2876	1997-0 8-13 00:00:0 0.0	SH_CL ERK	3600		122	50
190	Timot hy	Gates	TGATE S	650.50 5.3876	1998-0 7-11 00:00:0 0.0	SH_CL ERK	2900		122	50
191	Randall	Perkins	RPER KINS	650.50 5.4876	1999-1 2-19 00:00:0 0.0	SH_CL ERK	2500		122	50
192	Sarah	Bell	SBELL	650.50 1.1876	1996-0 2-04 00:00:0 0.0	SH_CL ERK	4000		123	50
193	Britney	Everett	BEVE RETT	650.50 1.2876	1997-0 3-03 00:00:0 0.0	SH_CL ERK	3900		123	50
194	Samuel	McCain	SMCC AIN	650.50 1.3876	1998-0 7-01 00:00:0 0.0	SH_CL ERK	3200		123	50
195	Vance	Jones	VJONE S	650.50 1.4876	1999-0 3-17 00:00:0 0.0	SH_CL ERK	2800		123	50
196	Alana	Walsh	AWAL SH	650.50 7.9811	1998-0 4-24 00:00:0 0.0	SH_CL ERK	3100		124	50
197	Kevin	Feeney	KFEE NEY	650.50 7.9822	1998-0 5-23 00:00:0 0.0	SH_CL ERK	3000		124	50
198	Donald	OConne ll	DOCO NNEL	650.50 7.9833	1999-0 6-21 00:00:0 0.0	SH_CL ERK	2600		124	50
199	Dougl as	Grant	DGRA NT	650.50 7.9844	2000-0 1-13 00:00:0 0.0	SH_CL ERK	2600		124	50
200	Jennifer	Whalen	JWHA LEN	515.12 3.4444	1987-0 9-17 00:00:0 0.0	AD_AS ST	4400		101	10
201	Micha el	Hartste in	MHAR TSTE	515.12 3.5555	1996-0 2-17 00:00:0 0.0	MK_M AN	1300 0		100	20

续表

EMPL OYEE _ID	FIRST_ NAME	LAST_ NAME	EMAIL	PHON E_NU MBER	HIRE_ DATE	JOB_ID	SAL ARY	COMM ISSION _PCT	MANA GER_ID	DEPAR TMEN T_ID
202	Pat	Fay	PFAY	603.12 3.6666	1997-0 8-17 00:00:0 0.0	MK_REP	6000		201	20
203	Susan	Mavris	SMAV RIS	515.12 3.7777	1994-0 6-07 00:00:0 0.0	HR_REP	6500		101	40
204	Herma nn	Baer	HBAE R	515.12 3.8888	1994-0 6-07 00:00:0 0.0	PR_REP	1000 0		101	70
205	Shelley	Higgins	SHIGG INS	515.12 3.8080	1994-0 6-07 00:00:0 0.0	AC_M GR	1200 0		101	110
206	William	Gietz	WGIE TZ	515.12 3.8181	1994-0 6-07 00:00:0 0.0	AC_AC COUNT	8300		205	110

HR.JOBS

JOB_ID	JOB_TITLE	MIN_SALARY	MAX_SALARY
AD_PRES	President	20000	40000
AD_VP	Administration Vice President	15000	30000
AD_ASST	Administration Assistant	3000	6000
FI_MGR	Finance Manager	8200	16000
FI_ACCOUNT	Accountant	4200	9000
AC_MGR	Accounting Manager	8200	16000
AC_ACCOUNT	Public Accountant	4200	9000
SA_MAN	Sales Manager	10000	20000
SA_REP	Sales Representative	6000	12000
PU_MAN	Purchasing Manager	8000	15000
PU_CLERK	Purchasing Clerk	2500	5500
ST_MAN	Stock Manager	5500	8500
ST_CLERK	Stock Clerk	2000	5000
SH_CLERK	Shipping Clerk	2500	5500
IT_PROG	Programmer	4000	10000
MK_MAN	Marketing Manager	9000	15000
MK_REP	Marketing Representative	4000	9000
HR_REP	Human Resources Representative	4000	9000
PR_REP	Public Relations Representative	4500	10500

HR.JOB_HISTORY

EMPLOYEE_ID	START_DATE	END_DATE	JOB_ID	DEPARTMENT_ID
102	1993-01-13 00:00:00.0	1998-07-24 00:00:00.0	IT_PROG	60
101	1989-09-21 00:00:00.0	1993-10-27 00:00:00.0	AC_ACCOUNT	110
101	1993-10-28 00:00:00.0	1997-03-15 00:00:00.0	AC_MGR	110
201	1996-02-17 00:00:00.0	1999-12-19 00:00:00.0	MK_REP	20
114	1998-03-24 00:00:00.0	1999-12-31 00:00:00.0	ST_CLERK	50
122	1999-01-01 00:00:00.0	1999-12-31 00:00:00.0	ST_CLERK	50
200	1987-09-17 00:00:00.0	1993-06-17 00:00:00.0	AD_ASST	90
176	1998-03-24 00:00:00.0	1998-12-31 00:00:00.0	SA_REP	80
176	1999-01-01 00:00:00.0	1999-12-31 00:00:00.0	SA_MAN	80
200	1994-07-01 00:00:00.0	1998-12-31 00:00:00.0	AC_ACCOUNT	90

HR.LOCATIONS

LOCATION_ID	STREET_ADDRESS	POSTAL_CODE	CITY	STATE_PROVINCE	COUNTRY_ID
1000	1297 Via Cola di Rie	00989	Roma		IT
1100	93091 Calle della Testa	10934	Venice		IT
1200	2017 Shinjuku-ku	1689	Tokyo	Tokyo Prefecture	JP
1300	9450 Kamiya-cho	6823	Hiroshima		JP
1400	2014 Jabberwocky Rd	26192	Southlake	Texas	US
1500	2011 Interiors Blvd	99236	South San Francisco	California	US
1600	2007 Zagora St	50090	South Brunswick	New Jersey	US
1700	2004 Charade Rd	98199	Seattle	Washington	US
1800	147 Spadina Ave	M5V 2L7	Toronto	Ontario	CA
1900	6092 Boxwood St	YSW 9T2	Whitehorse	Yukon	CA
2000	40-5-12 Laogianggen	190518	Beijing		CN
2100	1298 Vileparle (E)	490231	Bombay	Maharashtra	IN
2200	12-98 Victoria Street	2901	Sydney	New South Wales	AU
2300	198 Clementi North	540198	Singapore		SG
2400	8204 Arthur St		London		UK
2500	Magdalen Centre, The Oxford Science Park	OX9 9ZB	Oxford	Oxford	UK
2600	9702 Chester Road	09629850293	Stretford	Manchester	UK
2700	Schwanthalerstr. 7031	80925	Munich	Bavaria	DE
2800	Rua Frei Caneca 1360	01307-002	Sao Paulo	Sao Paulo	BR
2900	20 Rue des Corps-Saints	1730	Geneva	Geneve	CH
3000	Murtenstrasse 921	3095	Bern	BE	CH
3100	Pieter Breughelstraat 837	3029SK	Utrecht	Utrecht	NL
3200	Mariano Escobedo 9991	11932	Mexico City	Distrito Federal,	MX

HR.REGIONS

REGION_ID	REGION_NAME
1	Europe
2	Americas
3	Asia
4	Middle East and Africa

[1]孔繁华，胡大威．SQL Server 2005 基础及应用．武汉：湖北人民出版社，2008.

[2]陈炎龙，刘芳．SQL Server 2008 数据库教程．北京：科学出版社，2012.

[3]卫琳，等．SQL Server 2008 数据库应用与开发教程．北京：清华大学出版社，2011.

[4]粘新育，等．SQL Server 2005 数据库应用技术．北京：中国铁道出版社，2012.

[5]董翔英，等．SQL Server 基础教程．北京：科学出版社，2010.

[6]高云，崔艳春．SQL Server 2008 数据库技术实用教程．北京：清华大学出版社，2011.

[7]范新刚，等．SQL Server 2008 项目实训教程．北京：北京交通大学出版社，2012.

[8]Robin DewsonSQL Server 2008 基础教程．董明，译．北京：人民邮电出版社，2009.

[9]王浩．零基础学 SQL Server 2008．北京：机械工业出版社，2010.

[10]何定华，等．SQL Server 2008 实例教程．北京：清华大学出版社，2012.

[11]康会光，马海军，李颖．SQL Server 2008 中文版标准教程.北京:清华大学出版社，2012.

[12]郑阿奇，等．SQL Server 实用教程（第 3 版）．北京：电子工业出版社，2009.